U0175811

量子力学
基础教程

**Fundamentals of
Quantum Mechanics**

王向斌　沈艺鑫　于云龙　秦季茜　徐海
著

清华大学出版社
北京

内 容 简 介

本书可作为大学物理专业和其他有关专业的本科生量子力学基础课教材使用。全书包含物质波、两态系统、两粒子态与量子纠缠、更多的本征值与本征态问题、原子中的电子、固体中的电子、密度矩阵及量子计算简介等 8 章内容。本书力求以最快的节奏和最有效的方式聚焦主要内容，特别注重量子力学基本原理、基本计算规则及应用，并配以高质量的例题和习题，利用"笔记"方式对重点难点内容进一步拓展讨论。这将特别有助于初学者实现高效率、有深度的学习。

本书不仅可作为大学本科教材使用，也可作为研究生和科研人员的参考书使用。

版权所有，侵权必究。举报：010-62782989, beiqinquan@tup.tsinghua.edu.cn。

图书在版编目（CIP）数据

量子力学基础教程 / 王向斌等著.—北京：清华大学出版社，2023.10
ISBN 978-7-302-64666-2

Ⅰ．①量⋯　Ⅱ．①王⋯　Ⅲ．①量子力学–教材　Ⅳ．①O413.1

中国国家版本馆 CIP 数据核字（2023）第 182374 号

责任编辑：戚　亚
封面设计：北京汉风唐韵文化发展有限公司
责任校对：赵丽敏
责任印制：杨　艳

出版发行：清华大学出版社
　　　　　网　　址：http://www.tup.com.cn, http://www.wqbook.com
　　　　　地　　址：北京清华大学学研大厦 A 座　　　邮　　编：100084
　　　　　社 总 机：010-83470000　　　　　　　　　邮　　购：010-62786544
　　　　　投稿与读者服务：010-62776969，c-service@tup.tsinghua.edu.cn
　　　　　质量反馈：010-62772015，zhiliang@tup.tsinghua.edu.cn
印 装 者：天津鑫丰华印务有限公司
经　　销：全国新华书店
开　　本：170mm×240mm　　印　张：14.5　　字　　数：282 千字
版　　次：2023 年 10 月第 1 版　　　　　　印　　次：2023 年 10 月第 1 次印刷
定　　价：59.00 元

产品编号：103106-01

序 言

非常高兴给我多年的好友王向斌教授和他的年轻同事合写的这本教材写序。

我和向斌的科研合作已有数十载。虽然曾各自去了不同的国家留学、工作，但是我们的交流合作从未间断过。向斌是一位非常优秀的量子物理学家，在量子信息领域做出多项重要的理论贡献。他是实用化量子保密通信中著名的诱骗态方法的主要提出者之一。近二十年来，王向斌等提出的诱骗态方法已在实践上获得广泛的应用，例如"墨子号"卫星的星地量子保密通信、"京沪干线"量子保密通信骨干网等。近年来，王向斌及其同事提出了实用化量子保密通信的高效 4 强度优化协议和发送/不发送协议，成功应用于本领域多个里程碑性的重要实验中。

我非常支持像向斌这样优秀的一线物理学家去写量子基础教材。一线科学家常常对本学科的关键科学基础问题具有深入独到的理解，讨论问题时会抓住最核心的科学内容，直击要害。而这些也正是这本教材的鲜明特征。

本教材对许多问题的讨论简洁且有深度，几乎每一章都有精彩独到的讲述内容。我希望以此为教材学习量子力学的同学们都能有丰硕的收获。向斌的学术报告显示了他是一位富有激情的演说者。他有多年的本科生量子基础课教学经验，如果学生去他的教学现场学习，效果肯定更佳。

潘建伟

2023 年初秋于合肥

前　言

"万事开头难"，这句话特别适用于量子物理的初学者。因为你需要突然面对那些违反直觉的、革命性的法则。因此对于初学者，量子力学的学习方法与其他课程的学习方法很不一样。许多初学者在学习方法上的第一个误区就在开始阶段，错误地试图用习惯了的经典图像去"理解"量子内容。要知道，量子力学的基本出发点本就是反直觉的，它原本就无法在经典图像下构建。重要的是那些量子公设和原理的内容本身，以及它们所给出的计算规则。对计算规则的掌握尤其重要，它是界定学习效果的基本标准。从某种意义上说，科学就是计算规则。

本书的主要目的是为初学者提供一部精炼而有深度的量子力学教材，力求以最快的节奏和最有效的方式直奔量子核心内容。这些"核心内容"主要取自作者过去为物理专业和非物理专业持续多年的基础课教学中的量子内容，并有所引申和拓展。总结多年的教学实践经验，对初学者最有效的教学，就是朝着"会算"这个目标，直奔量子力学主要核心内容——基本原理和计算规则。

关于学习方法，需要反复强调的，就是动笔算。无论是研习教材内容还是做题，都要动笔。但是这里有一个至关重要的问题——学习所使用的材料。学习和计算的选材，应紧扣量子力学基本原理及其关键计算规则的应用。重点就是那些数学上并不复杂，但是需要非平庸地用到量子原理及其关键计算规则的问题。读者应把大量的时间放在这些以量子为核心的计算训练上，这需要使用高质量的学习材料，而本书的目的就是提供这样一份精炼的材料，帮助初学者实现高效率、有深度的学习。"深度"并非体现在复杂数学上，而在于精准、非平庸地应用量子规则，大多数时候就体现在只有一两步、两三步的计算上。本书给出的"例题"和"问题"都按此标准设计或选择，用来巩固或深化理解特定原理或计算规则及其应用。本书所有"例题"和"问题"都放在正文中，对"问题"的解答一般应利用它所在位置附近正文介绍的原理或计算规则。

我们将在微信公众号"我的量子"中发布本书的"问题"答案及其他答疑和教学材料。在本书的学习及教学过程中遇到问题的师生，也可使用该公众号与作者直接交流。

本书的合作作者是我助教团队部分成员，他们曾于不同学期担任我的助教。不久前统计了一下，在我多年的涉及量子内容的基础课程教学中，除了本书的合作者之外，还有数十人先后担任过我的助教，我在此向他们致谢，感谢他们为相关教学工作做出的贡献。正是对过去多年积累的实际教学内容的不断锤炼，才形成了本书主要内容。在本书写作过程中，作者与清华大学段路明教授、徐勇教授、胡嘉仲副教授，中国科学技术大学郁司夏教授、赵博教授，王树超博士、胡剑珅博士和研究生冷健、杨帆、曹周恺等进行了广泛的讨论，获益匪浅，在此一并表示感谢。

王向斌

2023 年 4 月于北京

目　　录

第 1 章

物 质 波

1.1　量子物理的基本出发点

　　量子物理学在基本观念上有别于经典物理学，如牛顿力学。量子物理学的许多基本观念不符合直觉或习惯，但是符合实验结果。牛顿力学要处理的一类基本问题是粒子的运动轨迹问题，如果已知受力情况和初始状态（位置 $x(0)$ 和速度 $v(0)$），则可以准确算出任一时刻 t 的位置 $x(t)$ 和速度 $v(t)$。

　　量子力学的基本出发点也是状态，但这里的状态不是上述经典粒子的位置和速度，而是波函数：所有的实物粒子都是物质波，或称"德布罗意波"。波的具体函数形式——波函数，表示了实物粒子的量子状态，而状态代表了实物粒子的全部信息。这里，"代表了实物粒子的全部信息"是指，对实物粒子的任何可观测结果的信息都可以基于它的状态而算得。

> **笔记**
>
> 你可能要问，就用牛顿力学中的位置和速度表示粒子的状态，既清晰又简单，为何要舍简就繁，去用什么量子状态或波函数？这是因为对于量子系统，经典物理已经不再适用，会给出违背实验事实的结果。量子力学能给出正确结果，但是其基本出发点是物质波，你没有办法用牛顿力学中的位置和速度表示其状态。

　　量子力学观点认为，物质是波，称之为德布罗意波或物质波。动量为确定值 p 的实物粒子是平面波，其波长由下列德布罗意关系式给出：

$$\lambda = \frac{h}{p} \tag{1.1}$$

式中 $h = 6.626\,07 \times 10^{-34}\mathrm{J \cdot s}$ 为普朗克常量。这样的物质波，会导致许多出乎意料的奇异结果，例如能级分立。

我们先看光子的情况。如图 1.1 所示，考虑光在两个理想的距离为 b 的平行镜面间来回反射，如果能量不损耗，那光一定不能透过镜面。这就要求，光的振幅在两个镜面位置处为 0 而形成驻波。设图 1.1 中左镜位置为 $x = 0$，右镜位置为 $x = b$，可令光的波函数为正弦函数：

$$\psi(x) \sim \sin kx \tag{1.2}$$

在 $x = 0$ 和 $x = b$ 处此函数值必须是 0，这由边界条件要求。这样，k 不能取任意值，k 值必须满足条件：

$$k = \frac{n\pi}{b} \tag{1.3}$$

n 是正整数。将 k 与频率 ν 和光速 c 的关系 $k = \dfrac{2\pi\nu}{c}$ 代入式 (1.3) 将导致频率 ν 只能取分立值。这样，两个镜面间光子的能量也只能取分立的值，因为光子的能量需满足

$$E = h\nu \tag{1.4}$$

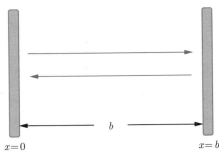

图 1.1　光在距离为 b 的两理想平行镜面间反射示意图

如果是两个坚壁之间放一个质量为 m_{e} 的电子呢？电子也是波（物质波），假设其德布罗意波长为 λ_{e}。既然是坚壁，电子不能透过坚壁，因此在坚壁处波函数为 0。用边界条件 $\sin kb = 0$，我们会发现坚壁之间的电子德布罗意波波长也只能取分立值。考虑德布罗意波波长与动量关系 $\lambda_{\mathrm{e}} = \dfrac{h}{p}$，这就意味着电子动量大小也只能取分立值，由于势能为 0，因此坚壁间的电子的能量 (动能)，即

$$E_{\mathrm{d}} = \frac{p^2}{2m_{\mathrm{e}}} \tag{1.5}$$

只能取分立值。既然电子在这种情况下能级是分立的，当然也有理由相信电子在其他情况下，例如原子中的电子能级也可以分立。

📝 **笔记**

究竟是什么导致了电子能级分立？你可以认为：最主要是因为电子是波这个基本属性，使得它能跟光一样使用边界条件。电子是波这点并不表示电子的能级一定分立，那得看受限条件。在不同条件下，能级可以分立或连续，还可以呈能带分布：带内能级连续，带与带之间可以有间隙，这是固体中的电子的基本特征。

粒子物质波的概念可能带来一些诸如能级分裂的奇异现象，但我们对物质波的了解不能仅限于一个概念。真实世界的物质波并非简单的平面波，而且波函数会随时间变化，波函数与可观测结果相联系。我们需要有一套计算规则可以在给定物理条件下定量计算出物理的结果。其中的基本问题包括：

1. 状态或波函数如何与实验观测结果相联系？

2. 状态或波函数如何随时间演化？

当然，还包括与上述问题相结合的综合应用。本书将围绕这些目标逐步展开介绍。本节以后，我们有时会用"系统"表示感兴趣的客体对象，它可以是一个粒子（如本章和第 2 章等）或多个粒子（如第 3 章等）。量子系统甚至可以是粒子数并非确定值的系统。

问题 1.1 估算射出的子弹和在室温下进行布朗运动的花粉的物质波波长。

问题 1.2 如果我们观测到了实物粒子的物质波效应（比如说干涉现象），就表示观测到了量子现象。宏观物质大多不显现量子效应，原因在于波长过小，很难观测到其干涉效应。回顾光学上的杨氏双缝干涉实验，如果波长过小，会导致干涉条纹间距过小，受限于空间分辨本领，技术上很难看到任何干涉现象，看到的仅仅是模糊一片的结果。如果技术上能观察到 $\lambda > 1\text{nm}$ 的波的干涉，则对于前述的花粉或者子弹，需要将温度冷却到多少度（K）以下方可观测到其量子属性（物质波干涉现象）？

问题 1.3 能一概而论地说质量小的粒子存在量子属性而质量大的粒子不存在量子属性吗？

问题 1.4 假设有一质量为 m 的粒子处于距离为 b 的两个坚壁之间，试写出该粒子的分立能级表达式并分析基态和第一激发态之间的能隙大小与粒子质量和坚壁间距大小的关系。

1.2 波函数

微观粒子系统的状态可以用波函数 $\psi(x)$ 表示，它代表了该系统的全部信息；或者说，只要有了波函数 $\psi(x)$，则系统的所有可观测结果的信息都可以基于波函

数 $\psi(x)$ 而计算得到，例如在空间某个位置发现粒子的概率密度、某个物理量的期望值等。

玻恩统计诠释：波函数 $\psi(x)$ 的模平方 $|\psi(x)|^2 = \psi^*(x)\psi(x)$ 表示在空间 x 点处发现粒子的概率密度，即在空间区域 $x \sim x+\mathrm{d}x$ 内发现粒子的概率为 $|\psi(x)|^2\mathrm{d}x$。波函数的概率诠释要求波函数 $\psi(x)$ 满足归一化条件：

$$\int_{-\infty}^{\infty} |\psi(x)|^2\mathrm{d}x = 1 \tag{1.6}$$

除非特别声明，本书后续内容中的波函数或状态均要求满足归一化条件。

> **笔记**
> 上述归一化条件自动要求任何物理状态的波函数在无穷远处一定为零。

> **笔记**
> 真实世界中微观粒子波函数可以有各种具体形式，它并不简单地是某个单一波长的平面波。在数学上它是多个不同波长平面波的线性叠加而形成的波包。波函数是波包的波函数。

> **笔记**
> 按玻恩统计诠释，波函数 $\psi(x)$ 是粒子在空间的"概率密度幅"(probability density amplitude)。

例题 1.1 已知波函数 $\psi(x) = \begin{cases} |\mathcal{N}|\sin\omega x, & 0 \leqslant x \leqslant \dfrac{\pi}{\omega} \\ 0, & x < 0,\ x > \dfrac{\pi}{\omega} \end{cases}$。(1) 请对该波函数进行归一化。(2) 根据波函数的玻恩统计诠释计算该粒子出现在范围 $\left[0, \dfrac{3\pi}{4\omega}\right]$ 内的概率。

解 (1) 由波函数的归一化条件可知：

$$\int_0^{\frac{\pi}{\omega}} (|\mathcal{N}|\sin\omega x)^2\mathrm{d}x = \frac{|\mathcal{N}|^2}{\omega}\frac{\pi}{2} = 1 \tag{1.7}$$

得 $|\mathcal{N}| = \sqrt{\dfrac{2\omega}{\pi}}$。

(2) 该粒子出现在范围 $\left[0, \dfrac{3\pi}{4\omega}\right]$ 内的概率为

$$\int_0^{\frac{3\pi}{4\omega}} (|\mathcal{N}|\sin\omega x)^2 \mathrm{d}x = \frac{2}{\pi}\left(\frac{3\pi}{8}+\frac{1}{4}\right) = \frac{3}{4}+\frac{1}{2\pi} \tag{1.8}$$

例题 1.2 波函数 $\psi(x) = \mathcal{N}\mathrm{e}^{\mathrm{i}k_0 x - u_0 x^2}$ 中，k_0 和 u_0 为已知参数，若 $\mathcal{N}$ 为正实数，$\mathcal{N}$ 应等于多少方能满足归一化条件？

解 由波函数归一化公式可得：

$$\int_{-\infty}^{\infty} |\psi(x)|^2 \mathrm{d}x = \int_{-\infty}^{\infty} \mathcal{N}^2 \mathrm{e}^{-2u_0 x^2} \mathrm{d}x = \mathcal{N}^2 \sqrt{\frac{\pi}{2u_0}} = 1 \tag{1.9}$$

因此 $\mathcal{N} = \left(\dfrac{2u_0}{\pi}\right)^{\frac{1}{4}}$。

玻恩统计诠释表明，对于位置的测量结果是一个概率分布。当然，对量子系统的测量并不仅限于位置，对其他物理量测量也有类似特点：我们不能简单地假定测量结果可以预先确定。一般地，量子系统的物理量的测量结果有一个概率分布。给定了系统状态，我们可以计算测得某个结果的概率，以及测量结果期望值。

期望值不是单次观测结果，是系综平均：想象 N 个微观粒子（N 很大）。每个粒子的波函数都相同（都是 ψ），对每个粒子都观测物理量 a，记 λ_j 为对粒子 j 的观测结果，全部观测结果为 $\{\lambda_j, 1 \leqslant j \leqslant N\}$，期望值 $\langle a \rangle = \lim\limits_{N\to\infty} \sum\limits_{j=1}^{N} \dfrac{\lambda_j}{N}$。

根据算符公设，每个物理量 a 对应着一个算符 $\hat{A}$，若已知系统波函数，其期望值为

$$\langle a \rangle = \int_{-\infty}^{\infty} \psi^*(x)\hat{A}\psi(x)\mathrm{d}x \tag{1.10}$$

这里我们基于位置波函数进行计算，位置算符 $\hat{x} = x$，位置期望值为

$$\langle x \rangle = \int_{-\infty}^{\infty} \psi^*(x)x\psi(x)\mathrm{d}x \tag{1.11}$$

动量算符 $\hat{p} = -\mathrm{i}\hbar\dfrac{\partial}{\partial x}$，动量期望值为

$$\langle p \rangle = \int_{-\infty}^{\infty} \psi^*(x)\left(-\mathrm{i}\hbar\frac{\partial}{\partial x}\psi(x)\right)\mathrm{d}x \tag{1.12}$$

能量算符（哈密顿量）$\hat{H} = -\dfrac{\hbar^2}{2m}\dfrac{\partial^2}{\partial x^2} + V(x)$，能量期望值为

$$\langle E \rangle = \int_{-\infty}^{\infty} \psi^*(x)\left(-\frac{\hbar^2}{2m}\frac{\partial^2}{\partial x^2} + V(x)\right)\psi(x)\mathrm{d}x \tag{1.13}$$

我们将在稍后章节介绍更为完整的算符公设内容。

✎ 笔记

上述算符限定作用在位置波函数上，其具体形式是对位置波函数的代数操作，其实是算符的位置表象。如果我们不用位置波函数而用别的工具例如动量波函数、态矢量等表示系统状态，则上述具体形式的代数操作不能使用。

✎ 笔记

时间是参量，没有算符。

例题 1.3 已知波函数 $\psi(x) = \begin{cases} \sqrt{\dfrac{2\omega}{\pi}} \sin \omega x, & 0 \leqslant x \leqslant \dfrac{\pi}{\omega} \\ 0, & x < 0,\, x > \dfrac{\pi}{\omega} \end{cases}$，求其动量期望值。

解

$$
\langle p \rangle = \int_0^{\frac{\pi}{\omega}} \sqrt{\frac{2\omega}{\pi}} \sin \omega x \left(-\mathrm{i}\hbar \frac{\partial \left(\sqrt{\dfrac{2\omega}{\pi}} \sin \omega x \right)}{\partial x} \right) \mathrm{d}x \tag{1.14}
$$

$$
= \int_0^{\frac{\pi}{\omega}} -\mathrm{i}\hbar\omega \frac{2\omega}{\pi} \sin(\omega x) \cos(\omega x) \mathrm{d}x = 0
$$

对于物理量 $a = f(x, p)$，其对应的算符 $\hat{A}$ 仅仅是将 $f(x, p)$ 算符化为 $\hat{A} = f\left(x, -\mathrm{i}\hbar \dfrac{\partial}{\partial x} \right)$，即将其中的动量 p 替换为算符 $-\mathrm{i}\hbar \dfrac{\partial}{\partial x}$。[①] 至此，只要有波函数，我们就可以计算任何物理量 $f(x, p)$ 的期望值。例如动能、能量和角动量任何分量。能量是势能 $V(x)$ 和动能 $\dfrac{p^2}{2m}$ 求和。动能 $\dfrac{p^2}{2m}$ 对应的算符为 $-\dfrac{\hbar^2}{2m} \dfrac{\partial^2}{\partial x^2}$，能量对应的算符即哈密顿量为

$$
H = V(x) - \frac{\hbar^2}{2m} \frac{\partial^2}{\partial x^2} \tag{1.15}
$$

例题 1.4 质量为 m 的粒子处于例题 1.2 中的波函数，其动量期望值是多少？动能期望值是多少？

---

① 在某些情况下，这种算符化会遇到困难。例如经典物理学中的标量 $x^2 p = x p x = p x^2$，按上述方法写出的量子力学算符并不唯一。以任何方法给出的物理量的算符是否正确，最终需要实验检验。

解 (1) 粒子的动量期望值为

$$\langle p \rangle = \int_{-\infty}^{\infty} \sqrt{\frac{2u_0}{\pi}} \mathrm{e}^{-\mathrm{i}k_0 x - u_0 x^2} \left(-\mathrm{i}\hbar \frac{\partial}{\partial x} \left(\mathrm{e}^{\mathrm{i}k_0 x - u_0 x^2} \right) \right) \mathrm{d}x$$

$$= -\int_{-\infty}^{\infty} \mathrm{i}\hbar \sqrt{\frac{2u_0}{\pi}} \left(\mathrm{i}k_0 - 2u_0 x \right) \mathrm{e}^{-2u_0 x^2} \mathrm{d}x$$

$$= -\int_{-\infty}^{\infty} \mathrm{i}\hbar \sqrt{\frac{2u_0}{\pi}} \mathrm{i}k_0 \mathrm{e}^{-2u_0 x^2} \mathrm{d}x + \int_{-\infty}^{\infty} \mathrm{i}\hbar \sqrt{\frac{2u_0}{\pi}} 2u_0 x \mathrm{e}^{-2u_0 x^2} \mathrm{d}x$$

$$= \hbar k_0 \sqrt{\frac{2u_0}{\pi}} \cdot \sqrt{\frac{\pi}{2u_0}} + 0 = \hbar k_0 \tag{1.16}$$

(2) 粒子的动能期望值为

$$\langle E \rangle = \int_{-\infty}^{\infty} \sqrt{\frac{2u_0}{\pi}} \mathrm{e}^{-\mathrm{i}k_0 x - u_0 x^2} \left(-\frac{\hbar^2}{2m} \right) \frac{\partial^2}{\partial x^2} \left(\mathrm{e}^{\mathrm{i}k_0 x - u_0 x^2} \right) \mathrm{d}x$$

$$= \int_{-\infty}^{\infty} 2u_0 \frac{\hbar^2}{2m} \sqrt{\frac{2u_0}{\pi}} \mathrm{e}^{-2u_0 x^2} \mathrm{d}x - \int_{-\infty}^{\infty} \left(\mathrm{i}k_0 - 2u_0 x \right)^2 \frac{\hbar^2}{2m} \sqrt{\frac{2u_0}{\pi}} \mathrm{e}^{-2u_0 x^2} \mathrm{d}x$$

$$= 2u_0 \frac{\hbar^2}{2m} \sqrt{\frac{2u_0}{\pi}} \cdot \sqrt{\frac{\pi}{2u_0}} + \frac{\hbar^2}{2m} k_0^2 - 4u_0^2 \frac{\hbar^2}{2m} \cdot \frac{1}{4u_0} \sqrt{\frac{2u_0}{\pi}} \cdot \sqrt{\frac{\pi}{2u_0}}$$

$$= u_0 \frac{\hbar^2}{2m} + \frac{(\hbar k_0)^2}{2m} \tag{1.17}$$

例题 1.5 既然波函数的模平方是概率密度，那放弃波函数而采用波函数的模平方，即概率密度函数 $P(x)$ 表示系统的状态行不行？为什么？

解 仅使用概率密度函数 $P(x)$ 不能表示系统的状态。如例题 1.4 所示，在计算波函数的动量与动能期望值时，我们需要进行对波函数求微分再与其复共轭相乘并在全空间内积分的操作。若仅给出波函数的模平方而不给出波函数本身，这些计算无法完成，因此不能给出系统的动量期望值等信息，用 $P(x)$ 表示系统的状态也就无从谈起。

例题 1.6 已知有波函数 $\psi(x) = \begin{cases} \mathcal{N}x, & 0 \leqslant x \leqslant b \\ \mathcal{N}(2b - x), & b < x \leqslant 2b \end{cases}$。(1) 对该波函数进行归一化，求 $|\mathcal{N}|$。(2) 对该波函数的位置进行测量，求解其在 $\left(\dfrac{b}{2}, \dfrac{3b}{2} \right)$ 范围内的概率。(3) 求解位置（坐标）和动量期望值。

解 (1) 由波函数归一化条件可知:

$$\int_0^b |\mathcal{N}|^2 x^2 \mathrm{d}x + \int_b^{2b} |\mathcal{N}|^2 (2b-x)^2 \mathrm{d}x = 1 \tag{1.18}$$

$$\frac{2}{3}b^3|\mathcal{N}|^2 = 1 \Rightarrow |\mathcal{N}| = \sqrt{\frac{3}{2b^3}} \tag{1.19}$$

(2) 对该波函数的位置进行测量,出现在 $\left(\dfrac{b}{2}, \dfrac{3b}{2}\right)$ 范围内的概率为

$$\int_{\frac{b}{2}}^b |\mathcal{N}|^2 x^2 \mathrm{d}x + \int_b^{\frac{3}{2}b} |\mathcal{N}|^2 (2b-x)^2 \mathrm{d}x = \frac{7}{12}b^3|\mathcal{N}|^2 = \frac{7}{8} \tag{1.20}$$

(3) 位置期望值为

$$\langle x \rangle = \int_0^b x|\mathcal{N}|^2 x^2 \mathrm{d}x + \int_b^{2b} x|\mathcal{N}|^2 (2b-x)^2 \mathrm{d}x = b \tag{1.21}$$

动量期望值为

$$\langle p \rangle = \int_0^b \mathcal{N}^* x \frac{\hbar}{\mathrm{i}} \frac{\partial}{\partial x}(\mathcal{N}x)\mathrm{d}x + \int_b^{2b} \mathcal{N}^*(2b-x)\frac{\hbar}{\mathrm{i}}\frac{\partial}{\partial x}\mathcal{N}(2b-x)\mathrm{d}x = 0 \tag{1.22}$$

例题 1.7 已知波函数 $\psi(x) = \mathcal{N}\mathrm{e}^{-\lambda(x-x_0)^2}$,其中 $\mathcal{N}$,x_0 和 λ 均为正实数。(1) 对该波函数进行归一化,使用 x_0 和 λ 来表示 $\mathcal{N}$。(2) 求该波函数位置和动量的期望值。(3) 求 $\langle x^2 \rangle$,$\langle p^2 \rangle$。

解 (1)

$$\int_{-\infty}^\infty \mathcal{N}^2 \mathrm{e}^{-2\lambda(x-x_0)^2}\mathrm{d}x = \mathcal{N}^2\sqrt{\frac{\pi}{2\lambda}} \Rightarrow \mathcal{N} = \left(\frac{2\lambda}{\pi}\right)^{\frac{1}{4}} \tag{1.23}$$

(2) 位置期望值:

$$\langle x \rangle = \int_{-\infty}^\infty \mathcal{N}^2 x\mathrm{e}^{-2\lambda(x-x_0)^2}\mathrm{d}x = 0 + x_0 \times \mathcal{N}^2\sqrt{\frac{\pi}{2\lambda}} = x_0 \tag{1.24}$$

动量期望值:

$$\langle p \rangle = \int_{-\infty}^\infty \mathcal{N}\mathrm{e}^{-\lambda(x-x_0)^2}\frac{\hbar}{\mathrm{i}}\frac{\partial}{\partial x}\left(\mathcal{N}\mathrm{e}^{-\lambda(x-x_0)^2}\right)\mathrm{d}p = 0 \tag{1.25}$$

(3) x^2 期望值：

$$\langle x^2 \rangle = \int_{-\infty}^{\infty} \mathcal{N}^2 x^2 \mathrm{e}^{-2\lambda(x-x_0)^2} \mathrm{d}x = \frac{\mathcal{N}^2 \left(1 + 4x_0{}^2\lambda\right)}{2(2\lambda)^{\frac{3}{2}}} \sqrt{\pi} = x_0{}^2 + \frac{1}{4\lambda} \tag{1.26}$$

p^2 期望值：

$$\langle p^2 \rangle = \int_{-\infty}^{\infty} \mathcal{N}\mathrm{e}^{-\lambda(x-x_0)^2} \left(\frac{\hbar}{\mathrm{i}}\right)^2 \frac{\partial^2}{\partial x^2} \left(\mathcal{N}\mathrm{e}^{-\lambda(x-x_0)^2}\right) = \hbar^2\lambda \tag{1.27}$$

笔记

本节中所使用的一维空间波函数 $\psi(x)$ 可以直接推广到三维情况：三维空间波函数 $\psi(x, y, z)$；玻恩统计诠释中的概率 $|\psi|^2 \mathrm{d}x\mathrm{d}y\mathrm{d}z$ 为体积 $\mathrm{d}x\mathrm{d}y\mathrm{d}z$ 中发现粒子的概率；物理量 a 期待值为 $\langle a \rangle = \int_{-\infty}^{\infty} \psi^*(x, y, z)\hat{A}\psi(x, y, z)\mathrm{d}x\mathrm{d}y\mathrm{d}z$；动量分量算符 $\hat{p}_x = -\mathrm{i}\hbar\dfrac{\partial}{\partial x}$, $\hat{p}_y = -\mathrm{i}\hbar\dfrac{\partial}{\partial y}$, $\hat{p}_z = -\mathrm{i}\hbar\dfrac{\partial}{\partial z}$；哈密顿量 $\hat{H} = -\dfrac{\hbar^2}{2m}\nabla^2 + V(x, y, z)$。

一般地，系统的波函数会随时间变化。如果我们需要计算系统在某个 t 时刻的信息，就需要系统在 t 时刻的波函数。如果我们掌握了系统波函数随时间演化的规律，那么只要知道系统在某一时刻的波函数就等于掌握了系统在任意时间的波函数，从而能够计算系统在任一时刻 t 的信息。薛定谔方程决定了波函数随时间演化的规律，这正是 1.3 节的学习内容。

1.3 薛定谔方程

用 $\psi(x, t)$ 表示粒子在 t 时刻的波函数，那么 $\psi(x, t)$ 应遵循什么样的时间演化规律呢？那就是薛定谔方程：

$$\mathrm{i}\hbar\frac{\partial}{\partial t}\psi = -\frac{\hbar^2}{2m}\frac{\partial^2\psi}{\partial x^2} + V\psi \tag{1.28}$$

此处 i 为虚数单位，$\mathrm{i}^2 = -1$；约化普朗克常量 $\hbar = \dfrac{h}{2\pi} \approx 1.054 \cdot 10^{-34} \mathrm{J \cdot s}$，其中 h 为原始普朗克常量。式 (1.28) 是一维薛定谔方程，$\psi = \psi(x, t)$，V 是一维势能函数。薛定谔方程是量子力学的基本方程，它决定了粒子波函数（状态）如何随时

间变化，其地位相当于经典力学中的牛顿动力学方程。给定粒子的初始状态（初始波函数）$\psi(x,0)$，则薛定谔方程决定了粒子在任意 t 时的状态 $\psi(x,t)$。而在经典力学中，给定粒子的初始状态即初始位置 $x(0)$ 和初始速度 $v(0)$，牛顿动力学方程决定了粒子任意 t 时刻状态 $x(t)$、$v(t)$。

📝 **笔记**
薛定谔方程是一个基本公设，不能推导。

1.3.1 定态问题与"三步法"

不含时哈密顿量: 定态问题。若 $V = V(x)$ 中不含时间 t，则可以把 $\psi(x,t)$ 写为 $\psi(x,t) = \varphi(x)f(t)$。代入薛定谔方程，得

$$\frac{\mathrm{i}\hbar}{f(t)} \cdot \frac{\mathrm{d}f(t)}{\mathrm{d}t} = \frac{1}{\varphi(x)}\left[-\frac{\hbar^2}{2m}\nabla^2 + V(x)\right]\varphi(x) \tag{1.29}$$

等号左侧只是 t 的函数，等号右侧只是 x 的函数，因此它只能是一个常数，记这个常数为 E。对于式 (1.29) 左边，我们要求:

$$\frac{\mathrm{d}f(t)}{f(t)} = -\frac{\mathrm{i}E}{\hbar}\mathrm{d}t \tag{1.30}$$

解得

$$f(t) = \mathrm{e}^{-\mathrm{i}\frac{Et}{\hbar}} \tag{1.31}$$

对于式 (1.29) 右边，我们要求:

$$\hat{H}\varphi(x) = E\varphi(x) \tag{1.32}$$

这个方程叫做"定态薛定谔方程"，其中 $\hat{H} = -\dfrac{\hbar^2}{2m}\dfrac{\partial^2}{\partial x^2} + V(x)$。这样，在势函数 V 不随时间变化的情况下，求解一般的薛定谔方程 (1.28) 就退化成求解定态薛定谔方程 (1.32) 的问题。满足上述定态方程的波函数 $\varphi(x)$ 称为"定态波函数"或"本征波函数"，对应的 E 为能量本征值。

若函数 $\varphi(x)$ 满足式 (1.32)，则有薛定谔方程的特解

$$\psi(x,t) = \mathrm{e}^{-\mathrm{i}\frac{Et}{\hbar}}\varphi(x) \tag{1.33}$$

满足方程 (1.33) 的解的函数通常不止一个，我们记第 n 个为 $\varphi_n(x)$，与 $\varphi_n(x)$ 对应的 E 记为 E_n。E_n 称为算符 $\hat{H}$ 的"本征值"，$\varphi_n(x)$ 是与 E_n 对应的本征波

函数或本征态。$\{E_n\}$ 是算符 $\hat{H}$ 的本征值集合，有时称"本征值谱"，$\hat{H}$ 所有的本征函数构成的集合 $\{\varphi_n(x)\}$ 是 $\hat{H}$ 的本征函数系。

如何求解定态薛定谔方程是解决很多问题的关键。若已求出 $\{E_n\}$ 和 $\{\varphi_n(x)\}$，由于 $\psi(x,t) = \varphi(x) f(t)$，可得含时薛定谔方程 (1.28) 的第 n 个解为

$$\psi_n(x,t) = \mathrm{e}^{-\mathrm{i}\frac{E_n t}{\hbar}} \varphi_n(x) \tag{1.34}$$

则可得含时薛定谔方程 (1.28) 的一般解：

$$\psi(x,t) = \sum_n c_n \psi_n(x,t) = \sum_n c_n \mathrm{e}^{-\mathrm{i}\frac{E_n t}{\hbar}} \varphi_n(x) \tag{1.35}$$

式 (1.35) 在 $t = 0$ 时，右边为：$\sum_i c_i \varphi_i$。此即说明，若 $t = 0$ 时刻系统的波函数为 $\sum_i c_i \varphi_i$，则 t 时刻波函数演化为 $\sum_i c_i \mathrm{e}^{-\mathrm{i}\frac{E_i t}{\hbar}} \varphi_i$，其中 $\{E_i\}$ 为系统能量本征值。据此，我们总结出"三步法"计算哈密顿量不含时情况下的波函数随时间演化：

1. 写出哈密顿量 $\hat{H}$ 并解定态方程，获得哈密顿量的本征波函数 $\{\varphi_n(x)\}$ 与本征值 $\{E_n\}$；

2. 以上述本征波函数为基础态波函数，将给定的初始态波函数展开为 $\psi(x, 0) = \sum_n c_n \varphi_n(x)$；

3. 最后得任意时刻的态 $\psi(x,t) = \sum_n c_n \mathrm{e}^{-\mathrm{i}\frac{E_n t}{\hbar}} \varphi_n(x)$。

下面通过例题来展示对"三步法"的运用。

1.3.2　无限深势阱

如图 1.2 所示，一维势函数 $V(x)$ 具有如下形式：

$$V(x) = \begin{cases} \infty, & x \leqslant 0, x \geqslant b \\ 0, & 0 < x < b \end{cases} \tag{1.36}$$

本例子将展示三步法中的第一步，求解哈密顿量的本征值和对应的本征态。第二步和第三步请参考后续例题。

阱内粒子对应的定态薛定谔方程为

$$\left(-\frac{\hbar^2}{2m} \frac{\mathrm{d}^2}{\mathrm{d}x^2} + V(x) \right) \varphi(x) = E\varphi(x) \tag{1.37}$$

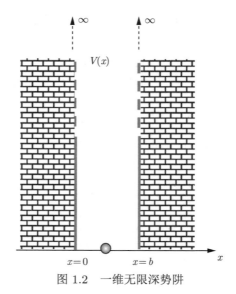

图 1.2　一维无限深势阱

对于阱外 $(x \leqslant 0, x \geqslant b)$，由于 $V(x) = \infty$，从物理上考虑，粒子不能穿透势阱。按照波函数的统计诠释，要求粒子在阱外的波函数为 $\varphi(x) = 0$。

阱内 $(0 < x < b)$ 的定态薛定谔方程可写为

$$\frac{\mathrm{d}^2 \varphi}{\mathrm{d}x^2} + k^2 \varphi = 0 \tag{1.38}$$

其中 $k^2 = 2mE/\hbar^2$。此方程的通解为

$$\varphi(x) = C \sin(kx) + C' \cos(kx) \tag{1.39}$$

由于波函数的连续性，在边界 $x = 0$ 和 $x = b$ 处的取值应与阱外连续。

由 $x = 0$ 处 $\varphi(x) = 0$ 得 $C' = 0$，从而：

$$\varphi(x) = C \sin(kx) \tag{1.40}$$

由 $x = b$ 处 $\varphi(x) = 0$ 得 $C \sin(kx) = 0$。显然 $C \neq 0$，故而有 $kb = n\pi$（$n = 0, \pm 1, \pm 2, \cdots$）。若 $n = 0$ 则波函数在全空间处处为 0，显然不合理（思考：为什么？），而同一 n 的正值和负值对应同一个本征函数，因此只取 $n > 0$ 的情况即可。故有：

$$k = \frac{n\pi}{b}, \quad n = 1, 2, 3, \cdots \tag{1.41}$$

将 $k^2 = 2mE/\hbar^2$ 代入，得

$$E_n = \frac{n^2 \pi^2 \hbar^2}{2mb^2}, \quad n = 1, 2, 3, \cdots \tag{1.42}$$

对应的阱内本征波函数为

$$\varphi_n(x) = C \sin \frac{n\pi x}{b}, \quad n = 1, 2, 3, \cdots \tag{1.43}$$

将本征函数归一化，应用 $\int_{-\infty}^{\infty} |\varphi_n(x)|^2 \mathrm{d}x = 1$ 可得，$C = \sqrt{\frac{2}{b}}$。即归一化定态波函数为

$$\varphi_n(x) = \begin{cases} 0, & x \leqslant 0, x \geqslant b \\ \sqrt{\dfrac{2}{b}} \sin \dfrac{n\pi x}{b}, & n = 1, 2, 3, \cdots, \quad 0 < x < b \end{cases} \tag{1.44}$$

以上能量本征值 $\{E_n\}$ 是无限深势阱中的粒子可能观测到的能量值。显然，它们是一些分立的能级。这与经典物理不同。定态波函数及其能级满足薛定谔方程，但是这并不意味着只有定态波函数才能满足薛定谔方程，也不意味着系统只能处于定态上。定态波函数的线性叠加也能满足薛定谔方程。任何下列形式的线性叠加的波函数表示的态都是物理上可能的态：

$$\boxed{\begin{aligned} \psi(x) &= \sum_n c_n \varphi_n(x) \\ \sum_n |c_n|^2 &= 1 \end{aligned}} \tag{1.45}$$

其中 $\varphi_n(x)$ 为可观测物理量所对应的算符的本征函数。上述结论并不仅限于无限深势阱中的粒子，对任何系统都适用。对于一般的情况，就是 1.5 节将要介绍的线性叠加原理。

例题 1.8 箱中粒子初始时刻 $(t=0)$ 的波函数为 $\psi(x,0) = \dfrac{1}{\sqrt{b}} \sin \dfrac{2\pi}{b}x \left(1 + 2\cos \dfrac{2\pi}{b}x\right)$，求 t 时刻粒子状态。

解 要回答这一问题，我们应紧扣求解薛定谔方程的"三步法"。首先我们应给出哈密顿量 $\hat{H}$ 并求解定态薛定谔方程，获得哈密顿量的本征波函数 $\{\varphi_n\}$ 与本征值 $\{E_n\}$，即式 (1.44) 与式 (1.42)。

其次，我们应以哈密顿量的本征波函数 $\{\varphi_n\}$ 为基础态波函数，将初始波函数 $\psi(x,0)$ 展开为本征波函数的线性叠加形式：

$$\begin{aligned} \psi(x,0) &= \frac{1}{\sqrt{b}} \sin \frac{2\pi}{b}x \left(1 + 2\cos \frac{2\pi}{b}x\right) \\ &= \frac{1}{\sqrt{b}} \left(\sin \frac{2\pi}{b}x + \sin \frac{4\pi}{b}x\right) \end{aligned} \tag{1.46}$$

$$= \frac{1}{\sqrt{2}}(\varphi_2(x) + \varphi_4(x))$$

本征波函数 $\varphi_2(x)$ 与 $\varphi_4(x)$ 对应的系数为: $C_2 = \dfrac{1}{\sqrt{2}}$, $C_4 = \dfrac{1}{\sqrt{2}}$。其他本征波函数对应的系数 $C_n = 0$ $(n \neq 2, 4)$。

最后，我们将各本征波函数对应的本征值与系数 C_n 代入式 (1.35) 中，得到经过时间 t 后的波函数 $\psi(x, t)$:

$$\psi(x, t) = \frac{1}{\sqrt{2}}\left(\mathrm{e}^{-\frac{\mathrm{i}E_2 t}{\hbar}}\varphi_2(x) + \mathrm{e}^{-\frac{\mathrm{i}E_4 t}{\hbar}}\varphi_4(x)\right)$$

$$= \frac{1}{\sqrt{2}}\mathrm{e}^{-\frac{\mathrm{i}E_2 t}{\hbar}}\left(\varphi_2(x) + \mathrm{e}^{-\frac{\mathrm{i}(E_4 - E_2)t}{\hbar}}\varphi_4(x)\right) \tag{1.47}$$

例题 1.9 对例题 1.8 中的粒子，分别计算 0 时刻和 t 时刻在区域 $\left[0, \dfrac{b}{3}\right]$ 发现粒子的概率。

解 根据玻恩统计诠释，0 时刻粒子出现在 $x \sim x + \mathrm{d}x$ 的概率为

$$|\psi(x, 0)|^2 \mathrm{d}x = \frac{1}{b}\left(\sin\frac{2\pi}{b}x + \sin\frac{4\pi}{b}x\right)^2 \mathrm{d}x$$

因此，0 时刻粒子出现在区域 $\left[0, \dfrac{b}{3}\right]$ 的概率为

$$P(0) = \int_0^{\frac{b}{3}} \frac{1}{b}\left(\sin\frac{2\pi}{b}x + \sin\frac{4\pi}{b}x\right)^2 \mathrm{d}x$$

其中

$$\frac{1}{b}\int_0^{\frac{b}{3}} \sin^2\frac{2\pi}{b}x\,\mathrm{d}x = \frac{1}{6} + \frac{\sqrt{3}}{16\pi}$$

$$\frac{1}{b}\int_0^{\frac{b}{3}} \sin^2\frac{4\pi}{b}x\,\mathrm{d}x = \frac{1}{6} - \frac{\sqrt{3}}{32\pi}$$

$$\frac{1}{b}\int_0^{\frac{b}{3}} \sin\frac{2\pi}{b}x \sin\frac{4\pi}{b}x\,\mathrm{d}x = \frac{\sqrt{3}}{8\pi}$$

因此

$$P(0) = \frac{1}{3} + \frac{9\sqrt{3}}{32\pi}$$

t 时刻粒子出现在 $x \sim x + \mathrm{d}x$ 的概率为

$$|\psi(x,t)|^2 \mathrm{d}x$$

$$= \frac{1}{b} \left| \mathrm{e}^{-\frac{\mathrm{i}E_2 t}{\hbar}} \sin \frac{2\pi}{b}x + \mathrm{e}^{-\frac{\mathrm{i}E_4 t}{\hbar}} \sin \frac{4\pi}{b}x \right|^2 \mathrm{d}x$$

$$= \frac{1}{b} \left(\sin^2 \frac{2\pi}{b}x + \sin \frac{2\pi}{b}x \sin \frac{4\pi}{b}x \cdot \left(\mathrm{e}^{-\frac{\mathrm{i}(E_4-E_2)t}{\hbar}} + \mathrm{e}^{\frac{\mathrm{i}(E_4-E_2)t}{\hbar}} \right) + \sin^2 \frac{2\pi}{b}x \right) \mathrm{d}x$$

$$= \frac{1}{b} \left(\sin^2 \frac{2\pi}{b}x + 2 \sin \frac{2\pi}{b}x \sin \frac{4\pi}{b}x \cos \left(-\frac{\mathrm{i}(E_4-E_2)t}{\hbar} \right) + \sin^2 \frac{2\pi}{b}x \right) \mathrm{d}x$$

t 时刻粒子出现在区域 $\left[0, \dfrac{b}{3} \right]$ 的概率为

$$P(t)$$

$$= \int_0^{\frac{b}{3}} \frac{1}{b} \left(\sin^2 \frac{2\pi}{b}x + \sin \frac{2\pi}{b}x \sin \frac{4\pi}{b}x \cdot \left(\mathrm{e}^{-\frac{\mathrm{i}(E_4-E_2)t}{\hbar}} + \mathrm{e}^{\frac{\mathrm{i}(E_4-E_2)t}{\hbar}} \right) + \sin^2 \frac{2\pi}{b}x \right) \mathrm{d}x$$

$$= \frac{1}{6} + \frac{\sqrt{3}}{16\pi} + \frac{1}{6} - \frac{\sqrt{3}}{32\pi} + 2 \cdot \frac{\sqrt{3}}{8\pi} \cos \frac{(E_4-E_2)t}{\hbar}$$

问题 1.5 一个质量为 m 的粒子被置于一维无限深势阱 ($0 \leqslant x \leqslant b$) 中，$t = 0$ 时刻的初态波函数为

$$\psi(x,0) = \mathcal{N} \left(1 + \cos \frac{\pi x}{b} \right) \sin \frac{\pi x}{b}$$

（1）计算归一化系数的模 $|\mathcal{N}|$。

（2）在未来的某一时刻 t_0 的波函数是什么？

（3）在任意 t 时刻，在 $x = \dfrac{b}{2}$ 处发现粒子的概率密度是多少？

由这些算例可见，薛定谔方程给出了量子状态的演化规律。这个规律本身并不能决定粒子的状态，但是一旦知道了粒子的初始状态，那任何 t 时刻的状态都可由薛定谔方程算得。对于不含时哈密顿量即定态问题，薛定谔方程给出的量子状态的演化规律就是我们说的"三步法"。你可能要问：

1. 粒子的初始状态是怎么来的？

这由题设条件给定。

2. 知道了系统在某个时刻的状态（波函数）又有何用？

1.2 节介绍了，知道了系统某个时刻的波函数，就能够计算该系统在该时刻的全部信息，除了在位置空间发现粒子的概率分布外，还有其他信息，例如某物理量期望值等。

> 📝 **笔记**
>
> 如何看待波函数 $\psi(x,t)$ 中的 t?
>
> 　　时间 t 只是参量，$\psi(x,t)$ 的实际含义是 $\psi_t(x)$。即可以用 $\psi(x,t)$ 表达任何时刻的波函数信息，但是在具体计算时（例如计算某物理量期望值数值时），必须先指明 t 值（例如 $t = 0.53$），才能获得明确结果，例如期望值。而在设定 $t = 0.53$ 后，波函数 ψ 只是位置 x 的函数了。在 t 有具体值 $t = t_1$ 的情况下，$\psi(x,t)$ 中只有一个函数变量 x，或者说，它就是 $\psi_{t_1}(x)$，而我们通常用 $\psi(x)$ 或 ψ 表示。比如说，已知粒子波函数 $\psi(x,t)$，若是问它的动量期望值数值具体是多少，得指明时间 t 的取值才能回答，否则属于问题本身表述不清楚而无法回答。即应问：在 $t = t_1$ 时，其动量期望值的数值是多少。然而，变量 x 的作用显然不一样。粒子在全空间的波函数表示粒子的状态，在特殊点 $x = x_1$ 时的波函数取值并不表示状态。也不能问"粒子在位置 $x = x_1$ 时的动量期望值"，这是一个概念错误问题。只能问，若粒子处于波函数为 $\psi(x)$ 的状态时，其动量期望值。而实际计算时，$\int \psi(x)^* x \psi(x) \mathrm{d}x$ 是全空间积分，用到了 $\psi(x)$ 在全空间所有位置 $(-\infty < x < \infty)$ 的波函数取值。

1.4 算符与测量公设

1.4.1 算符公设

算符公设：任何物理量 a 都对应于一个线性厄米算符 $\hat{A}$。如果物理系统的波函数为 $\psi(x)$，则该系统物理量 a 的期望值为

$$\langle a \rangle = \int_{-\infty}^{\infty} \psi^*(x) \hat{A} \psi(x) \mathrm{d}x \tag{1.48}$$

例题 1.10 有没有哪个物理量 a 对应的算符 $\hat{A}$ 具有如下性质：$\hat{A}\mathrm{i} = -\mathrm{i}\hat{A}$（i 是虚数单位）？

解 没有。根据算符公设，任何物理量 a 对应的算符 $\hat{A}$ 必须是线性的，而线性算符与复数是对易的，即对任何复数 c，有 $\hat{A}c = c\hat{A}$。

笔记

线性算符 $\hat{A}$ 是指对于任何常数 c_1、c_2 和函数 $\varphi_1(x)$、$\varphi_2(x)$，有 $\hat{A}(c_1\varphi_1(x) + c_2\varphi_2(x)) = c_1\hat{A}\varphi_1(x) + c_2\hat{A}\varphi_2(x)$。

笔记

对算符 $\hat{A}$，定义其伴随算符 $\hat{A}^\dagger$，

$$\int_{-\infty}^{\infty} \psi^*(x)\hat{A}\varphi(x)\mathrm{d}x = \int_{-\infty}^{\infty} \left(\hat{A}^\dagger\psi(x)\right)^* \varphi(x)\mathrm{d}x \tag{1.49}$$

其中，$\psi(x)$, $\varphi(x)$ 是两个任意的量子态。$\hat{A}^\dagger$ 也可以看作是对 $\hat{A}$ 进行转置复共轭操作得到的算符。如果算符 $\hat{A}$ 是自伴的，即满足

$$\hat{A} = \hat{A}^\dagger \tag{1.50}$$

那么算符 $\hat{A}$ 就是厄米算符。厄米算符满足如下关系：

$$\int_{-\infty}^{\infty} \psi^*(x)\hat{A}\varphi(x)\mathrm{d}x = \left(\int_{-\infty}^{\infty} \varphi^*(x)\hat{A}\psi(x)\mathrm{d}x\right)^* \tag{1.51}$$

类似于式 (1.32)，对于算符 $\hat{A}$，若有

$$\hat{A}\varphi_n(x) = a_n\varphi_n(x) \tag{1.52}$$

且 a_n 是常数，那么 a_n 称为算符 $\hat{A}$ 的本征值，$\varphi_n(x)$ 称为算符 $\hat{A}$ 的本征态。当体系处于算符 $\hat{A}$ 的本征态 $\varphi_n(x)$ 时，物理量 a 有确定的值，即本征值 a_n。

笔记

厄米算符的所有本征值皆为实数，这满足了物理量观测值必为实数这一基本事实要求。

问题 1.6 根据厄米性定义，证明厄米算符的本征值都是实数。

问题 1.7 根据厄米性定义，证明对应于厄米算符的不同本征值的本征态正交。

1.4.2 测量公设

从期望值的数学定义上看，对系统观测物理量 a，如果有 p_i 的概率获得结果 a_i，则期望值为

$$\langle a \rangle = \sum_i p_i a_i \tag{1.53}$$

我们自然要问一个具有普遍意义的问题: 观测系统的物理量 a, 究竟能获得哪些可能的结果 (即可能值 a_i)? 获得值 a_i 的概率 p_i 是多少? 它们与 a 所对应的算符有关, 其中 p_i 值还与测量之前系统的状态有关。

测量公设: 物理量 a 对应的算符 $\hat{A}$ 的不同本征值 $\{a_i\}$ 是测量该物理量可能得到的全部结果, 单次测量结果必定为这些本征值中的一个。若测得 a_i, 则被测系统的状态在测量之后一定是对应于本征值 a_i 的本征态 φ_i。

若在测量之前被测系统的状态为 ψ, 测量物理量 a 获得 a_i 的概率可经下述途径计算:

测量结果概率的计算规则:

1. 将 ψ 写成线性叠加形式

$$\psi = \sum_i \alpha_i \varphi_i \tag{1.54}$$

其中每个 φ_i 都是算符 $\hat{A}$ 的本征态, 对应着不同本征值 a_i。

2. 测得 a_i 的概率为

$$P(i|\psi) = |\alpha_i|^2 \tag{1.55}$$

3. 若测得物理量 a 的值为 a_i, 系统的状态在测量之后一定是 φ_i。

依据上述公设, 显然被测系统的状态在测量之后一般会发生改变 (我们将测量导致的状态变化称为"坍缩", collapse)。至于每次测量将得到什么测量结果, 一般不能预测, 但是可以计算其概率。

> **笔记**
>
> 测量将导致被测系统状态从测量前的 ψ 至测量后的某个 φ_i 的变化, 即测量会改变被测系统的状态 (除非被测系统在测量前的状态 ψ 就是某一个 φ_i)。哥本哈根学派将测量引起的系统状态变化称为"坍缩", 尽管未能给出"坍缩"的具体机制, 但这并不影响量子力学的实际应用。量子力学存在不同诠释, 详见附录 A。

问题 1.8 两个单次测量实验, 系统在测量前的状态以及测量装置都完全一样, 所得的测量结果是否一定相同?

问题 1.9 两个单次测量实验, 系统在测量前的状态不一样, 但测量装置完全一样, 所得的测量结果是否一定不同?

测量与演化过程不同。状态的演化过程遵从薛定谔方程, 它是确定性过程, 即给定初始态和哈密顿量, 则系统在任意时刻 t 的状态是确定性的, 只需按薛定谔方程计算。

📝 **笔记**

此处量子态 ψ、φ_i 既可以是波函数也可以是本书稍后介绍的态矢量或狄拉克符号。同时,我们将在本书的 2.2 节对此计算规则进行更多的讨论。

式 (1.55) 中的 α_i 可用式 (1.56) 计算:

$$\alpha_i = (\varphi_i, \psi) \tag{1.56}$$

若状态用波函数表示,则

$$(\varphi_i, \psi) = \int_{-\infty}^{\infty} \varphi_i^*(x)\psi(x)\mathrm{d}x \tag{1.57}$$

若状态用态矢量表示,则

$$(\varphi_i, \psi) = \langle \varphi_i | \psi \rangle \tag{1.58}$$

📝 **笔记**

不同的计算方法不会改变计算结果 $P(\varphi_i|\psi)$。

若 $(\psi', \psi) = 0$,则称态 ψ 和 ψ' 是正交的。若 $(\psi, \psi) = 1$,则称态 ψ 是归一的。

可以证明,任何厄米算符 $\hat{A}$ 的不同本征值 a_i、a_j 对应的本征态 φ_i、φ_j 是正交的。由于本书已要求所有物理态都是归一化的,因此式 (1.54) 右侧的各个不同的态 $\{\varphi_i\}$ 是正交归一的。

问题 1.10 证明任何厄米算符 $\hat{A}$ 的不同本征值 a_i、a_j 对应的本征态 φ_i、φ_j 是正交的。

例题 1.11 证明:若式 (1.54) 中的 ψ 和 φ_i 都是波函数,则 $\alpha_i = \int_{-\infty}^{\infty} \varphi_i^*(x)\psi(x)\mathrm{d}x$。

解 对于

$$\psi = \sum_i \alpha_i \varphi_i \tag{1.59}$$

两侧同时乘以 φ_i^* 并对 x 积分

$$\int_{-\infty}^{\infty} \varphi_i^*(x)\psi(x)\mathrm{d}x = \sum_j \alpha_j \int_{-\infty}^{\infty} \varphi_i^*(x)\varphi_j(x)\mathrm{d}x \tag{1.60}$$

因为 $\{\varphi_i\}$ 为算符 $\hat{A}$ 的不同本征值的本征态,所以它们正交归一,即有

$$\int_{-\infty}^{\infty} \varphi_i^*(x)\varphi_j(x)\mathrm{d}x = \begin{cases} 0, & i \neq j \\ 1, & i = j \end{cases} \tag{1.61}$$

因此 $\int_{-\infty}^{\infty} \varphi_i^*(x)\psi(x)\mathrm{d}x$ 等于 α_i，得证。

✎ **笔记**

我们已经说过波函数表示系统的状态。本书稍后将会介绍，除了波函数外，也可以用态矢量表示系统的状态。此处我们用到的 ψ 和 φ_i，它们既可以是波函数，也可以是态矢量。

例题 1.12　从前述内容我们了解到，获得哪一个观测结果一般无法预先确定，它有一个概率分布。这是不是意味着，被测量系统不能处于明确的状态？

解　被测系统可以有明确的状态，比如说明确的波函数 $\psi(x)$。在明确状态的前提下，获得哪个观测结果一般无法预先确定，它有一个概率分布。

例题 1.13　已知物理量 a 的算符 $\hat{A}$ 及其本征值和本征态，是不是获得测量结果 i（即获得值 a_i）的概率就可以计算了？

解　不可以。计算这个概率还需要明确系统在测量之前的状态 ψ，然后用式 (1.55) 计算。若不给出测量之前系统的状态 ψ，则无法写出式 (1.54) 的右边，亦无法知道 $\{\alpha_i\}$ 的值。所谓"获得测量结果 i 的概率"，总是指"粒子处于状态 ψ 的条件下获得测量结果 i 的概率"，我们把它写为 $P(i|\psi)$。

例题 1.14　回顾 1.3 节中的无限深势阱及能量本征态公式 (1.44)。如果阱中粒子的状态是 $\psi = \frac{1}{\sqrt{2}}(\varphi_1 + \varphi_2)$，测量阱中粒子的能量，下列哪些值是可能看到的（概率大于零）？测量后粒子的状态是什么？

1. E_1；　　2. E_2；　　3. $\dfrac{E_1 + E_2}{2}$；　　4. E_3。

解　选项 1 和选项 2，根据式 (1.55)，测得 E_1 或 E_2 的概率均为 1/2。选项 3 的数值不是被测物理量算符（能量算符，即哈密顿量）的本征值，不可能观测到。选项 4 的值是被测物理量算符的本征值，但是按题设条件给出的粒子在测量前的状态，测得 E_3 的概率为零。若测得 E_1，粒子在测量后的状态为 φ_1；若测得 E_2，粒子在测量后的状态为 φ_2。

例题 1.15　如果测量前的状态就是 φ_1，即 $\psi = \varphi_1$，那获得各种测量结果的概率是多少？

解　由于此时 $\psi = \varphi_1$，这已经是式 (1.54) 的形式，此时 $\alpha_1 = 1$；其余的 $\alpha_i = 0$（即 $i \neq 1$ 时的所有 α_i）。获得第 1 个结果（即 a_1）的概率为 1，其他为 0。显然，如果测量前系统的状态是 $\psi = \varphi_i$，则获得测量结果 i 的概率为 1，其他为 0。

例题 1.16　如果测能量，处于什么状态的粒子具有确定的测量结果？

解　哈密顿量本征态。如果在测量之前粒子处于状态 $\psi = \varphi_i$ 上，则测得 E_i 的概率为

$$P(E_i|\psi = \varphi_i) = \int_{-\infty}^{\infty} \varphi_i^*(x)\psi(x)\mathrm{d}x = 1 \tag{1.62}$$

📎 **笔记**

因此，我们可以把哈密顿量本征态叫做"能量具有确定值的态"或者"对能量有确定测量结果的态"。类似地，物理量 a 对应的算符为 $\hat{A}$ 的任何本征态也被称为"物理量 a 有确定值的态"或者"对物理量 a 有确定测量结果的态"。

例题 1.17 波函数 $\mathrm{e}^{i\theta}\psi$ 和波函数 ψ 是否表示物理上等价的状态（即是否表示同一个物理状态）？（θ 是与 x 无关的实数。）

解 是。因为它们没有任何可观测意义上的差异。假如按式 (1.54)，对 ψ 能写出 $\psi = \sum_i \alpha_i \varphi_i$，则对 $\mathrm{e}^{i\theta}\psi$ 一定能写出 $\mathrm{e}^{i\theta}\psi = \sum_i \alpha_i' \varphi_i$，其中 $\alpha_i' = \mathrm{e}^{i\theta}\alpha_i$。对于态 ψ 测得结果 i 的概率为 $P(i|\psi) = |\alpha_i|^2$，对于态 $\mathrm{e}^{i\theta}\psi$ 测得结果 i 的概率为 $P(i|\mathrm{e}^{i\theta}\psi) = |\mathrm{e}^{i\theta}\alpha_i|^2$。显然，对任何测量结果 i，我们都有：$P(i|\psi) = P(i|\mathrm{e}^{i\theta}\psi)$。这就证明了上述两个态 ψ 和 $\mathrm{e}^{i\theta}\psi$ 的任何单次测量结果概率都相等，当然不存在可观测意义上的差异。（"任何单次测量结果概率都相等"当然也就意味着测量任何物理量的期望值也一定相等。）

📎 **笔记**

我们问两个波函数是否表示同一个物理状态，并非问它们在数学上是否相等。好比说，我们问鲁迅和周树人是否是同一个人，这不是在问汉字"鲁迅"和汉字"周树人"是否一样，它们当然不一样，但它们仍代表同一个人。

两个态在物理上等价，是指它们没有可观测的差异，即任何测量都无法区分这两个态。它们表示同一个物理状态。

两个态只要存在可观测的差异，则是物理上不同的态。即，当发现任何具体的可观测差异，那这两个态肯定是两个不同的物理状态。

例题 1.18 对上题的解答，就说"因为 $\psi(x)$ 和 $\mathrm{e}^{i\theta}\psi(x)$ 模平方相等，因此它们对 x 的概率分布相等，因此它们表示同一个物理状态"，行不行？

解 不行。对 x 的概率分布只是系统的一种可观测信息，不是所有可观测信息。例如我们可以找到这样的例子：两个波函数模平方相等但动量期望值不等。

例题 1.19 写出例题 1.18 中"例如"中的具体波函数。

解 波函数 $\psi(x) = \mathcal{N}\mathrm{e}^{ik_0 x - u_0 x^2}$。显然，无论 k_0 取何值，模平方不变。但是例题 1.4 已经证明，对不同的 k_0，动量期望值 $(\hbar k_0)$ 不相同。这清楚地显示，取不同 k_0，波函数 $\psi(x) = \mathcal{N}\mathrm{e}^{ik_0 x - u_0 x^2}$ 表示不同的物理态，尽管波函数模平方都相同。

问题 1.11 波函数 $e^{i\theta(x)}\psi(x)$ 和波函数 $\psi(x)$ 是表示同一个物理状态还是不同的物理状态？（θ 是 x 的实函数。）（提示：不同的物理状态，除非 $\theta(x)$ 取与 x 无关的常数；计算动量期望值。）

例题 1.20 要证明两个波函数表示不同的物理状态，是不是要证明任何可观测结果都不同？

解 不是，只需一个具体例子说明可观测差异即可。

有些同学可能会感到疑惑，对于定态，θ 是 t 的函数，那么 $\theta(t)$ 算不算一个常数？这个问题就是在问，形如 $e^{i\theta(t)}\psi(x)$ 的波函数，在 $t=0$ 与 $t=0.58$（任意实数）两个不同取值时，是否为同一个态？这当然是，我们只需分别把 $t=0$ 与 $t=0.58$ 代入波函数形式，得到的相位因子都是常数，两种情况的波函数只在整体上有一个常数位相因子的差别。也就是说，对于任意实数值 t，$e^{i\theta(t)}\psi$ 都是同一个物理状态。

例题 1.21 用物理量期望值的计算公式 (1.48) 直接证明例题 1.17 中的两个态 ψ 和 $e^{i\theta}\psi$ 对任何物理量测量的期望值都相等。

解 我们可以通过求解力学量 a 的期望来判断。记力学量 a 的算符为 $\hat{A}$，对波函数 ψ，期望值为

$$\langle a \rangle = \int_{-\infty}^{\infty} [\psi^*(x)] \, \hat{A} \, [\psi(x)] \, \mathrm{d}x \tag{1.63}$$

对波函数 $e^{i\theta}\psi$，期望值为

$$\langle a \rangle = \int_{-\infty}^{\infty} \left[e^{-i\theta}\psi^*(x)\right] \hat{A} \left[e^{i\theta}\psi(x)\right] \mathrm{d}x \tag{1.64}$$

因为 $\hat{A}$ 是线性算符，而 $e^{i\theta}$ 是常数，所以有

$$\hat{A} \left[e^{i\theta}\psi(x)\right] = e^{i\theta} \hat{A} \, [\psi(x)] \tag{1.65}$$

将式 (1.65) 代入式 (1.64)，得到

$$\langle a \rangle = \int_{-\infty}^{\infty} [\psi^*(x)] \, \hat{A} \, [\psi(x)] \, \mathrm{d}x \tag{1.66}$$

这就是说，这两个波函数 ψ 和 $e^{i\theta}\psi$ 对任何可观测量的测量期望均相同，并不能通过测量期望值区分这两个波函数。

问题 1.12 解（不含时哈密顿量）定态方程式 (1.32) 时，解得的本征波函数又称"定态"或"稳态"。顾名思义，它们指的可能是什么？为什么？

📝 **笔记**

> 对于物理系统，我们真正关心的是其物理状态。在后面的讨论中，在不引起误解的情况下，我们有时候将"物理状态"简称为"状态"，例如用"同一状态"表示"同一物理状态"等。

问题 1.13 考虑例题 1.8 中 t 时刻波函数。求在初始时刻以后，系统的状态首次回到初始状态的时刻 t。

问题 1.14 有没有别的简单方法判别任何两个态 ψ 和 ψ' 是否为同一状态？（提示：有。例如看 $|(\psi', \psi)|^2$ 的值是否为 1，后面章节还会有讨论。）

1.4.3 测量规则的另一种表述

考察某个测量。我们使用"测量结果 i"代表"a_i"，并将该测量所有可能的不同结果记为 $\{i\}$。把系统在测量之前的状态 ψ 写为

$$\psi = \sum_i \alpha_i \varphi_i \tag{1.67}$$

其中 φ_i 是对测量有确定结果 i 的态。从被测系统的状态坍缩角度看测量，式 (1.67) 中的 φ_i 是系统在被测量后的一个可能的态。而且式 (1.67) 右侧的所有 $\{\varphi_i\}$ 对应的测量结果 $\{i\}$ 各不相同，此时式 (1.55) 依然成立：测量后，被测系统的状态坍缩为 φ_i 的概率就是获得测量结果 i 的概率，$P(i|\psi)$：

$$\boxed{P(\varphi_i|\psi) = P(i|\psi)} \tag{1.68}$$

这就是说，如果已知 φ_i 是系统在被测量后的一个可能的态，而系统在测量之前的状态为 ψ，也可以简单地说

$$\boxed{\text{对态}\,\psi\,\text{测得}\,\varphi_i\,\text{的概率为}\,P(\varphi_i|\psi) = |(\varphi_i, \psi)|^2} \tag{1.69}$$

📝 **笔记**

> 式 (1.69) 给出了对测量进行表述的一个简单有效的方法，是极为重要的基本公式。

📝 **笔记**

> 既然 φ_i 有确定测量结果 i，由式 (1.67) 可见，$\{\varphi_i\}$ 中任何两个态必然正交。请思考并给出证明。

1.5 线性叠加原理

如果 $\{\varphi_i\}$ 中的每一个态都是系统在物理上可能的状态，那么，它们的线性叠加态也是这个系统的一个可能状态。用数学表达式表示出来，即为

$$\psi = \sum_i \alpha_i \varphi_i \tag{1.70}$$

其中，$\{\alpha_i\}$ 是复数，且满足归一化条件 $\sum_i |\alpha_i|^2 = 1$。

那如何判断 φ_1，φ_2，$\cdots$，这些态本身是物理上可能的态呢？如果一个态能观测得到，那它就是物理上存在的态，当然也是"物理上可能的态"。比如说，对于前述的无限深势阱的任何一个定态 φ_n，就是一个物理上存在的态：势阱内的粒子，若其波函数为 φ_n，则其能量有确定值 E_n，即：观测其能量，一定会测得值 E_n。定态 φ_n，也称为"能量有确定值 E_n 的态"。同时，对于前述的一维无限深势阱中的粒子，若测得其能量为 E_n，则其波函数就一定是 φ_n。所有这一切均表明，状态 φ_n 是一种"看得见、摸得着"，有确定能量值的态，它当然是物理上存在的态。

继续考察无限深势阱中的粒子。我们知道，若粒子为状态 φ_1（即能量有确定值 E_1 的状态），测其能量，一定会得到 E_1；若粒子为状态 φ_2（即能量有确定值 E_2 的状态），测其能量，一定会得到 E_2。而根据线性叠加原理：

$$\psi = \alpha_1 \varphi_1 + \alpha_2 \varphi_2 \tag{1.71}$$

也是一个物理上存在的态。对处于状态 ψ 的粒子测其能量，测量结果要么是 E_1，要么是 E_2；测得 E_1 的概率为 $|\alpha_1|^2$，测得 E_2 的概率为 $|\alpha_2|^2$。

例题 1.22 若观测能量，对无限深势阱中的粒子的线性叠加态 $\psi_1 = \dfrac{\varphi_1 + \varphi_2}{\sqrt{2}}$ 和线性叠加态 $\psi_2 = \dfrac{\varphi_1 - \varphi_2}{\sqrt{2}}$，都是 50% 概率测得 E_1 和 50% 概率测得 E_2。这两种线性叠加态有可观察意义上的差异吗？

解 有。它们在位置空间的概率密度函数不同。

线性叠加态 $\psi_1 = \dfrac{\varphi_1 + \varphi_2}{\sqrt{2}}$ 的概率密度函数为

$$|\psi_1(x)|^2 = \left(\frac{1}{\sqrt{2}} \left(\sqrt{\frac{2}{b}} \sin\left(\frac{\pi x}{b}\right) + \sqrt{\frac{2}{b}} \sin\left(\frac{2\pi x}{b}\right) \right) \right)^2$$

$$= \frac{1}{b} \left(\sin\left(\frac{\pi x}{b}\right)^2 + 2\sin\left(\frac{\pi x}{b}\right)\sin\left(\frac{2\pi x}{b}\right) + \sin\left(\frac{2\pi x}{b}\right)^2 \right)$$

线性叠加态 $\psi_2 = \frac{\varphi_1 - \varphi_2}{\sqrt{2}}$ 的概率密度函数为

$$|\psi_2(x)|^2 = \left(\frac{1}{\sqrt{2}} \left(\sqrt{\frac{2}{b}}\sin\left(\frac{\pi x}{b}\right) - \sqrt{\frac{2}{b}}\sin\left(\frac{2\pi x}{b}\right) \right) \right)^2$$

$$= \frac{1}{b} \left(\sin\left(\frac{\pi x}{b}\right)^2 - 2\sin\left(\frac{\pi x}{b}\right)\sin\left(\frac{2\pi x}{b}\right) + \sin\left(\frac{2\pi x}{b}\right)^2 \right)$$

ψ_1 与 ψ_2 的概率密度函数差异如图 1.3 所示。

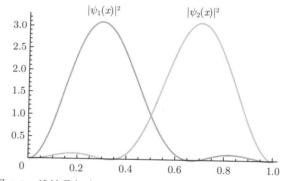

图 1.3　线性叠加态 ψ_1 和线性叠加态 ψ_2 的概率密度函数

1.6　不确定关系

按式 (1.1)，有确定动量的态是平面波，根据波函数的诠释可知，在空间任何位置发现粒子的概率完全相等。这表明，该粒子的位置是完全不确定的，虽然其动量完全确定。在一般情况下，对于一个波包，其波函数模平方在空间各点并不全同，这就是说，粒子的位置并非完全不确定。然而此时，作为波包它含有多种波矢（动量），因此其动量并非确定值。

对任何物理系统，其位置的不确定度与动量的不确定度要满足一个关系，这被称为"不确定关系"。最初由海森伯作为原理提出，又叫"不确定原理"。这一原理表明，对任何波函数不能同时给出其位置与动量的精确值。即任何物理系统，在客观上不能同时具有确定的位置与确定的动量。定量地说，如果粒子被局限在 x 方向的 Δx 范围内，同一方向的动量必然有一个范围 Δp_x 且必须满足条件

$$\boxed{\Delta x \cdot \Delta p_x \geqslant \frac{\hbar}{2}} \tag{1.72}$$

例如，对于一个有确定动量 (p) 的电子，其位置 z 必然完全不确定，反之亦然。根据下列关系：

$$\begin{cases} p = \dfrac{h}{\lambda} \\ p = \hbar k \\ k = \dfrac{p}{\hbar} \end{cases} \tag{1.73}$$

可以得到，有确定动量 p 的电子的波函数为

$$\psi_p(z) \sim \mathrm{e}^{\mathrm{i}kz} = \mathrm{e}^{\mathrm{i}\frac{p}{\hbar}z} \tag{1.74}$$

有确定动量的态是平面波，波列无限长，在任何位置 z 发现电子的概率都相同，即位置完全不确定。

粒子在同一方向上的位置和动量分量不能同时确定。经典力学中，可以用"轨迹"来描述粒子的运动，而微观粒子却不行。以电子单缝衍射为例，如图 1.4 所示。

在图 1.4 所示的例子中，$\Delta x = a$，由于 $0 \leqslant p_x \leqslant p\sin\theta$，故在 x 方向动量不确定度 $\Delta p_x = p\sin\theta = \dfrac{h}{\lambda}\sin\theta$。又有衍射关系 $\Delta x \sin\theta = \lambda$，故 $\Delta x \cdot \Delta p_x = h$。把其余明纹的贡献考虑在内，有 $\Delta x \Delta p_x \geqslant h > \dfrac{\hbar}{2}$。

有人说，"我已经知道飞向单缝的 (平面波) 粒子在 x 方向动量分量为 0，它穿过极窄的单缝后，位置也知道了，即位置与动量都可以精确掌握。"这不是不确定关系所谈的事。不确定关系指的是对某一个状态 (波函数) 测量结果的预知极限。即，我们要求的是，对某一个特定状态 (波函数)，回答：如果观测其位置，它是在什么范围；如果观测其动量，它会在什么范围。"有人说"的那个结果指的是：对于粒子在飞到挡板之前的状态，我们知道其动量 (但不知其位置)；对于粒子通过窄缝后的状态，我们知道其位置 (但不知其动量)。其实就是说：既知道状态 A（粒子飞向单缝时的状态）的准确动量，又知道状态 B（粒子穿过单缝后的状态）的准确位置。这与我们说的"对处于某一个状态的粒子，同时知道其位置和动量"无关。

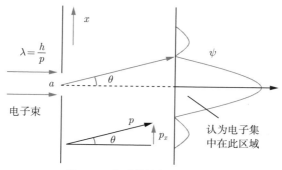

图 1.4 电子单缝衍射示意图

不确定原理是说位置与动量不能同时确定。**系统波函数是可以精确确定的，波函数的演化也是决定论式的。**波函数的演化规律是本书的一个重点学习内容。

例题 1.23 对原子大小和电离一个氢原子的能量进行粗略估计。

解 假定电子离核距离为 r，动量的弥散约为 $\dfrac{\hbar}{r}$，这就是说，电子动量数量级为 $\dfrac{\hbar}{r}$。于是动能是 $\dfrac{\hbar^2}{2mr^2}$。假定原子作能量最低安排：

$$E = \frac{\hbar^2}{2mr^2} - \frac{e^2}{r}$$

此处 e^2 是电子电荷的平方除以 $4\pi\epsilon_0$，那么由

$$\frac{\mathrm{d}E}{\mathrm{d}r} = -\frac{\hbar^2}{mr^3} + \frac{e^2}{r^2} = 0$$

可推出

$$r_0 = \frac{\hbar^2}{me^2} = 0.528 \text{ Å}$$

$$E_0 = -\frac{e^2}{2r_0} = -13.6 \text{ eV}$$

📎**笔记**

总能量为负值。13.6 eV 为电离一个氢原子的能量，称为"里德伯能量"。需要指出，此题利用不确定关系所作的计算，只是一个粗略的计算。尽管其最终结果，$E_0 = -13.6$ eV 看似十分"准确"，但它是基于在过程中对一些物

理量值的人为选择而得到了这个 E_0 结果。事实上不确定关系给我们提供的是界值结论而非等式结论，只能给我们提供一个近似的结果。

笔记

经典电磁学认为：电子越靠近原子核能量越低，与原子核紧挨着的情况能量最低。因此不支持核式结构。而量子物理学认为：由于不确定关系，若电子被限制在一个很小的空间，其动量不确定度变大，动能升高从而总能量可能升高。因此电子不能无限靠近原子核。

此外，还有能量与时间的不确定关系

$$\Delta E \cdot \Delta t \geqslant \frac{\hbar}{2} \tag{1.75}$$

可用于估算粒子寿命与能量范围，在一定精度下测量能量所需的最短时间等问题。

例题 1.24 物理系统的信息既可以通过不确定关系计算，也可以基于具体的波函数形式进行计算，哪种计算方法更有效呢？

解 它们各有特点。用不确定关系，我们可以在不知道系统状态和相互作用细节的情况下计算其信息，但那是一个大致的界值结果；而如果已知系统的具体状态，基于状态，利用相关公设原理和计算规则，可以得到更精准的结果。

不确定度的一个量化标准是测量结果的离散程度——方差。即：想象有大量的处于态 ψ 的粒子，对每个粒子测物理量 a，并记 a_j 为对第 j 个粒子的测量结果。根据定义，物理量 a 的 n 个观测结果的均方差为：

$$\frac{1}{n}\sum_{j=1}^{n}(a_j - \bar{a})^2 = \frac{1}{n}\sum_{j=1}^{n}(a_j^2 - \bar{a}^2) \tag{1.76}$$

其中 a 为 n 个观测数据的期望值。在 $n \to \infty$ 时，我们有 a 的渐近均方差：

$$(\Delta a)^2 = \langle a^2 \rangle - \langle a \rangle^2 \tag{1.77}$$

其中 $\langle \cdot \rangle$ 为期望值，见 1.4 节定义。

例题 1.25 计算例题 1.7 中波函数的 Δx 和 Δp，并验证不确定关系。

解 例题本身已经算出，

$$\langle x \rangle = \int_{-\infty}^{\infty} \mathcal{N}^2 x e^{-2\lambda(x-x_0)^2} \mathrm{d}x = 0 + x_0 \times \mathcal{N}^2 \sqrt{\frac{\pi}{2\lambda}} = x_0$$

$$\langle p \rangle = \int_{-\infty}^{\infty} \mathcal{N} e^{-\lambda(x-x_0)^2} \frac{\hbar}{\mathrm{i}} \frac{\partial}{\partial x}\left(\mathcal{N} e^{-\lambda(x-x_0)^2}\right) = 0$$

$$\langle x^2 \rangle = \int_{-\infty}^{\infty} \mathcal{N}^2 x^2 e^{-2\lambda(x-x_0)^2} dx = \frac{\mathcal{N}^2 (1+4x_0{}^2\lambda)}{2(2\lambda)^{\frac{3}{2}}} \sqrt{\pi} = x_0{}^2 + \frac{1}{4\lambda}$$

$$\langle p^2 \rangle = \int_{-\infty}^{\infty} \mathcal{N} e^{-\lambda(x-x_0)^2} \left(\frac{\hbar}{i}\right)^2 \frac{\partial^2}{\partial x^2} \left(\mathcal{N} e^{-\lambda(x-x_0)^2}\right) = \hbar^2 \lambda$$

根据公式 (1.77)，我们有

$$\begin{cases} (\Delta x)^2 = \langle x^2 \rangle - \langle x \rangle^2 = (x_0{}^2 + \frac{1}{4\lambda}) - x_0{}^2 = \frac{1}{4\lambda} \\ (\Delta p)^2 = \langle p^2 \rangle - \langle p \rangle^2 = \hbar^2 \lambda - 0 = \hbar^2 \lambda \\ \Delta x \Delta p = \sqrt{\hbar^2 \lambda \cdot \frac{1}{4\lambda}} = \frac{\hbar}{2} \geqslant \frac{\hbar}{2} \end{cases} \qquad (1.78)$$

第 1 章就要结束了，现在请同学们试解答以下问题。

问题 1.15 薛定谔方程构架下，状态随时间演化的过程是一个幺正变换过程。对于不含时哈密顿量 H，证明 t 时刻波函数 $\psi(t) = e^{-\frac{iHt}{\hbar}} \psi(t=0)$，并证明时间演化算符 $U = e^{-\frac{iHt}{\hbar}}$ 是幺正的，即 $U^\dagger U = 1$。

问题 1.16 如何反驳下列错误说法？

"启用某个幺正变换 U，假定它有如下性质：$U\psi = \psi_1 = \frac{1}{\sqrt{2}}(\psi^\perp + \psi)$，$U(e^{i\theta}\psi) = \psi_2 = \frac{1}{\sqrt{2}}(\psi^\perp + e^{i\theta}\psi)$。假定 θ 是实数常数且 $\{\psi^\perp, \psi\}$ 正交归一。显然，只要 θ 不为零，ψ_1 和 ψ_2 有可观测的差异，因此这也间接地提供了一个方法对 ψ 和 $e^{i\theta}\psi$ 获取了可观测的差异。"（提示：去证明上述的 U 不存在。）

第 2 章

两 态 系 统

2.1 狄拉克符号表示下的光偏振

狄拉克符号是量子力学中一个优美、高效的数学工具，十分重要。本节的主要目的是借助光偏振引入狄拉克符号，并应用狄拉克符号对一些涉及光偏振的物理问题进行计算。

2.1.1 偏振的电场特征与检偏

光的偏振状态是指电磁波波列中的电场振荡方位。由于电磁波是横波，电场矢量必需与传播方向垂直。采用右手征的 $x-y-z$ 坐标系（如图 2.1），假设 z 轴正方向为光传播方向，则振荡电场必需位于 $x-y$ 面内。因此，任何光的电场矢量都可以由 x 分量和 y 分量叠加而得。

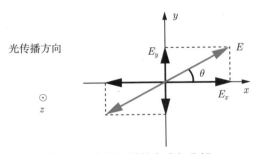

图 2.1 电场矢量的合成与分解

⊙ 代表光传播方向为 z 轴正方向

📝 笔记

除特别说明之外，本书所有的 $x-y-z$ 坐标系都是右手征的。

线偏振。比如,沿 x 轴振荡的电场,$E = E_x(t)\hat{e}_x$,其振荡方位就是 x 轴,这种偏振状态常被称为"水平偏振"。偏振状态,即电场振荡方位特征,与电场强度 $E_x(t)$ 的大小无关。显然地,电场的振荡方位可以是 $x - y$ 面内任意一条线,我们把这种沿着一条线方位振荡的状态称为"线偏振"(如图 2.1)。

🖊 **笔记**

稍后我们会介绍,偏振状态并不仅限于线偏振,振荡方位可以是椭圆。

线偏振中,除了上述水平偏振,还有别的偏振状态,例如沿 y 轴振荡的电场,$E = E_y(t)\hat{e}_y$,它常被称为"竖直偏振";更一般地,还有 θ-线偏振态,即偏振方位与 x 轴夹角为 θ 的态为 $E = E(t)\hat{e}_\theta$,这里 $\hat{e}_\theta = \cos\theta\hat{e}_x + \sin\theta\hat{e}_y$。即任何 θ 方位线偏振的电场可以表示为水平分量和竖直分量的矢量和:$E_x(t)\hat{e}_x + E_y(t)\hat{e}_y$,其中 $E_x(t) = E(t)\cos\theta$,$E_y(t) = E(t)\sin\theta$。在实数表示下,如果光的频率为 ω,在与传播方向垂直的距原点距离为 z 的平面内,$E(t) = A\cos\phi$,其中相位 $\phi = kz - \omega t + \phi_0$,$\phi_0$ 为初相位,A 为振幅,波矢 k 值决定于 ω。显然,线偏振的电场的水平、竖直分量同相位或相差 π 相位,它们是:$E_x(t) = A\cos\theta\cos\phi$,$E_y(t) = \pm A\sin\theta\cos\phi$。

一般地,由于光矢量即光的电场只有两个正交分量,我们只要把两个分量的信息都写出来,就包含了光的整个状态信息,当然,偏振状态也就包含在里面了。

检偏。我们可以采用偏振片对光的偏振状态进行检偏。若偏振片透振方位为 θ 角,我们称之为"θ-偏振片"。依据马吕斯定律(如图 2.2),当入射的线偏振光与线偏振片透振方位夹角为 Δ 时,有透射光强 I 与入射光强 I_0 的关系

$$\frac{I}{I_0} = \cos^2\Delta \tag{2.1}$$

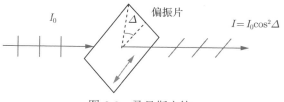

图 2.2 马吕斯定律

光偏振状态这个概念,既适用于包含大量光子的强光波列,也适用于单个光子。当我们说一个强光波列的偏振状态时,就是指该波列中每个光子的偏振状态。从现在起,我们可以直接讨论单光子波列的偏振状态。当我们的讨论指向一个光

子的偏振状态时，式 (2.1) 表示的是该光子透过偏振片的概率。因为光子只能以整体形式被探测到，它要么完整地透过偏振片，要么不透过。

这样，偏振方位为 θ_1 的光子射向 θ-偏振片，透过的概率为

$$P(\theta_1|\theta) = \cos^2(\theta - \theta_1) \tag{2.2}$$

可以把图 2.2 中的光子检偏过程视为量子测量过程，偏振片检偏过程还具有以下属性：

1. 根据式 (2.2)，若入射光子的偏振方位与偏振片透振方向相同或正交，则会有确定性的测量结果，即预先就能完全确定测量结果。或者说，相同则肯定会透过，正交则肯定不会透过。即，若使用 θ_1-偏振片测量，线偏振方位为 θ_1 的被测光子将确定性地透过，线偏振方位为 $\theta_1 + \pi/2$ 的光子肯定不透过。

2. 测量过程同时也是起偏过程：不论入射时的偏振状态是什么，透过 θ_1-偏振片的光子，在透过偏振片之后其线偏振方位一定改变为（坍缩为）偏振片的透振方位 θ_1；而未透过偏振片的光子，其偏振方位一定改变为 $\theta_1 + \pi/2$。所以检偏过程也是起偏过程，透过偏振片的态都被制备为偏振片透振态。

> 🖋 笔记
>
> 属性 2 说明，把 θ_1-偏振片的检偏看成量子测量，则系统在被测量之后的态只能是下面两个中的一个：方位为 θ_1 的线偏振和方位为 $\theta_2 = \theta_1 + \pi/2$ 的线偏振。稍后我们会基于这样的事实，应用 1.4.3 节式 (1.69)，给出关于偏振测量的计算公式。

问题 2.1 检偏过程是否可逆？（提示：不可逆。若我们不知道入射光偏振状态，当发现光子透过了偏振片，我们无法确定性地将它变回入射时的偏振状态。）

问题 2.2 如何改变线偏振片的透振方位？（提示：转它。）

更一般的偏振特征——轨迹与旋向。偏振状态并不仅仅限于线偏振。一般地，电场矢量的 x 分量和 y 分量可以有相位差。这种情况下，以实数表示的 $z+$ 方向传播的光的电场分量为

$$\begin{cases} E_x(t) = A\cos\theta\cos\phi_x \\ E_y(t) = A\sin\theta\cos\phi_y \end{cases} \tag{2.3}$$

其中相位

$$\begin{cases} \phi_x = kz - \omega t + \phi_{x0} \\ \phi_y = kz - \omega t + \phi_{y0} \end{cases} \tag{2.4}$$

　　用式 (2.3) 中联立的电场 x 分量 $E_x(t)$ 和 y 分量 $E_y(t)$，消去时间变量 t，固定在 $z = 0$ 平面内，从经典的光的角度看电场矢量尾部的"运动轨迹"，一般情况下上述两个电场分量将描绘出带旋向的"椭圆轨迹"（如图 2.3），在特定参数条件下会退化为圆或线（如图 2.4）。偏振状态就是指这样的"轨迹形状和旋向"特征，与椭圆大小（由 A 决定）和电场矢量尾部运动快慢（由 ω 决定）无关。因此，偏振状态仅取决于电场分量式 (2.3) 中的 $\cos\theta$、$\sin\theta$ 和相差 $\delta = \phi_y - \phi_x$，与振幅 A 及频率 ω 或 k 无关。

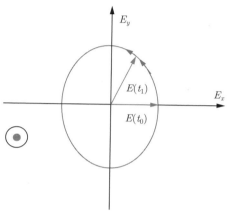

图 2.3　在 $z = 0$ 平面中电场矢量尾部的"轨迹" $\left(\sin\theta > \cos\theta > 0, \delta = \dfrac{\pi}{2}\right)$

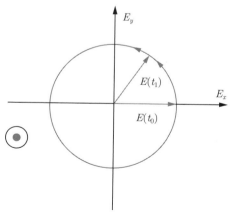

图 2.4　在 $z = 0$ 平面中电场矢量尾部的"轨迹" $\left(\sin\theta = \cos\theta = \dfrac{\sqrt{2}}{2}, \delta = \dfrac{\pi}{2}\right)$

笔记

对式 (2.3) 消去参数 t 可得"轨迹"；不消参，令 $t_1 = t_0 + \Delta t$，分别画出 t_0 时刻和 t_1 时刻电场矢量可判断旋向。图 2.3 和图 2.4 中选取了特殊值 $z = 0$，$\phi_x(t_0) = 0$ 以简化旋向判断。

笔记

此处要点是借"轨迹"和"旋向"特征了解偏振状态只与 θ 和相差 $\delta = \phi_y - \phi_x$ 有关，与 A、ω、k 无关，而"轨迹""旋向"或"轨迹运动方程"的细节不是本章学习重点。

2.1.2 狄拉克符号与琼斯矢量

光矢量（电场）的 x 分量和 y 分量已经包含了光矢量的全部信息，当然也包含了偏振信息。为了给出简洁的数学结果，我们采用复数表示，即对式 (2.3) 中的两个分量表示为 $E_x(t) = A\cos\theta e^{i\phi_x}$，$E_y(t) = A\sin\theta e^{i\phi_y}$。电场本身当然应是实数，但是复数表示及其计算规则可以帮助我们简洁地计算出各类物理过程的最终（以实数表示的）结果。这样，我们把一般形式的光矢量状态写为

$$\begin{pmatrix} E_x(t) \\ E_y(t) \end{pmatrix} \tag{2.5}$$

光子的偏振状态仅取决于电场分量式中的 $\cos\theta$、$\sin\theta$ 和相差 $\delta = \phi_y - \phi_x$，与振幅 A 及频率 $\omega(k)$ 无关。因此，如果我们只想要偏振状态，则可以丢弃式 (2.5) 中的无关量，而用下列归一化向量表示偏振状态：

$$\begin{pmatrix} \cos\theta \\ e^{i\delta}\sin\theta \end{pmatrix} \tag{2.6}$$

式中 $\delta = \phi_y - \phi_x$。这就是光学中的琼斯矢量或琼斯矩阵。稍后我们会看到，由于单光子偏振的观测结果与概率相联系，状态的归一化刚好满足这种要求。

当然，我们没必要每次都写出式 (2.6) 这样的列向量，可以采用简易的符号——狄拉克符号 $|\psi\rangle$ 代表它，即

$$|\psi\rangle = \begin{pmatrix} \cos\theta \\ e^{i\delta}\sin\theta \end{pmatrix} \tag{2.7}$$

数学上，允许更一般形式的态

$$\begin{pmatrix} \mathrm{e}^{\mathrm{i}\phi_x}\cos\theta \\ \mathrm{e}^{\mathrm{i}\phi_y}\sin\theta \end{pmatrix} \tag{2.8}$$

的存在，然而，如前所述，偏振特征仅与 θ 和相差 $\delta = \phi_y - \phi_x$ 相关，因此，它所代表的偏振态与式 (2.6) 代表的偏振态没有物理差异。

✎ 笔记

归一化是指向量中各元素模平方之和为 1。

以此表示，我们有两个基础态：

$$\begin{pmatrix} 1 \\ 0 \end{pmatrix}$$

代表水平偏振状态，

$$\begin{pmatrix} 0 \\ 1 \end{pmatrix}$$

代表竖直偏振状态。当然，符号可以进一步简化。我们不想总是写一个 2 维列向量。故可以采用记号：

$$|x\rangle = \begin{pmatrix} 1 \\ 0 \end{pmatrix} \quad |y\rangle = \begin{pmatrix} 0 \\ 1 \end{pmatrix} \tag{2.9}$$

类似于前面的 $|\psi\rangle$，此处 $|x\rangle$，$|y\rangle$ 也都是狄拉克符号态矢量，又简称"态矢量"。我们可以自由选择竖线和尖头之间的字符，可以利用这个"自由选择权"将态矢量写得生动，使其物理意义一目了然。例如，我们也可以用 $|h\rangle$、$|v\rangle$ 来表示上述态（英语单词 horizontal, vertical）；或者用 $|0\rangle$、$|1\rangle$ 来表示上述态。可以用 $|\pi/4\rangle$、$|3\pi/4\rangle$ 分别代表线偏振方位为 45° 和 135° 的线偏振态；还可以用 $|\theta\rangle = \cos\theta|x\rangle + \sin\theta|y\rangle$ 表示偏振方位为 θ 角的线偏振态等。

✎ 笔记

狄拉克符号广泛应用于现代物理学文献。我们在这里引入狄拉克符号表示偏振及其计算规则。这些计算规则对所有量子系统都适用。本书不讨论光偏振基础机理，这可见诸量子场论相关资料。

✎ 笔记

在量子信息处理中，我们常用一组正交的偏振态作为比特值 0 和 1 的编码态。

例题 **2.1** 基于式 (2.9)，$|\pi/4\rangle$、$|3\pi/4\rangle$ 的矩阵形式是什么？

解

$$|\pi/4\rangle = \frac{1}{\sqrt{2}}(|x\rangle + |y\rangle)$$

$$= \frac{1}{\sqrt{2}}\begin{pmatrix} 1 \\ 1 \end{pmatrix}$$

$$|3\pi/4\rangle = \frac{1}{\sqrt{2}}(|x\rangle - |y\rangle)$$

$$= \frac{1}{\sqrt{2}}\begin{pmatrix} 1 \\ -1 \end{pmatrix}$$

显然，对于式 (2.8) 的态，我们有 $|\psi\rangle = e^{i\phi_x}\cos\theta|x\rangle + e^{i\phi_y}\sin\theta|y\rangle$。就是说任何偏振状态都能写成 $|x\rangle$ 和 $|y\rangle$ 的线性叠加。我们可以把 $\{|x\rangle, |y\rangle\}$ 视为一套基础态。

2.1.3 左右矢与计算规则

我们前面说的尖头朝右的态矢量，又叫做"**右矢**"。考察式 (2.8)，对应于任何右矢

$$|\psi\rangle = \begin{pmatrix} e^{i\phi_x}\cos\theta \\ e^{i\phi_y}\sin\theta \end{pmatrix}$$

其**左矢**态为

$$\langle\psi| = \left(e^{-i\phi_x}\cos\theta, e^{-i\phi_y}\sin\theta\right)$$

此即说明，左矢态是由右矢态取厄米共轭而得，即转置再取复共轭，它是线性代数中的一行向量。据此规则，我们有

$$\langle x| = (1,0)$$

$$\langle y| = (0,1)$$

$$\langle\psi| = e^{-i\phi_x}\cos\theta\langle x| + e^{-i\phi_y}\sin\theta\langle y|$$

显然 $\langle x|y\rangle = 0$，此处已引入内积记号 $\langle a|b\rangle = \langle a|\cdot|b\rangle$。

笔记

若两个态的内积为零，则这两态正交。

任何物理上存在的态 $|\psi\rangle$ 必须满足归一化条件 $\langle\psi|\psi\rangle = 1$。当我们有了上述基本公式，即便我们不把态与列向量联系起来，也可以完成计算。

例题 2.2　令 $|\psi_1\rangle = \alpha_1|x\rangle + \beta_1|y\rangle$，$|\psi\rangle = \alpha|x\rangle + \beta|y\rangle$，计算内积 $\langle\psi_1|\psi\rangle$。

解

$$\langle\psi_1|\psi\rangle = \alpha_1^*\alpha + \beta_1^*\beta$$

例题 2.3　证明：若偏振态 $|\psi\rangle = \alpha_1|\varphi_1\rangle + \alpha_2|\varphi_2\rangle$，且 $\{|\varphi_1\rangle, |\varphi_2\rangle\}$ 正交归一，则必有：

$$\alpha_1 = \langle\varphi_1|\psi\rangle$$

$$\alpha_2 = \langle\varphi_2|\psi\rangle$$

证明

$$\langle\varphi_1|\psi\rangle = \alpha_1\langle\varphi_1|\varphi_1\rangle + \alpha_2\langle\varphi_1|\varphi_2\rangle$$

因为 $|\varphi_1\rangle$ 与 $|\varphi_2\rangle$ 正交，即 $\langle\varphi_1|\varphi_2\rangle = 0$，则有

$$\langle\varphi_1|\psi\rangle = \alpha_1$$

同理可证 $\langle\varphi_2|\psi\rangle = \alpha_2$。

2.1.4　涉及偏振测量的计算

采用态矢量后，第 1 章的算符和测量公设依然成立，只需将那里出现过的状态或波函数换成狄拉克符号态矢量即可。

之前说过，利用透振方位为 θ_1 的线偏振片进行测量（检偏），被测光子在测量后可能的偏振状态只有两个：$|\theta_1\rangle$（对应观测结果"透过偏振片"）或 $|\theta_2 = \theta_1 + \pi/2\rangle$（对应观测结果"不透过偏振片"），基于这一事实，将 1.4.3 节的式 (1.69) 的右边改为狄拉克符号的内积模平方，得到下列简洁计算规则：

对偏振状态 $|\psi\rangle$，测得线偏状态 $|\theta_1\rangle$ 的概率为

$$\boxed{P(\theta_1|\psi) = |\langle\theta_1|\psi\rangle|^2} \tag{2.10}$$

此概率也是偏振状态为 $|\psi\rangle$ 的光子透过 θ_1-偏振片的概率。当然，对偏振状态 $|\psi\rangle$，测得线偏状态 $|\theta_2 = \theta_1 + \pi/2\rangle$ 的概率为

$$P(\theta_2|\psi) = |\langle\theta_2|\psi\rangle|^2 = 1 - |\langle\theta_1|\psi\rangle|^2 \tag{2.11}$$

此概率也是偏振状态为 $|\psi\rangle$ 的光子不透过 θ_1-偏振片的概率。

例题 2.4 根据第 1 章的测量公设，若光子的偏振状态为 $|\psi\rangle$（式 (2.8)），对此光子测得 $|x\rangle$、$|y\rangle$ 的概率分别是多少？

解

$$|\psi\rangle = \mathrm{e}^{\mathrm{i}\phi_x}\cos\theta|x\rangle + \mathrm{e}^{\mathrm{i}\phi_y}\sin\theta|y\rangle \tag{2.12}$$

用式 (2.10) 可得，测得 $|x\rangle$、$|y\rangle$ 的概率各为 $\cos^2\theta$、$\sin^2\theta$。

> **笔记**
>
> 与式 (1.55) 比较，此时 $|\varphi_1\rangle = |x\rangle$，$|\varphi_2\rangle = |y\rangle$，$\alpha_1 = \mathrm{e}^{\mathrm{i}\phi_x}\cos\theta$，$\alpha_2 = \mathrm{e}^{\mathrm{i}\phi_y}\sin\theta$。

例题 2.5 若光子的偏振状态为 $|\psi\rangle$（式 (2.8)），测得 $|\theta_1\rangle = \cos\theta_1|x\rangle + \sin\theta_1|y\rangle$ 的概率是多少？

解 根据式 (2.10)，$P(\theta_1|\psi) = |\langle\theta_1|\psi\rangle|^2$：

$$\begin{aligned} P(\theta_1|\psi) &= |(\cos\theta_1\langle x| + \sin\theta_1\langle y|)(\cos\theta|x\rangle + \mathrm{e}^{\mathrm{i}(\phi_y-\phi_x)}\sin\theta|y\rangle)|^2 \\ &= |\cos\theta\cos\theta_1 + \mathrm{e}^{\mathrm{i}(\phi_y-\phi_x)}\sin\theta\sin\theta_1|^2 \end{aligned} \tag{2.13}$$

例题 2.6 根据例题 2.5 的结论，证明式 (2.12) 所表示的偏振状态的确不限于线偏振。

解 根据式 (2.2)，对于任何线偏振态 $|\theta\rangle$ 的光子透过线偏振片 $|\theta_1 = \theta\rangle$ 的概率为 1，透过线偏振片 $|\theta_1\rangle = |\theta + \pi/2\rangle$ 的概率为 0。然而，根据例题 2.5 的结论式 (2.13)，显然有一个特例，偏振状态 $\cos\left(\dfrac{\pi}{4}\right)|x\rangle + \mathrm{i}\sin\left(\dfrac{\pi}{4}\right)|y\rangle$ 透过任何线偏振片的概率恒定为 $1/2$。这种可观测意义上的差异证明了态 $\cos\left(\dfrac{\pi}{4}\right)|x\rangle + \mathrm{i}\sin\left(\dfrac{\pi}{4}\right)|y\rangle$ 不可能是线偏振态。

> **笔记**
>
> 稍后我们会介绍，$\cos\left(\dfrac{\pi}{4}\right)|x\rangle \pm \mathrm{i}\sin\left(\dfrac{\pi}{4}\right)|y\rangle$ 是两种相互正交的圆偏振态。

读者应熟练掌握狄拉克符号的左矢、右矢、内积（概率幅）及其模平方（概率）。

> **笔记**
>
> 有了这些之后，狄拉克符号将能帮助我们把计算变得简洁、明了。

2.1.5 更一般的测量计算与测量基

一般地,偏振测量器件并不一定局限于线偏振片,它可以是任何透振态为 $|\varphi_i\rangle$ 的检偏器件。例如 φ_1-偏振片,它有一个特征:用它检测偏振态 $|\varphi_1\rangle$ 的光子(或者说偏振态 $|\varphi_1\rangle$ 的光子射向 φ_1-偏振片),一定会得到结果 1,即被测光子透过偏振片且偏振状态为 $|\varphi_1\rangle$;用它检测与 $|\varphi_1\rangle$ 正交的偏振态为 $|\varphi_2\rangle$ 的光子(或者说偏振态为 $|\varphi_2\rangle$ 的光子射向 φ_1-偏振片),一定会得到结果 2,即被测光子不透过偏振片且偏振状态为 $|\varphi_2\rangle$。

它可以是任何透振态为 $|\varphi_i\rangle$ 的检偏器件。

类似于线偏振情况,更一般的计算偏振测量结果概率的公式为

$$\boxed{P(\varphi_i|\psi) = |\langle\varphi_i|\psi\rangle|^2} \tag{2.14}$$

即对偏振光子态 $|\psi\rangle$ 测得 $|\varphi_i\rangle$ 的概率,也是测得结果 i 的概率。

> ✎ **笔记**
>
> $\langle\varphi_i|\psi\rangle$ 又被称为态 $|\psi\rangle$ 对 $|\varphi_i\rangle$ 的"投影幅",或"投影概率幅"。

利用水平(竖直)偏振片测量偏振,我们可以简单地将其表述为采用**测量基** $\{|x\rangle, |y\rangle\}$ 的测量。更一般地,使用透振态为 $|\varphi_1\rangle$ 的偏振片的测量,其测量基就是 $\{|\varphi_1\rangle, |\varphi_2\rangle\}$,此处 $|\varphi_2\rangle$ 与 $|\varphi_1\rangle$ 正交。用测量基表述的测量可以让我们不用考虑被测物理量等细节,只需使用式 (2.14) 直接进行相关计算。

问题 2.3 偏振态 $e^{ix}|\varphi_i\rangle$ 和态 $|\varphi_i\rangle$ 是不是表示物理上同一个状态?(提示:是。显然,$|\langle\varphi_i|e^{-ix}|\psi\rangle|^2 = |\langle\varphi_i|\psi\rangle|^2$,此即表示由它们测得任何 $|\varphi_i\rangle$ 的概率相等,因此没有可观察意义上的差异,是同一个物理状态。)

> ✎ **笔记**
>
> 判断两个数学上的态 $|\psi\rangle$、$|\psi'\rangle$ 是否是同一个物理状态,还有一种简单的做法是判断 $|\langle\psi'|\psi\rangle|^2$ 是否等于 1,若是则为物理上同一态,因为它代表发现 $|\psi\rangle$ 是 $|\psi'\rangle$ 的概率为 100%;若 $|\langle\psi'|\psi\rangle|^2 \neq 1$,则它们不能表示同一个物理状态。

问题 2.4 是不是任何一个物理上的偏振状态都可以在数学上表示为下述形式:$\cos\theta|x\rangle + \sin\theta e^{i\phi}|y\rangle$?(提示:是的。任何态 $|\psi\rangle = \cos\theta e^{i\phi_x}|x\rangle + \sin\theta e^{i\phi_y}|y\rangle$,与 $e^{-i\phi_x}|\psi\rangle = \cos\theta|x\rangle + \sin\theta e^{i(\phi_y-\phi_x)}|y\rangle$ 表示同一个物理状态。)

问题 2.5 在偏振空间中,除了基础态 $|x\rangle$、$|y\rangle$ 外,还有没有其他的正交归一完备的基础态?

问题 2.6 （1）什么态 $|\psi^\perp\rangle$ 与态 $|\psi\rangle = \cos\theta|x\rangle + \sin\theta e^{i\phi}|y\rangle$ 正交？

（2）若光子偏振状态为上述态 $|\psi\rangle$，计算该光子通过 $|\psi_1\rangle$ 偏振片的概率，$|\psi_1\rangle = \cos\theta_1|x\rangle + \sin\theta_1 e^{i\phi_1}|y\rangle$。

问题 2.7 证明对于二维空间任何两个正交归一的态 $\{|\psi\rangle, |\psi^\perp\rangle\}$，有 $|\psi\rangle\langle\psi| + |\psi^\perp\rangle\langle\psi^\perp| = 1$。

例题 2.7 将 θ-方位线偏振态写成 $\{|\psi\rangle, |\psi^\perp\rangle\}$ 的线性叠加形式。

解 方法 1：待定系数

θ-方位线偏振态 $|\theta\rangle$ 可由基础态矢 $\{|\psi\rangle, |\psi^\perp\rangle\}$ 表示为

$$|\theta\rangle = \alpha|\psi\rangle + \beta|\psi^\perp\rangle$$

利用态 $|\psi\rangle$ 与 $|\psi^\perp\rangle$ 的正交性，在等式两边分别乘以二者的左矢可得

$$\alpha = \langle\psi|\theta\rangle$$
$$\beta = \langle\psi^\perp|\theta\rangle$$

方法 2：单位算子插入

问题 2.7 已证，正交归一的态集合 $\{|\psi\rangle, |\psi^\perp\rangle\}$ 可组成单位算子 $I = |\psi\rangle\langle\psi| + |\psi^\perp\rangle\langle\psi^\perp|$，则

$$\begin{aligned}|\theta\rangle &= I|\theta\rangle \\ &= (|\psi\rangle\langle\psi| + |\psi^\perp\rangle\langle\psi^\perp|)|\theta\rangle \\ &= |\psi\rangle(\langle\psi|\theta\rangle) + |\psi^\perp\rangle(\langle\psi^\perp|\theta\rangle)\end{aligned}$$

2.1.6 椭圆偏振与圆偏振态

一般的偏振态即式 (2.6) 的态，是一个椭圆偏振态。作为特例，在 $\delta = \frac{\pi}{2}$ 或 $-\frac{\pi}{2}$ 且 $\theta = \frac{\pi}{4}$ 或 $\frac{3\pi}{4}$ 时，用式 (2.3)，取 $z = 0$，会看到电场矢量尾部"轨迹"是圆，见图 2.4。那么，回到态矢量表示，我们就将态

$$\frac{1}{\sqrt{2}}(|x\rangle \pm i|y\rangle) \tag{2.15}$$

叫作"圆偏振"。注意，式 (2.15) 中，取加号的态和取减号的态不是同一个物理状态，事实上，它们是正交的。根据这个加减号和其他约定，圆偏振有"左旋圆偏振"和"右旋圆偏振"之分。

笔记

究竟哪种状态是右旋，不但与旋向约定有关，还与位相约定有关。本书采用量子力学的普遍位相约定 $\phi = kx - \omega t + \phi_0$，许多光学教材采用的位相约定是 $\omega t - kz + \phi_0$，其中 t 与 z 项的正负号刚好与本书相反（式 (2.4)），这也会导致左、右旋约定相反。由于不同教材采用了多种不同的约定，为避免混乱，我们在此启用名词术语："正旋圆偏振态" $\frac{1}{\sqrt{2}}(|x\rangle + i|y\rangle)$ 和 "负旋圆偏振态" $\frac{1}{\sqrt{2}}(|x\rangle - i|y\rangle)$。按本书的有关约定，若规定右手征的态为右旋，则右旋为正旋，左旋为负旋。

问题 2.8　是不是所有的圆偏振态都是同一个？

问题 2.9　证明上述正旋、负旋圆偏振态是相互正交的。

2.2　狄拉克符号的一般规则

在 1.2 节中提到，可以用波函数表示系统的状态，但也可以用别的数学方法表示系统的状态。当然，物理上的可观测结果不会因数学表示方法不同而改变。无论用哪种方法，对同一物理过程的可观测结果应该是一样的。对于表示量子态的数学方法，有两个要求：一是该方法的数学构架，包括定义和计算规则；二是使用该方法的数学构架总能算出正确的物理结果，即观测结果。

按上述要求，对于态矢量，将先介绍它的数学内容，再介绍如何与物理系统相联系并算出正确的观测结果。

态矢量表示状态，是由狄拉克提出的，也称之为"狄拉克符号"，在现今的物理学文献中已被广泛使用，它的好处是简明。

狄拉克符号的右矢（ket），采用尖端朝右的尖括弧内填写字符的方式，例如 $|\psi\rangle$。可以用它来表示 n 维空间态矢量，n 究竟取多少，视具体问题的需要而定。作为一种最简单的理解，可以把它视为线性代数中的 n 维列向量的简写记号，即：

$$|\psi\rangle = \begin{pmatrix} c_1 \\ c_2 \\ \vdots \\ c_i \\ \vdots \\ c_n \end{pmatrix} \tag{2.16}$$

其中 c_i 是复数。

📓 笔记

选用什么字符填写入狄拉克符号的尖括弧内，相当于对一个矢量的命名，是自由的。后面在解具体问题时会看到，我们可以利用这种"自由选择权"来选择尖括弧内的字符，形象地体现所表示的物理状态。

对应于右矢态 $|\psi\rangle$，左矢态（bra）$\langle\psi|$ 是一个行向量，是右矢态列向量的转置复共轭

$$\langle\psi| = |\psi\rangle^{\dagger} = (c_1^*, c_2^*, \cdots, c_n^*) \tag{2.17}$$

显然，两个或多个 n 维列向量的线性组合还是一个 n 维列向量，这就是说，我们可以把任何线性叠加态 $\sum_i \alpha_i |\psi_i\rangle$ 视为一个态矢量 $|\psi\rangle$，即可以令 $|\psi\rangle = \sum_i \alpha_i |\psi_i\rangle$。对于这样的右矢 $|\psi\rangle$，其对应的左矢为

$$\langle\psi| = \sum_i \alpha_i^* \langle\psi_i| \tag{2.18}$$

内积的定义如下：

$$\langle\psi'|\psi\rangle = ((\langle\psi'|) \cdot (|\psi\rangle)) \tag{2.19}$$

它是一个复数，因为它是一个行向量乘以列向量。

任意 n 维空间，存在正交归一完备的基础态 $\{|\varphi_i\rangle\}$，其中共包含 n 个态。完备指的是，任何态 $|\psi\rangle$ 都能写成它们线性叠加的形式，

$$|\psi\rangle = \sum_i \alpha_i |\varphi_i\rangle \tag{2.20}$$

其中，α_i 由式 (2.21) 给出：

$$\alpha_i = \langle\varphi_i|\psi\rangle \tag{2.21}$$

正交归一指的是：

$$\langle\varphi_m|\varphi_n\rangle = \delta_{mn} \tag{2.22}$$

其中，δ_{mn} 满足：

$$\delta_{mn} = \begin{cases} 0, & m \neq n \\ 1, & m = n \end{cases}$$

态矢量应满足归一化条件 $\langle\psi|\psi\rangle = 1$，即式 (2.16) 中的 $\sum_i |c_i|^2 = 1$。

基于狄拉克符号，引入以下两套测量计算规则，实际应用中可视具体情况选用。

狄拉克符号下的测量计算规则：

规则一：若系统在测量前的状态为 $|\psi\rangle$，已知态 $|\varphi_i\rangle$ 是系统在测量之后的一个可能的态，则该系统被测量后状态为 $|\varphi_i\rangle$ 的概率为

$$P(\varphi_i|\psi) = |\langle\varphi_i|\psi\rangle|^2 \tag{2.23}$$

这可简称为对态 $|\psi\rangle$ 测得 $|\varphi_i\rangle$ 的概率为 $P(\varphi_i|\psi) = |\langle\varphi_i|\psi\rangle|^2$，这同时也是获得测量结果 i 的概率。

规则二：更完整地，若态 $|\psi\rangle$ 可以写成下列线性叠加形式：

$$|\psi\rangle = \sum_i \alpha_i |\varphi_i\rangle \tag{2.24}$$

其中，$\{|\varphi_i\rangle\}$ 是被测物理量 a 的算符的一个本征态，对应于测量结果 i，$\{i\}$ 各不相同。则测量实施后，测得 i 的概率为

$$P(i|\psi) = |\alpha_i|^2 = |\langle\varphi_i|\psi\rangle|^2 \tag{2.25}$$

一旦测得结果 i，则系统的状态也随之改变（坍缩）为 $|\varphi_i\rangle$。

📝 **笔记**

若题设条件未给出被测物理量和算符，则依然采用式（2.24）和式（2.25）的计算测量结果，只需要把式（2.24）等号右边的态 $|\varphi_i\rangle$ 解读为对该测量有确定结果 i 的态，并限定测量结果 $\{i\}$ 各不相同。事实上，1.4.3 节中介绍的测量计算规则已经包含了这样的处理方法。显然，对某个测量有确定测量结果 i 的态当然也是被测物理量算符的本征态（本征值为 a_i），反之亦然，它们也是测量之后保持不变的态和系统测量之后可能的态。可根据具体问题的需要而采用上述任何一种表述解读 $|\varphi_i\rangle$ 态。

📝 **笔记**

式（2.24）右侧的各个 $\{|\varphi_i\rangle\}$ 是正交归一的，即 $\langle\varphi_i|\varphi_j\rangle = \delta_{ij}$。

若引入投影算子 $\hat{\mathcal{P}}_i = |\varphi_i\rangle\langle\varphi_i|$，我们可以将上述结果在数学上表示为：
测得 i 的概率为

$$P(i|\psi) = \langle\psi|\hat{\mathcal{P}}_i|\psi\rangle \tag{2.26}$$

若测得结果 i，系统的状态改变为

$$\left|\tilde{\psi}_i\right\rangle = \frac{\hat{\mathcal{P}}_i \left|\psi\right\rangle}{\sqrt{P(i|\psi)}} \tag{2.27}$$

 笔记

1.4.2 节末的笔记说过，线性厄米算符的期望值可以指向单次测量获得某个结果的概率，具体来说，投影算符 $\hat{\mathcal{P}}_i = |\varphi_i\rangle\langle\varphi_i|$ 的期望值就是

$$\langle\hat{\mathcal{P}}_i\rangle = \langle\psi|\hat{\mathcal{P}}_i|\psi\rangle = \langle\psi|\varphi_i\rangle\langle\varphi_i|\psi\rangle = |\langle\psi|\varphi_i\rangle|^2 = P(i|\psi) \tag{2.28}$$

问题 2.10 证明若系统在测量之前的态 $|\psi\rangle = |\varphi_i\rangle$，则有确定测量结果且测量后状态不变；若测量之前的态 $|\psi\rangle = \alpha_1|\varphi_1\rangle + \alpha_2|\varphi_2\rangle$，且 α_1、α_2 均不为零，则没有确定测量结果且测量后状态一定会发生变化。

例题 2.8 利用 $|\varphi_i\rangle$ 的正交归一性证明：对于式 (2.24)，概率 $P(i|\psi) = |\alpha_i|^2$ 等于 $|\langle\varphi_i|\psi\rangle|^2$。

解 对式 (2.24)，

$$|\psi\rangle = \sum_i \alpha_i |\varphi_i\rangle$$

左、右两边同时左乘 $\langle\varphi_i|$ 可得：

$$\langle\varphi_i|\psi\rangle = \sum_j \alpha_j\langle\varphi_i|\varphi_j\rangle = \alpha_i$$

再结合 $P(i|\psi) = |\alpha_i|^2$，$|\langle\varphi_i|\psi\rangle|^2 = P(i|\psi)$ 得证。

 笔记

此处我们用到了 $|\varphi_i\rangle$ 的正交归一性，即式 (2.22)。

下面，我们介绍**基于狄拉克符号的量子公设**。

算符与测量公设。任何物理量 a 对应于希尔伯特空间中的一个线性厄米算符（矩阵）$\hat{A}$，$\hat{A}$ 有一套本征态 $\{|\varphi_i\rangle\}$ 和本征值 $\{a_i\}$。只有 $\hat{A}$ 的本征值 $\{a_i\}$ 才可能是物理量 a 的观测结果。对物理系统观测物理量 a 将使系统的状态坍缩到算符 $\hat{A}$ 的一个本征态上。若坍缩到 $|\varphi_i\rangle$ 上，所观测到的 a 的量值就是 a_i。反之，若发现 a 为某量值，则一定坍缩到了具有此量值的本征态上。算符 $\hat{A}$ 的所有本征态正交、归一、完备。假定系统在测量前处于态 $|\psi\rangle$ 上，则在测量后坍缩到本征态 $|\varphi_i\rangle$ 上的概率为

$$P(\varphi_i|\psi) = |\langle \varphi_i | \psi \rangle|^2 \tag{2.29}$$

算符 $\hat{A}$ 作用在其任何一个本征态 $|\varphi_i\rangle$ 上得到

$$\hat{A}|\varphi_i\rangle = a_i|\varphi_i\rangle \tag{2.30}$$

a_i 为对应的本征值。可据此构造算符

$$\hat{A} = \sum_i a_i|\varphi_i\rangle \langle \varphi_i| \tag{2.31}$$

对于连续本征值情况，$\hat{A}$ 作用在本征态 $|\varphi\rangle$ 上得到

$$\hat{A}|\varphi\rangle = a|\varphi\rangle \tag{2.32}$$

a 连续，是 $\hat{A}$ 的一个本征值，系统坍缩到 $\hat{A}$ 的本征态 $|\varphi\rangle$ 上的概率密度为

$$P(\varphi|\psi) = |\langle \varphi | \psi \rangle|^2 \tag{2.33}$$

对于处于态 $|\psi\rangle$ 状态上的系统，物理量 a 的期望值为

$$\langle \hat{A} \rangle = \langle \psi | \hat{A} | \psi \rangle \tag{2.34}$$

线性指的是，若态 $|\psi\rangle$ 满足 $|\psi\rangle = \alpha|\psi_1\rangle + \beta|\psi_2\rangle$，则算符 $\hat{M}$ 作用在 $|\psi\rangle$ 上满足 $\hat{M}|\psi\rangle = \hat{M}(\alpha|\psi_1\rangle + \beta|\psi_2\rangle) = \alpha\hat{M}|\psi_1\rangle + \beta\hat{M}|\psi_2\rangle$。厄米性指的是，如果算符 $\hat{A}$ 是自伴的，即满足

$$\hat{A} = \hat{A}^\dagger \tag{2.35}$$

其中，$\hat{A}^\dagger$ 是 $\hat{A}$ 的伴随算符，即 $\hat{A}^\dagger$ 是对 $\hat{A}$ 进行转置复共轭操作得到的算符，那么算符 $\hat{A}$ 就是厄米算符。厄米算符满足如下关系：

$$\langle \psi | \hat{A} | \varphi \rangle = \langle \varphi | \hat{A} | \psi \rangle^* \tag{2.36}$$

其中，$|\psi\rangle$、$|\varphi\rangle$ 是两个任意的量子态。

笔记

对于连续本征值的情况，有以下两种典型的例子，

$$\hat{x}|x\rangle = x|x\rangle \tag{2.37}$$

$$\hat{p}|p\rangle = p|p\rangle \tag{2.38}$$

其中，$\hat{x}$、$\hat{p}$ 分别表示位置算符和动量算符，态矢量 $|x\rangle$、$|p\rangle$ 分别表示位置

有确定值 x 的态和动量有确定值 p 的态。对于任何态 $|\psi\rangle$, 发现它是位置有确定值的态 $|x\rangle$ 的概率密度幅为 $\langle x|\psi\rangle$, 此即在位置 x 发现粒子的概率密度幅。因此态 $|\psi\rangle$ 的波函数为 $\psi(x) = \langle x|\psi\rangle$。类似地, 态 $|\psi\rangle$ 的动量表象波函数为 $\phi(p) = \langle p|\psi\rangle$。

我们最后介绍**基于狄拉克符号的薛定谔方程**（态的演化方程）：

$$i\hbar\frac{\partial}{\partial t}|\psi(t)\rangle = \hat{H}|\psi(t)\rangle \tag{2.39}$$

若哈密顿量不含时, 可以解定态方程:

$$\hat{H}|\varphi_n\rangle = E_n|\varphi_n\rangle \tag{2.40}$$

若给定初始态:

$$|\psi(0)\rangle = \sum_n c_n|\varphi_n\rangle \tag{2.41}$$

可以得到 t 时刻的状态 $|\psi(t)\rangle$:

$$|\psi(t)\rangle = \sum_n c_n \mathrm{e}^{\frac{-\mathrm{i}E_n t}{\hbar}}|\varphi_n\rangle \tag{2.42}$$

因此, 量子力学既被称为"波动力学", 又被称为"矩阵力学"。后面将证明, 用态矢量表示的薛定谔方程与之前用波函数表示的薛定谔方程可以统一。

🖊 **笔记**

狄拉克符号是现代量子力学极为重要的数学工具。为介绍狄拉克符号, 我们引入了矩阵列（行）向量。事实上, 它们只是狄拉克符号或态矢量的一种具体数学表示, 引入这种表示只是为了计算或表述方便, 狄拉克符号本身并不必需要用矩阵列（行）向量表示。需要的只是狄拉克符号自身的计算规则, 例如式 (2.18) 所示的右矢与左矢的对应规则等。

问题 2.11 利用狄拉克符号的计算规则, 不引入矩阵表示直接证明:

$$\langle\psi'|\psi\rangle = (\langle\psi|\psi'\rangle)^* \tag{2.43}$$

（提示: 利用式 (2.18) 和式 (2.20)。）

问题 2.12 阅读科普文章"神奇的量子玫瑰"及其完结篇（见微信公众号"我的量子"）。(1) 那里的色彩和香型观测的特征, 可对应于偏振中哪两种测量基? 若 $|浓香\rangle = \alpha|红\rangle + \beta|白\rangle$, 则 $|\alpha|^2$ 的值是多少? (2) 回答"完结篇"中的公开问题。

2.3　应用示例：氨分子

氨分子由 1 个氮原子和 3 个氢原子组成，如图 2.5(a) 中所示的状态，氢原子都位于氮原子下面的一个平面上，于是这个分子成金字塔形。这个分子可以绕任何可能的轴自转，可以朝任何方向运动，其内部也可以发生振动等，因此，它像任何其他分子一样可能存在无穷多个状态，它根本不是个双态系统。但我们要作个近似，即认为所有其他自由度的状态都固定不变，只考虑分子绕其对称轴的自转（见图 2.5），此时它的平动动量为零，并且它的振动尽可能小。此时对氮原子来说仍然存在着两种可能的位置——氮原子可以在氢原子平面的一侧或另一侧，如图 2.5(a) 及 (b) 所示，对应了正金字塔形和倒金字塔形的态。

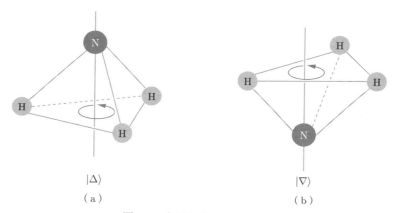

$|\Delta\rangle$　　　　　　　　　$|\nabla\rangle$
（a）　　　　　　　　　（b）

图 2.5　氨分子的两种基础态

我们将氨分子的两种不同构型记为态 $|\Delta\rangle$ 和 $|\nabla\rangle$，显然这两个态是正交的，因为它们对应于构型的两个不同的观测结果，依据测量公设，它们必须正交。

📝 笔记
我们无需了解构型算符的具体形式即可下此结论。

同时，在测得态 $|\Delta\rangle$ 后过一段时间再次测量构型，有可能测得态 $|\nabla\rangle$，反之亦然。

例题 2.9　对于态 $|\Delta\rangle$ 和态 $|\nabla\rangle$ 来说，它们是不是氨原子的能量本征态？

解　选定的基础态 $|\Delta\rangle$ 和 $|\nabla\rangle$ 不是哈密顿量的本征态，如果 $|\Delta\rangle$ 是能量本征值为 E_Δ 的本征态的话，其随时间演化的形式应该为 $e^{-iE_\Delta t/\hbar}|\Delta\rangle$，此时不会存在从 $|\Delta\rangle$ 到 $|\nabla\rangle$ 之间的演化。

例题 2.10 氨分子哈密顿量的能量本征值至少有几个？

解 两个，至少需要有两个相互正交的本征态才可以描述具有这两种不同构型的氨分子的状态。

我们假定最简单的情况，氨分子的哈密顿量有两个不同的能量本征值 E_e 和 E_g，且 $E_e > E_g$。进一步，假如我们发现 $|\Delta\rangle$ 态和 $|\nabla\rangle$ 态都是能量完全不确定的态，即观测它们任何一个的能量，总有一半概率获得 E_e，一半概率获得 E_g。

例题 2.11 假如能测量氨分子的能级，也能测量氨分子的构型（$|\Delta\rangle$ 态和 $|\nabla\rangle$ 态）。给定一个能量为确定值 E_g 的氨分子，如何通过测量获得能量为确定值 E_e 的氨分子？

解 两个测量基交替测量。

定量地来说，对态 $|\nabla\rangle$ 观测其构型，测得态 $|\nabla\rangle$ 的概率是 $P(\nabla|\nabla) = |\langle\nabla|\nabla\rangle|^2 = 1$，此即意味着，获得 $|\Delta\rangle$ 的概率为 $P(\Delta|\nabla) = 1 - P(\nabla|\nabla) = 0 = |\langle\Delta|\nabla\rangle|^2$。我们可以将氨分子具有能量为 E_g 和 E_e 且 $E_g < E_e$ 的本征态 $|g\rangle$ 和 $|e\rangle$ 写为 $|\Delta\rangle$ 和 $|\nabla\rangle$ 的线性叠加，不失一般性，我们记：

$$|e\rangle = \cos\theta\,|\Delta\rangle + \mathrm{e}^{-\mathrm{i}\phi}\sin\theta\,|\nabla\rangle \tag{2.44}$$

同样的，态 $|e\rangle$ 与 $|g\rangle$ 是正交的。考虑式 (2.44) 中 $|e\rangle$ 的形式，有：

$$|g\rangle = \sin\theta|\Delta\rangle - \mathrm{e}^{-\mathrm{i}\phi}\cos\theta|\nabla\rangle \tag{2.45}$$

此时可以反解出：

$$\begin{cases} |\Delta\rangle = \cos\theta|e\rangle + \sin\theta|g\rangle \\ |\nabla\rangle = \mathrm{e}^{\mathrm{i}\phi}(\sin\theta|e\rangle - \cos\theta|g\rangle) \end{cases} \tag{2.46}$$

此外，若测量态 $|\Delta\rangle$ 和态 $|\nabla\rangle$ 的能量，发现观测它们任何一个的能量，总有一半概率获得 E_e，一半概率获得 E_g，这也要求：

$$\langle\Delta|\hat{H}|\Delta\rangle = \langle\nabla|\hat{H}|\nabla\rangle \tag{2.47}$$

将式 (2.46) 代入式 (2.47) 左右得：

$$\cos^2\theta E_g + \sin^2\theta E_e = \sin^2\theta E_g + \cos^2\theta E_e$$

由于 $E_g \neq E_e$，此即要求：

$$|\cos\theta| = |\sin\theta| = \frac{1}{\sqrt{2}}$$

我们简单地取 $\theta = \pi/4$，有：

$$\begin{cases} |e\rangle = \dfrac{1}{\sqrt{2}}(|\Delta\rangle + \mathrm{e}^{-\mathrm{i}\phi}\,|\nabla\rangle) \\[2mm] |g\rangle = \dfrac{1}{\sqrt{2}}(|\Delta\rangle - \mathrm{e}^{-\mathrm{i}\phi}\,|\nabla\rangle) \\[2mm] |\Delta\rangle = \dfrac{1}{\sqrt{2}}(|e\rangle + |g\rangle) \\[2mm] |\nabla\rangle = \dfrac{\mathrm{e}^{\mathrm{i}\phi}}{\sqrt{2}}(|e\rangle - |g\rangle) \end{cases} \tag{2.48}$$

若 $t = 0$ 时测得构型为 $|\Delta\rangle$ 或者 $|\nabla\rangle$，则 t 时刻的状态为

$$\begin{cases} |\psi_\Delta(t)\rangle = \dfrac{1}{\sqrt{2}}(\mathrm{e}^{-\mathrm{i}E_e t/\hbar}|e\rangle + \mathrm{e}^{-\mathrm{i}E_g t/\hbar}|g\rangle) \\[3mm] |\psi_\nabla(t)\rangle = \dfrac{\mathrm{e}^{\mathrm{i}\phi}}{\sqrt{2}}(\mathrm{e}^{-\mathrm{i}E_e t/\hbar}|e\rangle - \mathrm{e}^{-\mathrm{i}E_g t/\hbar}|g\rangle) \end{cases} \tag{2.49}$$

现在可以计算，若 0 时刻发现为塔尖朝上的态 $|\Delta\rangle$，到 t 时刻发现它仍为塔尖朝上的态 $|\Delta\rangle$ 的概率为

$$P(\Delta, t|\Delta, t=0) = P(\Delta|\psi_\Delta(t)) = |\langle\Delta|\psi_\Delta(t)\rangle|^2 = \cos^2\frac{(E_e - E_g)t}{2\hbar} \tag{2.50}$$

由此可见，这个演化规律与相位值 ϕ 的选择无关。

我们希望在数学上有更进一步的东西，例如写出氨分子哈密顿量的矩阵形式，从而把氨分子的量子物理问题变成一个标准的线性代数问题。那么氨分子的哈密顿量 $\hat{H}$ 究竟是什么呢？若我们选取 $|\Delta\rangle$ 和 $|\nabla\rangle$ 为基础态，并且令

$$\begin{cases} |\Delta\rangle = \begin{pmatrix} 1 \\ 0 \end{pmatrix} \\[4mm] |\nabla\rangle = \begin{pmatrix} 0 \\ 1 \end{pmatrix} \end{cases} \tag{2.51}$$

哈密顿量 $\hat{H}$ 可以写为一个 2×2 的厄米矩阵的形式：

$$\hat{H} = \begin{pmatrix} E & C \\ C^* & E' \end{pmatrix} \tag{2.52}$$

因为需要满足 $\langle \Delta | \hat{H} | \Delta \rangle = \langle \nabla | \hat{H} | \nabla \rangle$，所以我们得出结论 $E = E'$。至此这个问题简化为标准线性代数问题，求解式 (2.52) 中矩阵的本征值和本征向量，可以得到：

$$\begin{cases} E_e = E + |C| \\ E_g = E - |C| \end{cases} \tag{2.53}$$

和：

$$\begin{cases} |e\rangle = \dfrac{1}{\sqrt{2}} \begin{pmatrix} 1 \\ \mathrm{e}^{-\mathrm{i}\phi} \end{pmatrix} \\ |g\rangle = \dfrac{1}{\sqrt{2}} \begin{pmatrix} 1 \\ -\mathrm{e}^{-\mathrm{i}\phi} \end{pmatrix} \end{cases} \tag{2.54}$$

其中 $\mathrm{e}^{\mathrm{i}\phi} = \dfrac{C}{|C|}$，显然，式 (2.54) 和式 (2.48) 给出了相同的本征矢表达式。

若 $t = 0$ 时刻发现氨分子处于塔尖朝上的态 $|\Delta\rangle$，到 t 时刻它的状态为

$$|\psi_\Delta(t)\rangle = \frac{1}{\sqrt{2}}(\mathrm{e}^{-\mathrm{i}E_e t/\hbar} |e\rangle + \mathrm{e}^{-\mathrm{i}E_g t/\hbar} |g\rangle) = \frac{1}{\sqrt{2}}\mathrm{e}^{-\mathrm{i}Et/\hbar}(\mathrm{e}^{-\mathrm{i}|C|t/\hbar} |e\rangle + \mathrm{e}^{\mathrm{i}|C|t/\hbar} |g\rangle) \tag{2.55}$$

发现其仍为 $|\Delta\rangle$ 的概率为

$$P_1(\Delta, t | \Delta, t = 0) = |\langle \Delta | \psi_\Delta(t) \rangle|^2 = \cos^2 \frac{|C|t}{\hbar} \tag{2.56}$$

此时与式 (2.50) 给出了相同的概率表达式。若用 P_1 表示在时间 t 发现氨分子处于 $|\Delta\rangle$ 态的概率，令 $P_2 = 1 - P_1$ 表示在时间 t 发现氨分子处于 $|\nabla\rangle$ 态的概率，其概率演化如图 2.6 所示，在初始时刻 $(t = 0)$ 是正金字塔态 $|\Delta\rangle$。

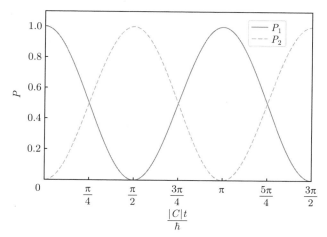

图 2.6 氨分子的两种基础态的概率随时间的演化

2.4 电子自旋

2.4.1 电子自旋的矩阵表示与泡利矩阵

电子有一种内禀角动量，称之为"自旋角动量"。由于这种内禀角动量没有经典对应，无法从经典模型出发直接写出它的算符。需依据算符公设和测量公设，通过分析实验事实，给出相关的理论构架，如自旋状态的数学表示、自旋角动量分量算符等。同时由于角动量是矢量，观测自旋角动量的选定方向（测量基），类似于偏振检偏那样。我们有角动量分量的检测装置，我们用 T_α 表示角动量的 α 方向分量（投影）的检测装置，例如 T_z 表示对 z 分量的检测装置，T_x、T_y 分别表示对 x、y 分量的检测装置，对这种装置详细的介绍可以参见附录 B（施特恩-格拉赫实验与电子自旋）。

📎 **笔记**

初学者可能会问，直接通过观测准确了解被观测电子自旋角动量的大小和方向不好吗，这样不就自动包括了角动量各分量的信息了吗？为什么要限定于测量某个方向的分量？问这问题时，你其实已经无意中回到经典观念中的物理和测量了。那样的测量，即同时了解电子自旋各分量的测量并不存在，不仅是技术上不存在，而且是原理上就不可能存在。对于电子自旋角动量，想同时观测 z 分量和 x 分量，就等同于要求画出一个"正方形的圆"一样不可能。稍后我们会给出自旋角动量各分量的算符。

首先，有下列实验事实。

事实 1-1：不论电子在被测之前自旋角动量状态是什么，是哪个方向，用 T_z 装置测量，只有两种可能的测量结果：$\hbar/2$ 和 $-\hbar/2$。

基于上述实验事实，依据算符公设，我们已经知道了关于 $\hat{S}_z$（自旋角动量 z 分量算符，或 z 方向投影算符）的本征值信息，$\hat{S}_z$ 的本征值是 $\hbar/2$ 和 $-\hbar/2$。同时根据测量公设，它是对应于相应本征值（测量结果）的 $\hat{S}_z$ 本征态。若测到 $\hbar/2$，电子的自旋状态自动变到 z 分量为确定值 $\hbar/2$ 的状态（将它称为"自旋朝上"的态）；若测到 $-\hbar/2$，电子的自旋状态自动变到 z 分量为确定值 $-\hbar/2$ 的状态（将它称为"自旋朝下"的态）。既然自旋角动量的 z 分量绝对值都是 $\hbar/2$，并且该 z 分量一共只有两个态，我们在写状态记号时，只需标出正负，无需标出 $\hbar/2$，所以用 $|z+\rangle$ 表示自旋朝上的态，$|z-\rangle$ 表示自旋朝下的态。

笔记

这是一个可选择的记号。如果我们愿意，也可以选择用 $|\uparrow\rangle$ 表示自旋朝上的态，$|\downarrow\rangle$ 表示自旋朝下的态。

例题 2.12 测量之前，待测电子的自旋状态是 $|\psi\rangle$，被 T_z 装置测得 $\hbar/2$ 后，电子自旋状态是 $|\psi\rangle$ 还是 $|z+\rangle$？

解 是 $|z+\rangle$。根据测量公设，测量之后的状态就是观测结果对应的本征态。根据算符公设，上述的 $|z+\rangle$、$|z-\rangle$ 状态是算符 $\hat{S}_z$ 的本征态，它们对应的本征值分别为 $\hbar/2$、$-\hbar/2$。

当我们知道了自旋本征态的表达式之后，与之前的本征值结果相结合，可以写出自旋角动量 z 分量算符 $\hat{S}_z$：

$$\hat{S}_z = \frac{\hbar}{2}(|z+\rangle\langle z+| - |z-\rangle\langle z-|) \tag{2.57}$$

例题 2.13 $\langle z+|z-\rangle$ 的值是多少？为什么？

解 $|z+\rangle$ 和 $|z-\rangle$ 为测量自旋角动量 z 分量所得到的不同的测量结果所对应的态，即厄米算符 $\hat{S}_z$ 的不同本征值的本征态，它们当然应该是正交的，所以有

$$\langle z+|z-\rangle = 0 \tag{2.58}$$

进一步，如果我们可以写出 $\hat{S}_z$ 本征态 $|z+\rangle$ 和 $|z-\rangle$ 的矩阵表示，那么就可以写出 $\hat{S}_z$ 的矩阵表示，此时的自旋角动量问题就变成一个标准的线性代数问题。

对此，最简单的选择为

$$|z+\rangle = \begin{pmatrix} 1 \\ 0 \end{pmatrix}, \quad |z-\rangle = \begin{pmatrix} 0 \\ 1 \end{pmatrix} \tag{2.59}$$

此时有 $\hat{S}_z$ 的矩阵表示为

$$\hat{S}_z = \frac{\hbar}{2}(|z+\rangle\langle z+| - |z-\rangle\langle z-|) = \frac{\hbar}{2}\begin{pmatrix} 1 & 0 \\ 0 & -1 \end{pmatrix} \tag{2.60}$$

例题 2.14　可不可以用"更简单的选择"让

$$|z+\rangle = |z-\rangle = \begin{pmatrix} 1 \\ 0 \end{pmatrix}$$

解　不可以。因为已知 $\langle z+|z-\rangle = 0$，自洽矩阵表示的选择必须满足这个条件。

用 T_x 装置，可检测自旋角动量 x 分量。有下列实验事实。

事实 2-1：不论电子在被测之前自旋角动量状态是什么，是哪个方向，用 T_x 装置测量，只有两种可能的测量结果：$\hbar/2$、$-\hbar/2$。

📝 **笔记**

即便不做 T_x 装置的实验，根据实验事实 1，我们就能推测到实验事实 2-1，因为实验事实 1 中的那个"z 方向"是任意选定的，并无任何特殊性。

事实 2-2：若将 $|z+\rangle$ 作为 T_x 的输入态进行测量，将有 $1/2$ 概率获得 $\hbar/2$，$1/2$ 概率获得 $-\hbar/2$。

事实 2-3：若将 $|z-\rangle$ 作为 T_x 的输入态进行测量，将有 $1/2$ 概率获得 $\hbar/2$，$1/2$ 概率获得 $-\hbar/2$。

我们要用算符和测量公设分析上述实验事实，并给出相关理论结论。

例题 2.15　分析上述实验事实，电子自旋角动量 x 分量算符，或 x 方向投影算符 $\hat{S}_x$ 的本征值有哪些？

解　$\hat{S}_x$ 的本征值有两个，$\hbar/2$ 和 $-\hbar/2$。

例题 2.16　分析上述实验事实，记 $|x+\rangle$ 和 $|x-\rangle$ 为算符 $\hat{S}_x$ 的本征态，本征值分别为 $\hbar/2$ 和 $-\hbar/2$，求 $\langle x+|x-\rangle$、$|\langle x+|z+\rangle|^2$、$|\langle x-|z+\rangle|^2$ 的值分别是多少？为什么？

解

$$\langle x+|x-\rangle = 0 \tag{2.61}$$

因为 $|x+\rangle$ 和 $|x-\rangle$ 为算符 $\hat{S}_x$ 的不同本征值的本征态，它们必须正交。

由于 $|x\pm\rangle$ 构成了二维希尔伯特空间的一组完备基，所以可以将 $|z+\rangle$ 态写成下列线性叠加式：

$$|z+\rangle = c_1|x+\rangle + c_2|x-\rangle$$

根据测量公设式 (1.55)，测得 $\pm\hbar/2$ 或者坍缩到 $|x\pm\rangle$ 上的概率为 $|c_1|^2 = |\langle x+|z+\rangle|^2$ 和 $|c_2|^2 = |\langle x-|z+\rangle|^2$，而实验事实 2-2 已给出此概率为 $1/2$，即

$$|\langle x+|z+\rangle|^2 = |\langle x-|z+\rangle|^2 = |\langle x-|z-\rangle|^2 = |\langle x+|z-\rangle|^2 = \frac{1}{2} \tag{2.62}$$

将自旋角动量 x 分量算符 $\hat{S}_x$ 的本征态与之前的本征值结果相结合，我们有：

$$\hat{S}_x = \frac{\hbar}{2}(|x+\rangle\langle x+| - |x-\rangle\langle x-|) \tag{2.63}$$

为了满足式 (2.61)、实验事实 2-2 和事实 2-3（即公式 (2.62)），可以选取：

$$|x+\rangle = \frac{1}{\sqrt{2}}\begin{pmatrix} 1 \\ 1 \end{pmatrix}, \quad |x-\rangle = \frac{1}{\sqrt{2}}\begin{pmatrix} 1 \\ -1 \end{pmatrix} \tag{2.64}$$

进一步，可以给出 $\hat{S}_x$ 的矩阵表示：

$$\hat{S}_x = \frac{\hbar}{2}(|x+\rangle\langle x+| - |x-\rangle\langle x-|) = \frac{\hbar}{2}\begin{pmatrix} 0 & 1 \\ 1 & 0 \end{pmatrix} \tag{2.65}$$

例题 2.17 $|x+\rangle$ 的矩阵表示能否采用如下形式：

$$|x+\rangle = \begin{pmatrix} 1 \\ 0 \end{pmatrix}$$

解 不能，因为 $|z+\rangle$ 已经采用这个表达式，在这个前提下，$|x+\rangle$ 的选择需要满足 $|\langle x+|z+\rangle|^2 = \frac{1}{2}$。

用 T_y 装置，可检测自旋角动量 y 分量。有下列实验事实。

事实 3-1：不论电子在被测之前自旋角动量状态是什么，是哪个方向，用 T_y 装置测量，只有两种可能的测量结果：$\hbar/2$、$-\hbar/2$。

事实 3-2：若将 $|z+\rangle$ 或 $|x+\rangle$ 作为 T_y 的输入态进行测量，将有 $1/2$ 概率获得 $\hbar/2$，$1/2$ 概率获得 $-\hbar/2$。

事实 3-3: 若将 $|z-\rangle$ 或 $|x-\rangle$ 作为 T_y 的输入态进行测量，将有 1/2 概率获得 $\hbar/2$，1/2 概率获得 $-\hbar/2$。

与分析 z 方向与 x 方向的自旋角动量类似，我们可以选取 $|y+\rangle$ 和 $|y-\rangle$ 为

$$|y+\rangle = \frac{1}{\sqrt{2}}\begin{pmatrix} 1 \\ \mathrm{i} \end{pmatrix}, \quad |y-\rangle = \frac{1}{\sqrt{2}}\begin{pmatrix} 1 \\ -\mathrm{i} \end{pmatrix} \tag{2.66}$$

很容易验证此时 $|\langle y\pm|x\pm\rangle|^2 = |\langle y\pm|z\pm\rangle|^2 = 1/2$，满足上述实验事实 3-2 和事实 3-3。同时，我们可以写出 $\hat{S}_y$（自旋角动量 y 分量算符，或 y 方向投影算符）为

$$\hat{S}_y = \frac{\hbar}{2}(|y+\rangle\langle y+| - |y-\rangle\langle y-|) = \frac{\hbar}{2}\begin{pmatrix} 0 & -\mathrm{i} \\ \mathrm{i} & 0 \end{pmatrix} \tag{2.67}$$

如果抛弃式 (2.65)、式 (2.67) 和式 (2.60) 里的自旋角动量分量中的公因子项 $\hbar/2$，即得：

$$\begin{cases} \hat{\sigma}_x = |x+\rangle\langle x+| - |x-\rangle\langle x-| = \begin{pmatrix} 0 & 1 \\ 1 & 0 \end{pmatrix} \\[2mm] \hat{\sigma}_y = |y+\rangle\langle y+| - |y-\rangle\langle y-| = \begin{pmatrix} 0 & -\mathrm{i} \\ \mathrm{i} & 0 \end{pmatrix} \\[2mm] \hat{\sigma}_z = |z+\rangle\langle z+| - |z-\rangle\langle z-| = \begin{pmatrix} 1 & 0 \\ 0 & -1 \end{pmatrix} \end{cases} \tag{2.68}$$

公式 (2.68) 又称"泡利矩阵"，给出了自旋分量算符 $\hat{S}_x$、$\hat{S}_y$、$\hat{S}_z$ 的矩阵表示。我们需知，以泡利矩阵表示的自旋分量算符（泡利矩阵不是基本公设），是经量子力学算符公设和测量公设对电子自旋的具体实验事实分析之后的结果。

问题 2.13　(1) 如果某一个电子的自旋态完全未知，能通过一次测量判断吗？

(2) 在只有一个电子的情况下，能通过多次测量判断其态吗？如果有大量相同的自旋态呢？

(3) 已知某电子可能处于态 $|z+\rangle$ 或 $|x+\rangle$ 上，有没有可能通过单次测量以一定的概率完全确定在测量前该电子处于哪个态上？（即，用某种测量基，若看到某个结果，则能确定测量前的态，若看到别的结果，则不能确定。）

考虑空间任意方向 α 的自旋态，上述实验事实 1，事实 2 和事实 3 可以推广为如下的实验事实 4。

事实 4-1: 不论电子在被测之前自旋角动量状态是什么，是哪个方向，用 T_α 装置测量，只有两种可能的测量结果：$\hbar/2$、$-\hbar/2$。

事实 4-2: 若有方位 α_1 和方位 α_2，它们之间的夹角为 Δ，若将 α_2 正方向的本征态作为 T_{α_1} 的输入态进行测量，那将有 $\cos^2(\Delta/2)$ 的概率获得 $\hbar/2$，$\sin^2(\Delta/2)$ 的概率获得 $-\hbar/2$。

根据这一实验事实，我们可以给出自旋状态的表示，即自洽地给出指向任何方向 α 的自旋态的矩阵表示，或者基础态 $\{|z\pm\rangle\}$ 的线性叠加。前面的讨论，已经给出了对 $|x\pm\rangle$、$|y\pm\rangle$ 等态如何用基础态 $\{|z\pm\rangle\}$ 表示。当然，我们想知道对指向任何方向 α 的自旋态，如何用基础态 $\{|z\pm\rangle\}$ 表示。不失一般性考察图 2.7 中 α 轴的正方向 $\alpha+$，它是由 z 轴正方向 $z+$ 绕 y 轴转动 θ 角再绕 z 轴转动 ϕ 角而成 (我们用右手征表示绕某轴转动的正向)。用 $(\theta,\phi)+$ 表示上述 $\alpha+$ 方向，而用 $(\theta,\phi)-$ 表示与上述 $\alpha+$ 相反的方向：它就是 $z+$ 方向绕 y 轴转动 $\pi-\theta$ 角再绕 z 轴转动 $\pi+\phi$ 角而成。基于此，我们用狄拉克符号 $|(\theta,\phi)+\rangle$ 表示自旋角动量指向 $(\theta,\phi)+$ 方向的态；用狄拉克符号 $|(\theta,\phi)-\rangle$ 表示自旋角动量指向 $(\theta,\phi)-$ 方向的态。

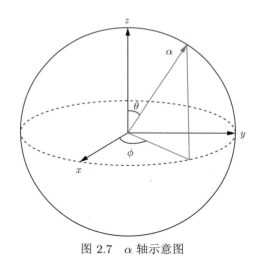

图 2.7 α 轴示意图

为了与前述的实验事实 4-2 自洽，有：

$$|(\theta,\phi)+\rangle = \cos\frac{\theta}{2}|z+\rangle + \mathrm{e}^{\mathrm{i}\phi}\sin\frac{\theta}{2}|z-\rangle = \begin{pmatrix} \cos\dfrac{\theta}{2} \\ \mathrm{e}^{\mathrm{i}\phi}\sin\dfrac{\theta}{2} \end{pmatrix} \tag{2.69}$$

这意味着有：

$$|(\theta,\phi)-\rangle = \sin\frac{\theta}{2}|z+\rangle - \mathrm{e}^{\mathrm{i}\phi}\cos\frac{\theta}{2}|z-\rangle = \begin{pmatrix} \sin\dfrac{\theta}{2} \\ -\mathrm{e}^{\mathrm{i}\phi}\cos\dfrac{\theta}{2} \end{pmatrix} \tag{2.70}$$

✎ 笔记

公式 (2.69) 的自旋态只需要两个参数 (θ,ϕ)。因此，我们可以用图 2.7 的球面上位于 (θ,ϕ) 的点或者用从原点指向球面上的 (θ,ϕ) 点的矢量来代表式 (2.69) 中的自旋状态。这样的球面称为"布洛赫球面"（Bloch sphere）。

问题 2.14 基于式 (2.69) 证明式 (2.70)。

问题 2.15 若定义 x' 轴是在图 2.7 中的 $x-z$ 平面第一象限内与 x 轴夹角为 δ 的轴。某电子在 x' 轴上的自旋投影（分量）为确定值 $+\hbar/2$，问：此电子在 x 轴和 y 轴上自旋投影（分量）各有哪些可能值？发现每一个值的概率是多大？

我们知道，在量子力学中全局的相位是没有意义的，所以在满足事实 4-2 的情况下，也可以选择：

$$|(\theta,\phi)+\rangle = \mathrm{e}^{-\mathrm{i}\phi/2}\cos\frac{\theta}{2}|z+\rangle + \mathrm{e}^{\mathrm{i}\phi/2}\sin\frac{\theta}{2}|z-\rangle = \begin{pmatrix} \mathrm{e}^{-\mathrm{i}\phi/2}\cos\dfrac{\theta}{2} \\ \mathrm{e}^{\mathrm{i}\phi/2}\sin\dfrac{\theta}{2} \end{pmatrix} \tag{2.71}$$

这意味着有：

$$|(\theta,\phi)-\rangle = \mathrm{e}^{-\mathrm{i}\phi/2}\sin\frac{\theta}{2}|z+\rangle - \mathrm{e}^{\mathrm{i}\phi/2}\cos\frac{\theta}{2}|z-\rangle = \begin{pmatrix} \mathrm{e}^{-\mathrm{i}\phi/2}\sin\dfrac{\theta}{2} \\ -\mathrm{e}^{\mathrm{i}\phi/2}\cos\dfrac{\theta}{2} \end{pmatrix} \tag{2.72}$$

我们现在对式 (2.69) 和式 (2.70) 做特例检验。

1. 态 $|x\pm\rangle$。

对于 x 轴正方向 $x+$，其与 $z+$ 的夹角 $\theta = \pi/2$，$\phi = 0$，把它们代入公式 (2.69)，它的状态是

$$|x+\rangle = \frac{1}{\sqrt{2}}(|z+\rangle + |z-\rangle)$$

这就是公式 (2.64) 中的态 $|x+\rangle$。对于 x 轴负方向 $x-$，可以基于上述 $x+$ 方向和式 (2.70)给出：

$$|x-\rangle = \frac{1}{\sqrt{2}}(|z+\rangle - |z-\rangle)$$

这就是公式 (2.64) 中的态 $|x-\rangle$。或者，对于 $x-$ 方向，$\theta = \pi/2$，$\phi = \pi$。我们直接利用式 (2.69) 也可以得到同样的结果。

2. 态 $|y\pm\rangle$。

对于 y 轴正方向 $y+$，其与 $z+$ 的夹角 $\theta = \pi/2$，$\phi = \pi/2$，把它们代入公式 (2.69)，它的状态是

$$|y+\rangle = \frac{1}{\sqrt{2}}(|z+\rangle + \mathrm{i}|z-\rangle)$$

与 $x-$ 方向分析类似，我们也可以使用两种方法写出态 $|y-\rangle$：

$$|y-\rangle = \frac{1}{\sqrt{2}}(|z+\rangle - \mathrm{i}|z-\rangle)$$

这与公式 (2.66) 给出的态 $|y\pm\rangle$ 一致。我们可以计算得到：

$$|\langle x\pm \mid y\pm\rangle|^2 = \frac{1}{2}$$

而 $|x\pm\rangle$ 和 $|y\pm\rangle$ 之间的夹角为 $\pi/2$，此时事实 4-2 是可以被保证的。

3. 态 $|(\theta_1,\phi)+\rangle$ 和态 $|(\theta_2,\phi)+\rangle$。

显然这两个态之间的夹角为 $\theta_1 - \theta_2$，应用式 (2.69) 可以求得：

$$|\langle(\theta_1,\phi) + |(\theta_2,\phi)+\rangle|^2 = \cos^2\left(\frac{\theta_1 - \theta_2}{2}\right) \tag{2.73}$$

这满足事实 4-2 的要求。

4. 最一般的，态 $|(\theta_1,\phi_1)+\rangle$ 和 $|(\theta_2,\phi_2)+\rangle$，若它们的夹角为 Δ，则它们的内积模平方是 $\cos^2\left(\dfrac{\Delta}{2}\right)$。

问题 2.16 证明上述特例检验的第 4 种情况。(提示：考虑 (θ_1,ϕ_1) 正方向和 (θ_2,ϕ_2) 正方向的单位向量的直角坐标表示，二者的内积给出了它们夹角的余弦值。)

最后，根据事实 4-1，我们可以写出自旋角动量在空间任意 (θ,ϕ) 方向，或者说 α 方向的分量 $\hat{S}_\alpha$ 的矩阵表示为

$$\boxed{\hat{S}_\alpha = \frac{\hbar}{2}(|(\theta,\phi)+\rangle\langle(\theta,\phi) + | - |(\theta,\phi)-\rangle\langle(\theta,\phi) - |)} \tag{2.74}$$

笔记

一般教科书上采用先给出泡利自旋矩阵，再去算本征态的讲解方式。然而，给出泡利自旋矩阵是基于自旋算符与轨道角动量算符具有同样对易法则的假设（这个假设不属于量子力学公设）。但在我们的推导中，既不需要这个假设，也不需要先行了解轨道角动量算符及其对易关系，我们只用到两个东西：实验事实与算符公设。请读者自己思考这部分内容。

在 2.1 节提到，可以用 **测量基** 来表示偏振测量。当然，这不限于偏振。当我们用测量基 $\{|\varphi_i\rangle\}$ 表述某个测量时，就意味着无论系统在测量前的状态是什么，系统在测量后的状态一定是 $\{|\varphi_i\rangle\}$ 中的一个。若测得 i 则系统在测量后的状态一定是 $|\varphi_i\rangle$，且 $\{|\varphi_i\rangle\}$ 对应于各不相同的测量结果 $\{i\}$。例如对自旋 z 分量的测量，就是测量基为 $\{|z+\rangle, |z-\rangle\}$ 的测量。测量基的概念并不限于两态系统，也不限于一个粒子的系统。若已知测量前的状态为 $|\psi\rangle$ 和测量基 $\{|\varphi_i\rangle\}$，可以使用式 (2.23) ~ 式 (2.25) 中的任何一式进行计算。测量基可使测量问题表述得更为简洁，本书后面时常用测量基表述测量。

2.4.2 外磁场作用下电子自旋演化

在量子力学中我们主要关心的问题有两个：一是给定某个态，问某个物理量的观测结果；二是给定 0 时刻的态，问 t 时刻的态是什么，即态的时间演化。在研究时间演化问题时，我们必须知道哈密顿量的具体形式。在本节我们考虑电子自旋态在外磁场作用下的演化时，只考虑电子自旋空间部分的时间演化，不考虑位置空间的部分。

在经典电磁学中，若电子具有（轨道）角动量 $\vec{L}$，就具有磁矩 $\vec{\mu} = \gamma_0 \vec{L}$。若只考虑电子磁矩与外磁场的相互作用，不考虑其他的诸如平动动能等的能量，一个磁矩为 $\vec{\mu}$ 的电子处在磁场 $\vec{B}$ 中的能量为

$$E = -\vec{\mu} \cdot \vec{B} = -\gamma_0 \vec{L} \cdot \vec{B} = -\gamma_0 (L_x B_x + L_y B_y + L_z B_z)$$

量子力学中，电子自旋磁矩（算符）$\hat{\mu}$ 与自旋角动量算符 $\hat{S}$ 的关系为

$$\hat{\mu} = \gamma \hat{S}$$

其中 $\gamma = \dfrac{q}{M_e} = -\dfrac{e}{M_e}$ 为电子自旋的"回磁比"（magnetogyric ratio），$q = -e$ 为电子的电荷（负值），M_e 为电子质量。[①]对电子自旋的双态系统，哈密顿量与能

---

① 本书将电子回磁比公式视为实验事实使用。它的严格证明可见更高级的课程。注意：电子自旋回磁比 γ 是电子轨道运动中回磁比 $\gamma_0 = \frac{q}{2M_e}$ 的两倍。

量有关，用自旋角动量算符 $\hat{S}$ 替代经典公式中的矢量 $\vec{L}$，可以写出量子力学中电子自旋在外磁场中的哈密顿量：

$$
\begin{cases}
\hat{H} = -\gamma \displaystyle\sum_{\alpha=x,y,z} B_\alpha \hat{S}_\alpha \\
\hat{S}_\alpha = \dfrac{\hbar}{2} \hat{\sigma}_\alpha
\end{cases}
$$

为方便起见，经常采用约化磁场：$\omega_\alpha = \gamma B_\alpha$，则

$$
\hat{H} = -\frac{\hbar}{2} \left(\omega_x \hat{\sigma}_x + \omega_y \hat{\sigma}_y + \omega_z \hat{\sigma}_z \right) \tag{2.75}
$$

上述哈密顿量表达式，是由经典电磁学势能公式类比而得：将点乘改为三个分量算符求和。这么做看起来是合理的，但是其正确性最终仍需实验检验。也许我们有一个更好的办法写出哈密顿量：只需用已有的公设分析实验事实，而无需经典公式类比。存在如下实验事实。

事实 5-1：电子置于 z 轴正向外磁场 $\vec{B}$ 中，测其能量，只有两个值：$E_e = -\hbar\omega_z/2$，$E_g = \hbar\omega_z/2$。

笔记

> 这表明置于 z 轴正向外磁场 $\vec{B}$ 中的电子，哈密顿量即能量算符 $\hat{H}$ 本征值为 $\{E_e = -\hbar\omega_z/2 = \hbar|\omega_z|/2, E_g = \hbar\omega_z/2 = -\hbar|\omega_z|/2\}$。

我们把能量算符 $\hat{H}$ 的本征值 E_e、E_g 所对应的本征态分别记为 $|E_e\rangle$、$|E_g\rangle$，则算符 $\hat{H}$ 可写为

$$
\hat{H} = E_e |E_e\rangle\langle E_e| + E_g |E_g\rangle\langle E_g| \tag{2.76}
$$

事实 5-2：能量本征值为 E_e 的本征态 $|E_e\rangle$，就是自旋朝上的态 $|z+\rangle$，这表明 $|E_e\rangle = |z+\rangle$。

事实 5-3：能量本征值为 E_g 的本征态 $|E_g\rangle$，就是自旋朝下的态 $|z-\rangle$，这表明 $|E_g\rangle = |z-\rangle$。

笔记

> 事实 5-2 和事实 5-3 意味着能量算符 $\hat{H}$ 本征态为 $\{|z+\rangle, |z-\rangle\}$。

综合事实 5-1、事实 5-2 和事实 5-3，有：置于 z 轴正向外磁场 $\vec{B}$ 中的电子能量算符为

$$\hat{H} = -\frac{\hbar\omega_z}{2}(|z+\rangle\langle z+| - |z-\rangle\langle z-|)$$

上面的讨论中，外磁场方向是唯一有物理标记的方向。那里的数学记号 $|z\pm\rangle$ 是指与磁场方向平行或反平行的自旋状态。这意味着：如果外磁场方向为 $\alpha+ = (\theta, \phi)+$ 方向，只需将上面表述中的态 $|z\pm\rangle$ 替换为 $|\alpha\pm\rangle$ 即可获得正确结论。因此，若外磁场的方向为 $\alpha+$，电子自旋的哈密顿量必然是：

$$\hat{H} = -\frac{\hbar\omega_\alpha}{2}(|\alpha+\rangle\langle\alpha+| - |\alpha-\rangle\langle\alpha-|)$$

这里 $|\alpha\pm\rangle = |(\theta, \phi)\pm\rangle$。

将它写成矩阵形式：

$$
\begin{aligned}
\hat{H} &= -\frac{\hbar\omega_\alpha}{2}
\begin{pmatrix}
\cos\theta & \mathrm{e}^{-\mathrm{i}\phi}\sin\theta \\
\mathrm{e}^{\mathrm{i}\phi}\sin\theta & -\cos\theta
\end{pmatrix} \\
&= -\frac{\hbar}{2}(\omega_\alpha\cos\theta\,\hat{\sigma}_z + \omega_\alpha\cos\phi\sin\theta\,\hat{\sigma}_x + \omega_\alpha\sin\phi\sin\theta\,\hat{\sigma}_y)
\end{aligned}
\tag{2.77}
$$

可以看出，若令 $\omega_x = \omega_\alpha\cos\phi\sin\theta$，$\omega_y = \omega_\alpha\sin\phi\sin\theta$ 和 $\omega_z = \omega_\alpha\cos\theta$，根据实验事实构造出来的式 (2.77) 中的哈密顿量与根据经典电磁学公式得到的式 (2.75) 中的哈密顿量相同。

例题 2.18　如何用实验证实，置于 z 轴正向磁场中的电子，能量有确定值 E_e 的态 $|E_e\rangle$，就是自旋朝上的态 $|z+\rangle$，即 $|E_e\rangle = |z+\rangle$？

解　测量置于 z 轴正向磁场中的电子的能量，若测得 $-\hbar\omega_z/2$，将此电子送到测量装置 T_z 测量，发现总是获得 $\hbar/2$ 即可证实 $P(z+|E_e) = 1$。

📝 **笔记**

能量有确定值 $\hbar\omega_z/2$ 的态、对应于本征值 $\hbar\omega_z/2$ 的能量算符本征态、测量能量测到 $\hbar\omega_z/2$ 时被测电子的自旋状态，都是同一个态。

考虑外磁场作用下电子自旋态的演化，设磁场方向为 z 轴正方向，大小为 B_0：

$$\hat{H} = -\gamma B_0 \hat{S}_z = -\omega_0 \hat{S}_z = -\frac{\hbar}{2}\omega\sigma_z \tag{2.78}$$

其中 $\omega_0 = \gamma B_0$ 称为"拉莫尔频率"（Larmor frequency），自旋 1/2 粒子在均匀静磁场中的运动也叫做"拉莫尔进动"（Larmor precession）。首先，我们回顾求解在哈密顿量 $\hat{H}$ 作用下，给定初态 $|\chi(0)\rangle$ 的含时演化问题的三步法：

1. 写出哈密顿量；
2. 解定态方程，获得哈密顿量的本征态 $|\varphi_n\rangle$ 与本征值 E_n；
3. 以上述本征态为基础态，将给定的初始态 $|\chi(0)\rangle$ 展开。

$$|\chi(0)\rangle = \sum_n |\varphi_n\rangle \langle \varphi_n \mid \chi(0)\rangle = \sum_n c_n |\varphi_n\rangle$$

这里 $c_n = \langle \varphi_n \mid \chi(0)\rangle$。最后得任意时刻的态：

$$|\chi(t)\rangle = \sum_n c_n \mathrm{e}^{-\mathrm{i}E_n t/\hbar} |\varphi_n\rangle$$

对于任意初始态 $|\psi(0)\rangle$：

$$|\psi(0)\rangle = c_+ |z+\rangle + c_- |z-\rangle$$

哈密顿量 $\hat{H}$ 本征值及本征态为

$$\begin{cases} E_+ = -\dfrac{\hbar\omega}{2}, & |z+\rangle = \begin{pmatrix} 1 \\ 0 \end{pmatrix} \\[3mm] E_- = \dfrac{\hbar\omega}{2}, & |z-\rangle = \begin{pmatrix} 0 \\ 1 \end{pmatrix} \end{cases}$$

在时刻 t 的波函数 $|\psi(t)\rangle$：

$$|\psi(t)\rangle = c_+ \mathrm{e}^{\mathrm{i}\omega t/2}|z+\rangle + c_- \mathrm{e}^{-\mathrm{i}\omega t/2}|z-\rangle \tag{2.79}$$

态 $|\psi\rangle$ 的时间演化主要体现在相位的变化。

正如 2.4.1 节所述，对于任何一个自旋状态 $|(\theta,\phi)+\rangle$ 仅由两个参数 θ、ϕ 确定。在数学上，我们可以用一个从原点起、沿着 α 方向或者 (θ,ϕ) 方向的矢量 $\vec{v}$ 代表 $|(\theta,\phi)+\rangle$，如图 2.8 所示。如果外磁场方向为 $z+$ 方向，自旋初始态可以表示为 $|\psi(0)\rangle = |(\theta,\phi_0)+\rangle$，根据式 (2.79)，在任意 t 时刻状态为 $|\psi(t)\rangle = |(\theta,\phi_t)+\rangle$，其中 $\phi_t = \phi_0 + |\omega|t$。若用几何矢量表示自旋状态，则矢量 $\vec{v}$ 与 z 轴正向的夹角 θ 不变，而投影到 x-y 平面中与 x 轴的夹角 ϕ 变化，这就是几何矢量绕 z 轴转动的过程，就是图 2.8 中所示。由于空间对称性，置于任何方向的外磁场 $\vec{B}$ 中的自旋状态的演化，可以形象地理解成代表它的几何矢量 $\vec{v}$ 以磁场方向为轴线的转动过程，也称为"进动"。用这个图像，可以简洁地给出演化过程。

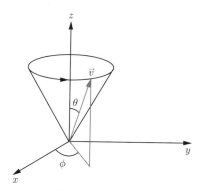

图 2.8 进动示意图

例题 2.19 若初始时刻为 $|x+\rangle$，则在任意 t 时刻 x 方向自旋 $\hat{S}_x$ 期望值为多少？任意时刻 t 发现它的自旋为 $|x+\rangle$ 的概率是多少？

解 初始态：

$$|\psi(0)\rangle = \frac{1}{\sqrt{2}}(|z+\rangle + |z-\rangle)$$

任意 t 时刻的态，由式 (2.79) 可得：

$$|\psi(t)\rangle = \frac{1}{\sqrt{2}}\left(\mathrm{e}^{\mathrm{i}\omega t/2}|z+\rangle + \mathrm{e}^{-\mathrm{i}\omega t/2}|z-\rangle\right)$$

此时 $\hat{S}_x$ 的期望值：

$$\langle s_x(t)\rangle = \left\langle \psi(t)\left|\hat{S}_x\right|\psi(t)\right\rangle = \frac{\hbar}{2}\cos\omega t$$

发现其为 $|x+\rangle$ 的概率为

$$P = |\langle x+\mid\psi(t)\rangle|^2 = \frac{1}{4}\left|\mathrm{e}^{\mathrm{i}\omega t/2} + \mathrm{e}^{-\mathrm{i}\omega t/2}\right|^2 = \cos^2\frac{\omega t}{2}$$

例题 2.20 若某电子初始时处于 $|z+\rangle$，然后在 y 轴正向接通磁场 B，问需多久该电子可以演化到 $|z-\rangle$？

解 令 $\omega = \gamma B$，电子与磁场相互作用哈密顿量为

$$\hat{H} = -\frac{\hbar}{2}\omega\hat{\sigma}_y$$

电子初态：

$$|\psi(0)\rangle = |z+\rangle = \frac{1}{\sqrt{2}}(|y+\rangle + |y-\rangle)$$

任意 t 时刻:

$$|\psi(t)\rangle = \frac{1}{\sqrt{2}}\left(\mathrm{e}^{\mathrm{i}\omega t/2}|y+\rangle + \mathrm{e}^{-\mathrm{i}\omega t/2}|y-\rangle\right) = \cos\frac{\omega t}{2}|z+\rangle - \sin\frac{\omega t}{2}|z-\rangle$$

所以，当

$$\frac{\omega t}{2} = \frac{2n+1}{2}\pi$$

时，电子演化到 $|z-\rangle$ 态。

 笔记

> 这里 $|y\pm\rangle$ 是 $\hat{\sigma}_y$ 的本征态，本征值为 ± 1。

问题 2.17 要把初态自旋为 $|z+\rangle$ 的态变为 x 轴正向的自旋态，可否施加 z 轴正向的磁场演化得到？如果可以，请说明作用时间；如果不可以，应施加什么方向的外场？作用时间为多少？

问题 2.18 若定义 x' 轴是在图 2.7 中的 x-z 平面第一象限内与 x 轴夹角为 δ 的轴。电子初始时自旋角动量为 x' 轴正向，接通 x 轴正方向的磁场 $\vec{B}$。

（1）其自旋态如何随时间变化？

（2）在时间 t 时发现其自旋在 z 轴上的投影为 $+\hbar/2$ 的概率为多大？

（3）用算符公设平均值公式计算上述自旋（初始态为在 x' 轴上的，然后在 x 轴正方向的静磁场 $\vec{B}$ 中演化）在 x 轴、y 轴、z 轴上的投影（分量）平均值如何随时间变化。

（4）在某个时刻测到的自旋在 z 轴单次测量的投影值就是（3）中的平均值吗？如果不是，那么有哪些可能看到的值？其各自概率是多大？

（5）以 z 轴投影值测量为例，用概率加权计算平均值与之前的计算结果进行比较。

问题 2.19 将自旋 $1/2$ 的粒子置于 $x+$ 方向的静磁场中，在 $t=0$ 时发现电子自旋在 z 轴上的投影为 $\hbar/2$，问此后任意时刻 t 发现电子在 y 轴上投影为 $\pm\hbar/2$ 的概率是多大？

2.4.3 时间演化算符

使用三步法，我们已经处理了很多量子力学中的时间演化问题。实际上，求解时间演化问题可以等价于将时间演化算符作用到初始态上，并求解这个算符作用之后的态的问题。我们使用 $\hat{U}(t)$ 来代表在哈密顿量 $\hat{H}$ 作用下的时间演化算符，若系统的初态为 $|\psi(0)\rangle$，那么任意时刻 t 的系统状态可以表示为

$$\boxed{|\psi(t)\rangle = \hat{U}(t)|\psi(0)\rangle} \tag{2.80}$$

若系统的哈密顿量不含时间 t，那么

$$\hat{U}(t) = \mathrm{e}^{-\mathrm{i}\frac{\hat{H}}{\hbar}t} \tag{2.81}$$

它显然是幺正的。可以证明，对于含时哈密顿量，时间演化算符仍然是幺正的。

一般地，我们要求初态 $|\psi(0)\rangle$ 满足归一化条件，在含时演化过程中，$|\psi(t)\rangle$ 也要满足归一化条件，即

$$|\langle\psi(0)|\psi(0)\rangle|^2 = |\langle\psi(t)|\psi(t)\rangle|^2 = 1 \tag{2.82}$$

为满足此条件，需要有

$$\hat{U}^{\dagger}(t)\hat{U}(t) = 1 \tag{2.83}$$

我们将满足这种条件的算符称为"幺正算符"，时间演化算符为一种幺正算符。

有了时间演化算符之后，我们再重新求解 2.4.2 节中的例题 2.20。

例题 2.21(例题 2.20 时间演化算符解法)　若某电子初始时处于 $|z+\rangle$，然后在 y 轴正向接通磁场 B，问需多久该电子可以演化到 $|z-\rangle$？

解　令 $\omega = \gamma B$，电子与磁场相互作用哈密顿量为

$$\hat{H} = -\frac{\hbar}{2}\omega\hat{\sigma}_y$$

时间演化算符 $\hat{U}(t)$ 为

$$\hat{U}(t) = \mathrm{e}^{-\mathrm{i}\frac{\hat{H}}{\hbar}t} = \cos\frac{\omega t}{2}I + \mathrm{i}\sin\frac{\omega t}{2}\hat{\sigma}_y \tag{2.84}$$

电子初态是一个列向量：

$$|\psi(0)\rangle = |z+\rangle$$

任意 t 时刻的态等于矩阵形式的 $\hat{U}(t)$ 乘以该列向量：

$$|\psi(t)\rangle = \hat{U}(t)|\psi(0)\rangle = \cos\frac{\omega t}{2}|z+\rangle - \sin\frac{\omega t}{2}|z-\rangle$$

所以，当

$$\frac{\omega t}{2} = \frac{2n+1}{2}\pi$$

时，电子演化到 $|z-\rangle$ 态。

📝 **笔记**

此时的时间演化算符与绕 y 轴的旋转算符 $\hat{R}_y$ 具有相同的形式。

在求解 $|\psi(t)\rangle$ 的过程中，我们将 $\mathrm{e}^{-\mathrm{i}\frac{\hat{H}}{\hbar}t}$ 做泰勒展开，即可将其写成 $\hat{\sigma}_y$ 和 I 的线性组合。我们可以采用另一种方法求解 $|\psi(t)\rangle$，时间演化算符 $\hat{U}(t)$ 为

$$\hat{U}(t) = \mathrm{e}^{-\mathrm{i}\frac{\hat{H}}{\hbar}t} = \mathrm{e}^{\mathrm{i}\frac{\omega t}{2}\hat{\sigma}_y}$$

电子初态：

$$|\psi(0)\rangle = |z+\rangle = \frac{1}{\sqrt{2}}(|y+\rangle + |y-\rangle)$$

任意 t 时刻：

$$\begin{aligned}
|\psi(t)\rangle = \hat{U}(t)|\psi(0)\rangle &= \mathrm{e}^{\mathrm{i}\frac{\omega t}{2}\hat{\sigma}_y}\frac{1}{\sqrt{2}}(|y+\rangle + |y-\rangle) \\
&= \frac{1}{\sqrt{2}}(\mathrm{e}^{\mathrm{i}\frac{\omega t}{2}}|y+\rangle + \mathrm{e}^{-\mathrm{i}\frac{\omega t}{2}}|y-\rangle) \\
&= \cos\frac{\omega t}{2}|z+\rangle - \sin\frac{\omega t}{2}|z-\rangle
\end{aligned}$$

📝 **笔记**

更一般地，对于一个厄米矩阵 $\boldsymbol{M}$，其特征向量为 $\{|m\rangle\}$，特征值为 $\{\lambda_m\}$，对一复数 γ 和 $\{|m\rangle\}$ 的线性组合态 $|\phi\rangle = \sum_m a_m|m\rangle$，有：

$$\mathrm{e}^{\gamma\boldsymbol{M}}|\phi\rangle = \sum_m a_m\mathrm{e}^{\gamma\lambda_m}|m\rangle \tag{2.85}$$

问题 2.20 考虑例题 2.19 的时间演化算符解法。

在上述的分析当中，我们仅仅考虑了态的时间演化，更一般地，结合式 (2.80) 和薛定谔方程，我们可以得到时间演化算符满足的方程：

$$\mathrm{i}\hbar\frac{\partial\hat{U}(t)}{\partial t}|\psi(0)\rangle = \hat{H}\hat{U}(t)|\psi(0)\rangle$$

即

$$\boxed{\mathrm{i}\hbar\frac{\partial\hat{U}(t)}{\partial t} = \hat{H}\hat{U}(t)} \tag{2.86}$$

2.4.4　自旋表示的数学约定 *

我们在 2.4.1 节中得到空间中 x、y、z 方向自旋表示的时候，忽略了相位的任意性，直接选取了 $|x\pm\rangle$、$|y\pm\rangle$ 和 $|z\pm\rangle$ 的形式。但实际上，在给定

$$|z+\rangle = \begin{pmatrix} 1 \\ 0 \end{pmatrix}$$

的情况下，态 $|z-\rangle$ 的选择具有一定的相位任意性，即可以选取

$$|z'-\rangle = \mathrm{e}^{\mathrm{i}\delta} \begin{pmatrix} 0 \\ 1 \end{pmatrix}$$

其中 δ 为任意实数。以这个新的 $|z'-\rangle$ 为基础所得到的空间任意 (θ, ϕ) 方向自旋的表示同样符合前述的实验事实。为了消除这种任意性，我们考虑绕 y 轴的旋转操作，并规定旋转的正向为右手螺旋方向。在例题 2.21 中，我们发现施加沿 y 轴正向的磁场，可以使态 $|z+\rangle$ 演化到 $|z-\rangle$ 上，此时的时间演化算符也可以看作是绕 y 轴的转动操作 $\hat{R}_y$。仿照例题 2.21，我们可以写出：

$$\hat{R}_y(\gamma) = \mathrm{e}^{-\mathrm{i}\frac{\gamma}{2}\hat{\sigma}_y} = \cos\frac{\gamma}{2}I - \mathrm{i}\sin\frac{\gamma}{2}\hat{\sigma}_y = \begin{pmatrix} \cos\dfrac{\gamma}{2} & -\sin\dfrac{\gamma}{2} \\ \sin\dfrac{\gamma}{2} & \cos\dfrac{\gamma}{2} \end{pmatrix} \tag{2.87}$$

将 $|z-\rangle$ 规定为 $|z+\rangle$ 绕 y 轴旋转 π 角度而得到的态，即

$$|z-\rangle = \hat{R}_y(\pi)|z+\rangle = \begin{pmatrix} 0 \\ 1 \end{pmatrix}$$

这就是我们在前面计算中所选取的态 $|z-\rangle$。

类似地，我们将 $|x+\rangle$ 规定为 $|z+\rangle$ 绕 y 轴旋转 $\pi/2$ 角度而得到的态，即

$$|x+\rangle = \hat{R}_y\left(\frac{\pi}{2}\right)|z+\rangle = \frac{1}{\sqrt{2}}\begin{pmatrix} 1 \\ 1 \end{pmatrix}$$

将 $|x-\rangle$ 定义为 $|z+\rangle$ 绕 y 轴旋转 $-\pi/2$ 角度而得到的态，即

$$|x-\rangle = \hat{R}_y\left(-\frac{\pi}{2}\right)|z+\rangle = \frac{1}{\sqrt{2}}\begin{pmatrix} 1 \\ -1 \end{pmatrix}$$

---

* 表示本章节内容复杂，难度较大，后同。

同理，考虑绕 z 轴的旋转：

$$\hat{R}_z(\gamma) = \mathrm{e}^{-\mathrm{i}\frac{\gamma}{2}\hat{\sigma}_z} = \cos\frac{\gamma}{2}I - \mathrm{i}\sin\frac{\gamma}{2}\hat{\sigma}_z = \begin{pmatrix} \mathrm{e}^{\mathrm{i}\frac{\gamma}{2}} & 0 \\ 0 & \mathrm{e}^{-\mathrm{i}\frac{\gamma}{2}} \end{pmatrix} \tag{2.88}$$

并规定旋转的正向为右手螺旋方向，我们将 $|z+\rangle$ 绕 y 轴旋转 $\pi/2$ 后再绕 z 轴旋转 $\pm\pi/2$ 定义为态 $|y'\pm\rangle$：

$$|y'\pm\rangle = \hat{R}_z\left(\pm\frac{\pi}{2}\right)\hat{R}_y\left(\frac{\pi}{2}\right)|z+\rangle = \frac{1}{\sqrt{2}}\begin{pmatrix} \mathrm{e}^{\mp\mathrm{i}\frac{\pi}{4}} \\ \mathrm{e}^{\pm\mathrm{i}\frac{\pi}{4}} \end{pmatrix}$$

我们将沿 y 轴正、负方向的态 $|y\pm\rangle$ 定义为态 $|y'\pm\rangle$ 提取相位因子 $\mathrm{e}^{\mp\mathrm{i}\frac{\pi}{4}}$ 所得到的态，即

$$|y\pm\rangle = \frac{1}{\sqrt{2}}\begin{pmatrix} 1 \\ \pm\mathrm{i} \end{pmatrix}$$

2.5 偏振状态在晶体中的演化

我们以入射态-出射态模式看光偏振状态在光学晶体中的演化。如图 2.9 所示，光子在飞入光学晶体时偏振状态为 $|\psi_{\mathrm{in}}\rangle$，问：在飞出光学晶体时的偏振状态 $|\psi_{\mathrm{out}}\rangle$ 是什么？

图 2.9　光子飞入光学晶体示意图

首先考虑一类经常用到的光学晶体：波片。假设波片的两个特征线偏振光，寻常光 o 光和不寻常光 e 光的偏振方位都平行于晶体表面。如图 2.10 所示，光线垂直于晶体表面正入射，o 光和 e 光的偏振方向都处于晶面内，入射方向为 z 方向，入射态 $|\psi_{\mathrm{in}}\rangle$ 的偏振方向与 e 光的偏振方向夹角为 θ。

波片对 o 光和 e 光折射率不同，分别为 n_o 和 n_e。记 e 光的状态为 $|e\rangle$，o 光状态为 $|o\rangle$。e 光线偏振和 o 光线偏振正交，用态矢量表示就是

$$\langle o|e\rangle = 0 \tag{2.89}$$

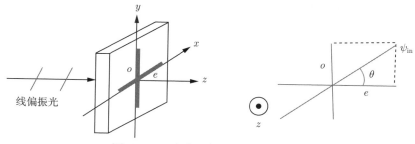

图 2.10　o 光和 e 光偏振方位示意图

我们只考虑光子正入射情况，即光的传播方向垂直于波片表面。由于波片对 o 光和 e 光的折射率不一样，所以通过同样的波片，o 光和 e 光走过的光程不一样，这也就意味着 o 光和 e 光通过同样的波片获得不一样的相位变化 ϕ_o、ϕ_e：

$$\begin{cases} |e\rangle \longrightarrow \mathrm{e}^{\mathrm{i}\phi_e}|e\rangle \\ |o\rangle \longrightarrow \mathrm{e}^{\mathrm{i}\phi_o}|o\rangle \end{cases} \tag{2.90}$$

显然，$\{|o\rangle, |e\rangle\}$ 在偏振空间是正交归一完备的，我们不妨把状态 $|e\rangle$ 和 $|o\rangle$ 视为波片的特征态，因为有了上述方程，我们可以计算任何入射态 $|\psi_{\mathrm{in}}\rangle$，并可以简洁计算其出射态 $|\psi_{\mathrm{out}}\rangle$。

📎 笔记

右手征 (x, y, z) 约定：一般地，我们可以选择相互垂直的线偏振 $\{|x\rangle, |y\rangle\}$ 为一套基础态，我们规定其中 $|x\rangle$ 为 $0°$ 线偏振基准，$|y\rangle$ 为 $90°$ 线偏振基准，对态 $|x\rangle$ 逆时针转动 $90°$ 则生成 $|y\rangle$，z 方向则为态传播方向，三者方向互相垂直构成右手征坐标轴。任何线偏振都可以看成由偏振 $|x\rangle$ 或 $|y\rangle$ 转动而生成（采用右手征约定，迎着光传播的方向看，逆时针转动对应于正转角，顺时针转动对应于负转角）。

偏振光在晶体（波片）中的演化可以用我们在第 1 章中提到的三步法进行计算：

1. 对于给定的晶体，写出其本征态 $|e\rangle$、$|o\rangle$，及其对应的本征值（相位因子）$\mathrm{e}^{\mathrm{i}\phi_e}$、$\mathrm{e}^{\mathrm{i}\phi_o}$。

2. 将入射光偏振状态 $|\psi_0\rangle$ 写成上述本征态 $|e\rangle$、$|o\rangle$ 的线性叠加：

$$|\psi_0\rangle = \alpha_e |e\rangle + \alpha_o |o\rangle \tag{2.91}$$

3. 在式 (2.91) 的 $|e\rangle$ 前插入相位因子（本征值）$\mathrm{e}^{\mathrm{i}\phi_e}$，$|o\rangle$ 前插入相位因子（本征值）$\mathrm{e}^{\mathrm{i}\phi_o}$，得到出射态 $|\psi(t)\rangle = \alpha_e \mathrm{e}^{\mathrm{i}\phi_e} |e\rangle + \alpha_o \mathrm{e}^{\mathrm{i}\phi_o} |o\rangle$。

运用以上知识，应如何将偏振状态 $|\psi_0\rangle$ 写成 $|e\rangle$、$|o\rangle$ 的线性叠加形式？

这里我们采用右手征（e, o, z）约定，任何其他线偏振，其偏振方位即角度 θ 是指与基准方位的夹角，由 $0°$ 线偏振逆时针转动而成，其偏振态为 $|\psi_0\rangle = \cos\theta|h\rangle + \sin\theta|v\rangle$。现在我们可以将 $|e\rangle$ 态偏振作为我们的 $0°$ 基准。自然地，与该基准线夹角 θ 的线偏振态 (即由该基准线逆时针转 θ 角而成的线偏振态) 为

$$|\psi_0\rangle = \cos\theta|e\rangle + \sin\theta|o\rangle$$

例题 2.22　如图 2.11 所示，波片夹在两个偏振片中间，偏振片 P_1 与 P_2 的透振方向如其实线标注，二者的透振方向互相垂直，e 光偏振与 o 光偏振均在晶体面内，且 e 光偏振方向与 P_1 透振方向的夹角为 θ。一束光先后透过偏振片 P_1，波片，以及偏振片 P_2。已知 P_1 与 P_2 的透振方向相互垂直，假设波片对通过的光没有损耗，试求透过偏振片 P_1 的光透过偏振片 P_2 的概率。

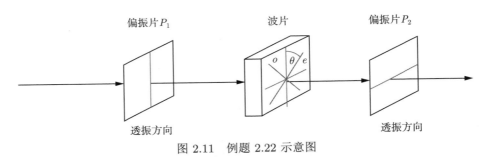

图 2.11　例题 2.22 示意图

解　使用三步法求解，如图 2.12 所示，$e\text{-}o\text{-}z$ 构成右手征坐标系。P_1 与 P_2 偏振片的透振方向与 e、o 的关系如右图。右图只是将左图整体转动，并不改变 P_1 与 P_2 偏振片的透振方向与 e、o 的关系。以双折射晶体的本征态 $|e\rangle$ 和 $|o\rangle$ 为基底，采用右手征（e, o, z）约定，以 $|e\rangle$ 态偏振作为 $0°$ 基准，写出波片的入射态，即偏振片 P_1 的透振态为

$$|\psi_1\rangle = \cos\theta\,|e\rangle + \sin\theta\,|o\rangle$$

经过波片后，演化为

$$|\psi(t)\rangle = \cos\theta e^{i\phi_e}\,|e\rangle + \sin\theta e^{i\phi_o}\,|o\rangle$$

同样，也可以写出 P_2 的透振态为

$$|\psi_2\rangle = \sin\theta\,|e\rangle - \cos\theta\,|o\rangle$$

则根据公式 (2.14), 经过波片的光透过 P_2 的概率为

$$
\begin{aligned}
P(\psi(t)|\psi_2) =&|\langle\psi(t)\,|\psi_2\rangle|^2\\
=&|\cos\theta\sin\theta - \sin\theta\cos\theta e^{i\Delta}|^2\\
=&(\cos\theta\sin\theta)^2|1-e^{i\Delta}|^2
\end{aligned}
$$

其中 $\Delta = \phi_e - \phi_o$。

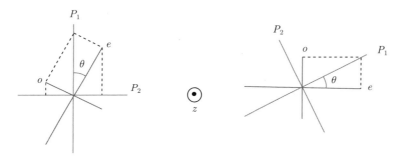

图 2.12 例题 2.22 求解过程示意图

如何使用数学语言来描述偏振状态在光学晶体中的演化呢？光学晶体与偏振片不同, 光学晶体中的演化过程是确定性的变化过程, 且光子数守恒。光偏振状态在晶体中的演化是可逆的。无论入射偏振态 $|\psi_0\rangle$ 是什么, 我们都可以引入演化矩阵（算符）$\hat{U}$ 表示这个确定性变换过程。即

$$
|\psi(t)\rangle = \hat{U}\,|\psi_0\rangle \tag{2.92}
$$

在 2.2 节我们学习了任何物理量对应于希尔伯特空间中的一个线性厄米算符（矩阵）。这里 $\hat{U}$ 类似于时间演化算符（变换矩阵）, 是线性的。我们的三步法其实默认了

$$
\hat{U}(\alpha_1\,|\psi_1\rangle + \alpha_2\,|\psi_2\rangle) = \alpha_1\hat{U}\,|\psi_1\rangle + \alpha_2\hat{U}\,|\psi_2\rangle \tag{2.93}
$$

既然 $\hat{U}$ 可以理解为矩阵, 它当然是线性的。对于光线通过波片的态演化, 有

$$
\begin{cases}
\hat{U}\,|o\rangle = e^{i\delta_o}\,|o\rangle\\
\hat{U}\,|e\rangle = e^{i\delta_e}\,|e\rangle
\end{cases} \tag{2.94}
$$

比如, 对于波片晶体：

$$
\hat{U} = e^{i\phi_e}|e\rangle\langle e| + e^{i\phi_o}|o\rangle\langle o| \tag{2.95}
$$

显然

$$\hat{U}^{\dagger} = \mathrm{e}^{-\mathrm{i}\phi_e}|e\rangle\langle e| + \mathrm{e}^{-\mathrm{i}\phi_o}|o\rangle\langle o| \tag{2.96}$$

或者，如果我们采用基础态表示 $\left\{ |e\rangle = \begin{bmatrix} 1 \\ 0 \end{bmatrix},\ |o\rangle = \begin{bmatrix} 0 \\ 1 \end{bmatrix} \right\}$ 的话，则

$$\hat{U} = \begin{bmatrix} \mathrm{e}^{\mathrm{i}\phi_e} & 0 \\ 0 & \mathrm{e}^{\mathrm{i}\phi_o} \end{bmatrix} \tag{2.97}$$

根据式 (2.92) 以及左矢态和右矢态的关系，有 $\langle\psi(t)| = \langle\psi_0|\hat{U}^{\dagger}$，此处 $\hat{U}^{\dagger} = \left(\hat{U}^{\mathrm{T}}\right)^*$。由于穿过晶体后的态依然是一个物理上的态，起源于任何入射态 $|\psi_0\rangle$ 的出射态 $|\psi(t)\rangle$ 都是归一化的。即

$$\langle\psi(t)\,|\,\psi(t)\rangle = \left\langle\psi_0\left|\hat{U}^{\dagger}\hat{U}\right|\psi_0\right\rangle = 1 \tag{2.98}$$

对任何 $|\psi_0\rangle$ 恒成立。此即要求变换矩阵是幺正（Unitary）的：

$$\hat{U}^{\dagger}\hat{U} = \hat{U}\hat{U}^{\dagger} = I \tag{2.99}$$

偏振态在晶体中还存在**旋光现象**，即在透过旋光物质后，偏振面发生了旋转。类似双折射晶体，旋光晶体也存在本征态：

$$\begin{cases} |\psi_+\rangle = \dfrac{1}{\sqrt{2}}(|h\rangle + \mathrm{i}|v\rangle) \\[2mm] |\psi_-\rangle = \dfrac{1}{\sqrt{2}}(|h\rangle - \mathrm{i}|v\rangle) \end{cases}$$

旋光晶体对这两种偏振光折射率不同。同样可使用三步法计算任何穿过旋光晶体的状态演化：

1. 写出本征态 $|\psi_+\rangle$、$|\psi_-\rangle$，及其对应的本征值（相位因子）$\mathrm{e}^{\mathrm{i}\phi_+}$、$\mathrm{e}^{\mathrm{i}\phi_-}$。

2. 将入射光偏振状态 $|\psi_0\rangle$ 写成上述本征态 $|\psi_+\rangle$、$|\psi_-\rangle$ 的线性叠加：

$$|\psi_0\rangle = \alpha_+|\psi_+\rangle + \alpha_-|\psi_-\rangle \tag{2.100}$$

3. 在式 (2.100) 的 $|\psi_+\rangle$ 前插入相位因子（本征值）$\mathrm{e}^{\mathrm{i}\phi_+}$，$|\psi_-\rangle$ 前插入相位因子（本征值）$\mathrm{e}^{\mathrm{i}\phi_-}$，得到出射态：

$$|\psi(t)\rangle = \alpha_+\mathrm{e}^{\mathrm{i}\phi_+}|\psi_+\rangle + \alpha_-\mathrm{e}^{\mathrm{i}\phi_-}|\psi_-\rangle$$

例题 2.23　试求水平偏振 $|h\rangle$ 透过旋光晶体后的偏振态。

解　已知:

$$\begin{cases} |\psi_+\rangle \longrightarrow e^{i\phi_+} |\psi_+\rangle \\ |\psi_-\rangle \longrightarrow e^{i\phi_-} |\psi_-\rangle \end{cases} \tag{2.101}$$

对于任何入射态,其出射态是什么? 下面根据**三步法**给出结果。

首先,可以写出:

$$\begin{cases} |\psi_+\rangle = \dfrac{1}{\sqrt{2}}(|h\rangle + i|v\rangle) \longrightarrow e^{i\phi_+} |\psi_+\rangle \\ |\psi_-\rangle = \dfrac{1}{\sqrt{2}}(|h\rangle - i|v\rangle) \longrightarrow e^{i\phi_-} |\psi_-\rangle \end{cases} \tag{2.102}$$

然后,若入射态满足 $|\psi_{\rm in}\rangle = |h\rangle$,则

$$|h\rangle = \frac{1}{\sqrt{2}}(|\psi_+\rangle + |\psi_-\rangle) \tag{2.103}$$

最后,可以得到经过旋光晶体的出射态为

$$\begin{aligned} |\psi_{\rm out}\rangle &= \frac{1}{\sqrt{2}}(e^{i\phi_+} |\psi_+\rangle + e^{i\phi_-} |\psi_-\rangle) \\ &= \frac{1}{\sqrt{2}} e^{i\frac{\phi_+ + \phi_-}{2}}(e^{i\frac{\Delta}{2}} |\psi_+\rangle + e^{-i\frac{\Delta}{2}} |\psi_-\rangle) \\ &= \cos\frac{\Delta}{2} |h\rangle - \sin\frac{\Delta}{2} |v\rangle \end{aligned} \tag{2.104}$$

因此,入射态为 $|h\rangle$ 时,经过旋光晶体,出射态为转过角度 $-\dfrac{\Delta}{2}$ 的线偏态。

2.6　更多的狄拉克符号规则与表象理论

在熟练掌握狄拉克符号的运用后,让我们来回看第 1 章,并运用狄拉克符号来重新理解这章的内容。

2.6.1　坐标表象和动量表象

对于位置空间中的态矢量问题,我们首先设想一种情景:有 N 个完全相同、彼此无相互作用的原子实排为一列,存在一个可自由选择处于这一列原子实中任

一原子实周围的电子，且仅能处于此 N 个原子实之中。若电子处于第一个原子实则称电子的状态为 $|x_1\rangle$，处于第二个原子实则称电子的状态为 $|x_2\rangle$，依次类推，我们构造出位置算符的一组本征态 $|x_i\rangle$，每个态矢量有对应的位置算符本征值：$\hat{x}|x_i\rangle = x_i|x_i\rangle$。根据狄拉克符号的线性叠加原理，电子在这一列原子实中的实际位置状态可以是这些状态的叠加态：

$$|\psi\rangle = \sum_i \alpha_i |x_i\rangle \tag{2.105}$$

其中，

$$\alpha_i = \langle x_i|\psi\rangle \tag{2.106}$$

它是态 $|\psi\rangle$ 对位置 $|x_i\rangle$ 的概率幅，或者说，若粒子状态为 $|\psi\rangle$，在位置 x_i 处发现它的概率为

$$|\alpha_i|^2 = |\langle x_i|\psi\rangle|^2 = \langle x_i|\psi\rangle\langle\psi|x_i\rangle \tag{2.107}$$

代表对电子的位置进行测量发现电子处于第 i 个原子实上的概率。显然 $\alpha_i = \langle x_i|\psi\rangle$ 即为概率幅，且满足归一化条件 $\sum_i |\alpha_i|^2 = 1$，即

$$\sum_i |\langle x_i|\psi\rangle|^2 = 1 \tag{2.108}$$

这意味着 $\langle x_i|\psi\rangle$ 是态矢量 $|\psi\rangle$ 在使用不连续的 $\{|x_i\rangle\}$ 为基矢组的表象下的波函数。

考虑连续空间中的基础态 $\{|x\rangle\}$，它是位置算符 $\hat{x} = \int x|x\rangle\langle x|dx$ 的本征态：

$$\hat{x}|x\rangle = x|x\rangle \tag{2.109}$$

回顾波函数的量子力学诠释，态矢量 $|\psi\rangle$ 在连续位置（坐标）表象中的波函数形式为

$$\boxed{\psi(x) = \langle x|\psi\rangle} \tag{2.110}$$

此处 $\langle x|\psi\rangle$ 是概率密度幅，$|\langle x|\psi\rangle|^2$ 即为在空间 x 点处发现粒子的概率密度。位置算符 $\hat{x}$ 的测量期望值为

$$\langle\hat{x}\rangle = \langle\psi|\hat{x}|\psi\rangle = \int_{-\infty}^{\infty} \langle\psi|\hat{x}|x\rangle\langle x|\psi\rangle dx = \int_{-\infty}^{\infty} x|\psi(x)|^2 dx \tag{2.111}$$

除坐标表象外，在量子力学计算中我们常常需要的还有动量表象。若 $\{|p\rangle\}$ 为连续动量空间中的基础态，同样的它也是动量算符 $\hat{p} = \int p|p\rangle\langle p|dp$ 的本征态：

$$\hat{p}|p\rangle = p|p\rangle \tag{2.112}$$

与坐标表象下的处理方法相同，态矢量 $|\psi\rangle$ 在动量表象下的波函数形式为

$$\boxed{\phi(p) = \langle p|\psi\rangle} \tag{2.113}$$

2.6.2　单位算子与完备性关系

若 $\{|\varphi_i\rangle\}$ 为支撑 n 维分立空间的一套正交归一的基础态，那么其完备性指的是在分立空间中任何一个态都可以用基础态 $\{|\varphi_i\rangle\}$ 的线性叠加表示。这种完备性的表述等价于如下关系：

$$\sum_i |\varphi_i\rangle\langle\varphi_i| = 1 \tag{2.114}$$

或者说，$\sum_i |\varphi_i\rangle\langle\varphi_i|$ 是该 n 维空间的单位算子。

我们将证明上述等价关系。

证明　充分性：若任意一个态 $|\psi\rangle$ 都可以用基础态 $\{|\varphi_i\rangle\}$ 的线性叠加表示，即在基矢 $\{|\varphi_i\rangle\}$ 下有如下展开结果：

$$|\psi\rangle = \sum_i \alpha_i|\varphi_i\rangle$$

可以求得：

$$\alpha_i = \langle\varphi_i|\psi\rangle$$

那么有：

$$|\psi\rangle = \sum_i \alpha_i|\varphi_i\rangle = \sum_i |\varphi_i\rangle\langle\varphi_i|\psi\rangle$$

上述关系对任意态 $|\psi\rangle$ 均成立，所以要有 $\sum_i |\varphi_i\rangle\langle\varphi_i| = 1$。

必要性：若 $\sum_i |\varphi_i\rangle\langle\varphi_i| = 1$，那么考虑该空间中的任意一个态 $|\psi\rangle$，有如下关系：

$$|\psi\rangle = \sum_i |\varphi_i\rangle\langle\varphi_i|\psi\rangle$$

若定义 $\alpha_i = \langle\varphi_i|\psi\rangle$，那么可以得到：

$$|\psi\rangle = \sum_i \alpha_i|\varphi_i\rangle$$

此即说明该空间中的任意态都可以用 $\{|\varphi_i\rangle\}$ 的线性叠加表示。

在连续空间中，对于连续变量算符（例如位置算符 x 或动量算符 p），此时我们的基础态选为 $\{|x\rangle\}$ 和 $\{|p\rangle\}$，也存在着上述完备性关系，有：

$$\begin{cases} \displaystyle\int_{-\infty}^{\infty} |x\rangle\langle x| \mathrm{d}x = 1 \\ \displaystyle\int_{-\infty}^{\infty} |p\rangle\langle p| \mathrm{d}p = 1 \end{cases} \tag{2.115}$$

利用公式 (2.115) 可将任意量子态为 $|\psi\rangle$ 的粒子展开为基础态 $\{|x\rangle\}$ 的线性叠加形式：

$$|\psi\rangle = \int_{-\infty}^{\infty} |x\rangle\langle x|\psi\rangle \mathrm{d}x = \int_{-\infty}^{\infty} \psi(x)|x\rangle \mathrm{d}x \tag{2.116}$$

$|\psi\rangle$ 同样可以被展开为基础态 $\{|p\rangle\}$ 的线性叠加形式：

$$|\psi\rangle = \int_{-\infty}^{\infty} |p\rangle\langle p|\psi\rangle \mathrm{d}p = \int_{-\infty}^{\infty} \phi(p)|p\rangle \mathrm{d}p \tag{2.117}$$

例题 2.24 已知位置波函数 $\psi(x)$，反推态矢量 $|\psi\rangle$（以 $\{|x\rangle\}$ 展开）。

解 位置波函数为 $\psi(x) = \langle x|\psi\rangle$，态矢量为

$$\begin{aligned} |\psi\rangle &= \int |x\rangle\langle x| \cdot |\psi\rangle \,\mathrm{d}x \\ &= \int \langle x|\psi\rangle |x\rangle \,\mathrm{d}x \\ &= \int \psi(x)|x\rangle \,\mathrm{d}x \end{aligned} \tag{2.118}$$

例题 2.25 已知系统动量表象波函数 $\phi(p)$，它的态矢量 $|\phi\rangle$（以动量本征态展开）是什么？

解 系统动量表象波函数为 $\phi(p) = \langle p|\phi\rangle$，态矢量为

$$\begin{aligned} |\phi\rangle &= \int |p\rangle\langle p| \cdot |\phi\rangle \,\mathrm{d}p \\ &= \int \langle p|\phi\rangle |p\rangle \,\mathrm{d}p \\ &= \int \phi(p)|p\rangle \,\mathrm{d}p \end{aligned} \tag{2.119}$$

当我们需要计算 $\langle\psi'|\psi\rangle$ 时，可以利用基础态的完备性条件：$\displaystyle\int |x\rangle\langle x|\mathrm{d}x = 1$

进行插入，即

$$\langle \psi' | \psi \rangle = \langle \psi' | \left(\int |x\rangle \langle x| \, \mathrm{d}x \right) |\psi\rangle$$

$$= \int \langle \psi' | x \rangle \langle x | \psi \rangle \mathrm{d}x$$

$$= \int \psi'^*(x)\psi(x)\mathrm{d}x \tag{2.120}$$

2.6.3　表象变换

前文已经介绍了坐标表象与动量表象的基矢，一个很自然的问题是：不同表象下的波函数的相互关系是什么？

1. 狄拉克 δ 函数

为解决这一问题，我们首先定义位置本征态在坐标表象下的波函数：为满足数学自洽性，要求位置本征态 $|x'\rangle$ 在坐标表象下的波函数 $\psi(x') = \langle x|x'\rangle$ 满足：

$$\langle x|x'\rangle = \delta(x - x') \tag{2.121}$$

其中狄拉克 δ 函数 $\delta(x - x')$ 满足：

$$\delta(x - x') = \begin{cases} 0, & x \neq x' \\ \infty, & x = x' \end{cases} \tag{2.122}$$

例题 2.26　上面说的数学自洽性要求，具体是什么？

解　若粒子波函数为 $\psi(x)$，则意味着对任何具体的位置 x'，概率密度幅为 $\psi(x')$。根据式 (2.116)，波函数 $\psi(x)$ 的系统状态为 $|\psi\rangle = \int \psi(x)|x\rangle \mathrm{d}x$。此状态对位置本征态 $|x'\rangle$ 的概率密度幅为

$$\langle x' | \psi \rangle = \int \psi(x) \langle x' | x \rangle \mathrm{d}x \tag{2.123}$$

概率密度为

$$|\langle x' | \psi \rangle|^2 = |\langle x' | \int_{-\infty}^{\infty} \psi(x)|x\rangle \mathrm{d}x|^2 = |\int_{-\infty}^{\infty} \psi(x) \langle x' | x \rangle \mathrm{d}x|^2 \tag{2.124}$$

当 $x \neq x'$ 时，$\langle x|x'\rangle = 0$，式 (2.124) 的积分仅需在 x 的邻域内进行：

$$|\langle x' | \psi \rangle|^2 = \lim_{\epsilon \to 0} |\int_{x'-\epsilon}^{x'+\epsilon} \psi(x) \langle x' | x \rangle \mathrm{d}x|^2 = \lim_{\epsilon \to 0} |\psi(x') \cdot \mathcal{C} \cdot 2\epsilon|^2 \tag{2.125}$$

这就意味着 $\langle x'|x\rangle$ 在 $x = x'$ 的情况下只要是一个有限数，在空间任何位置发现粒子的概率密度都只能是 0。因此，$\langle x'|x\rangle$ 在 $x = x'$ 的情况下只能取无穷大。

因此我们要求，对任何波函数 $\psi(x)$，总有：

$$\int_{-\infty}^{\infty} \psi(x)\langle x'|x\rangle \mathrm{d}x = \psi(x') \tag{2.126}$$

式 (2.126) 其实是要求对于任何可归一化的函数 $f(x)$ 都成立，即

$$\int_{-\infty}^{\infty} f(x)\delta(x - x')\mathrm{d}x = f(x') \tag{2.127}$$

数学上，狄拉克 δ 函数具有下列性质：

① 当且仅当 $x = x'$ 时，$\delta(x - x') = \infty$，其他情况下 $\delta(x - x') = 0$；

② $\delta(x - x') = \delta(x' - x)$；

③ $\displaystyle\int_{-\infty}^{\infty} \delta(x - x')\mathrm{d}x = 1$；

④ $\displaystyle\int_{-\infty}^{\infty} f(x)\delta(x - x')\mathrm{d}x = f(x')$；

⑤ $\delta(x) = \dfrac{1}{2\pi}\displaystyle\int \mathrm{e}^{\mathrm{i}kx}\mathrm{d}k = \dfrac{1}{2\pi\hbar}\int \mathrm{e}^{\mathrm{i}\frac{p}{\hbar}x}\mathrm{d}p$。

我们仿照定义坐标表象基础态的波函数形式的方法来定义动量表象基础态的波函数：

$$\langle p|p'\rangle = \delta(p - p') \tag{2.128}$$

式 (2.121) 表明，位置本征态 $|x\rangle$ 不是归一化的态。这与我们之前的要求（物理上的态应归一化）并不矛盾，因为物理上并不存在这种有确定位置的态 $|x\rangle$，按不确定关系，这个态的粒子能量无穷大。同样，物理上亦不存在有确定动量值的态 $|p\rangle$，因为这个态的粒子位置完全不确定，即在任意有限空间范围内发现粒子的概率为零，任何物理上存在的测量装置测不到这个态的粒子。尽管这些态在物理上不存在，它们仍是有用的数学工具。式 (2.121) 和式 (2.128) 在数学上正确，因为借助它们，对于任何物理上存在的态，我们总能获得自洽、正确的计算结果。例如，对于一个物理上存在的态 $|\psi\rangle$，它是归一化的，即 $\langle\psi|\psi\rangle = 1$。为了自洽，我们要求其位置空间波函数 $\psi(x)$ 和动量空间波函数 $\phi(p)$ 必须满足归一化。即，式 (2.121) 和式 (2.128) 可以确保这个结论：若 $\langle\psi|\psi\rangle = 1$，则肯定有 $\displaystyle\int \psi^*(x)\psi(x)\mathrm{d}x = 1$，以及 $\displaystyle\int \phi^*(p)\phi(p)\mathrm{d}p = 1$。证明：$|\psi\rangle = \displaystyle\int |x\rangle\langle x|\psi\rangle\mathrm{d}x = \int \psi(x)|x\rangle\mathrm{d}x$。若 $\langle\psi|\psi\rangle = 1$，则意味着：

$$\int \psi^*(x')\psi(x)\langle x'|x\rangle \mathrm{d}x\mathrm{d}x' = \int \psi^*(x')\psi(x)\delta(x-x')\mathrm{d}x\mathrm{d}x' = 1 \qquad (2.129)$$

即 $\int \psi^*(x)\psi(x)\mathrm{d}x = 1$。

2. 表象变换（位置-动量空间）

我们假定 $\langle x|p\rangle = \mathcal{N}\mathrm{e}^{\mathrm{i}\frac{px}{\hbar}}$，那么

$$\langle x_2|x_1\rangle = \int \langle x_2|p\rangle \langle p|x_1\rangle \mathrm{d}p = |d|^2 \int \mathrm{e}^{\mathrm{i}\frac{x_2-x_1}{\hbar}p} = \delta(x_2-x_1) = \frac{1}{2\pi\hbar}\int \mathrm{e}^{\mathrm{i}\frac{x_2-x_1}{\hbar}p}\mathrm{d}p$$
$$(2.130)$$

为保持自洽性，我们要求 $\mathcal{N} = \dfrac{1}{\sqrt{2\pi\hbar}}$，即

$$\langle x|p\rangle = \frac{1}{\sqrt{2\pi\hbar}}\mathrm{e}^{\frac{\mathrm{i}p\cdot x}{\hbar}} \qquad (2.131)$$

坐标表象下的波函数 $\psi(x)$ 对应的态矢量为 $|\psi\rangle = \int \psi(x)|x\rangle\mathrm{d}x$，其在动量表象下的波函数 $\phi(p)$ 为

$$\phi(p) = \langle p|\psi\rangle = \int \langle p|x\rangle\langle x|\psi\rangle\mathrm{d}x = \int \langle p|x\rangle\psi(x)\mathrm{d}x = \frac{1}{\sqrt{2\pi\hbar}}\int \psi(x)\mathrm{e}^{-\mathrm{i}\frac{p}{\hbar}x}\mathrm{d}x$$
$$(2.132)$$

因此我们有态矢量 $|\psi\rangle$ 坐标表象波函数 $\psi(x)$ 与动量表象波函数 $\phi(p)$ 之间的傅里叶变换关系：

$$\begin{cases} \phi(p) = \dfrac{1}{\sqrt{2\pi\hbar}}\displaystyle\int \psi(x)\mathrm{e}^{-\mathrm{i}\frac{p}{\hbar}x}\mathrm{d}x \\[3mm] \psi(x) = \dfrac{1}{\sqrt{2\pi\hbar}}\displaystyle\int \phi(p)\mathrm{e}^{\mathrm{i}\frac{p}{\hbar}x}\mathrm{d}x \end{cases} \qquad (2.133)$$

我们在本节中引入的算符，是作用在位置空间波函数的算符或动量空间波函数的算符，其实是算符的位置表象或动量表象。而作用在态矢量上的算符不依赖于具体表象。各类算符只能作用在规定的作用对象上，否则无法计算。

问题 2.21　回顾第 1 章中作用在位置空间波函数上的动量算符 $-\mathrm{i}\hbar\dfrac{\partial}{\partial x}$，验证波函数 $\mathcal{N}\mathrm{e}^{\frac{\mathrm{i}px}{\hbar}}$ 确实是动量为确定值 p 的态。

例题 2.27　对于态矢量 $|\psi\rangle$：

$$|\psi\rangle = \int \psi(x)|x\rangle\mathrm{d}x$$

在计算动量期望值的时候，能否用式

$$\langle p \rangle = \langle \psi | \mathrm{i}\hbar \frac{\partial}{\partial x} | \psi \rangle$$

解 不能，这将无法进行计算。如前所述，各类算符只能作用在规定的作用对象上。动量算符的位置表象 $\mathrm{i}\hbar \dfrac{\partial}{\partial x}$ 则只能作用于位置波函数上，动量期望值为

$$\langle p \rangle = \int \psi^*(x) \mathrm{i}\hbar \frac{\partial}{\partial x} \psi(x) \mathrm{d}x$$

若坚持用态矢量，则应用

$$\langle p \rangle = \langle \psi | \hat{p} | \psi \rangle$$

展开计算。

从狄拉克符号的薛定谔方程出发，可以导出波函数表示下的薛定谔方程。一般来说哈密顿量可以写为 $\hat{H} = \dfrac{\hat{p}^2}{2m} + \hat{V}$，在坐标表象中，$\hat{V}|x\rangle = V(x)|x\rangle$。我们在式 (2.39) 两边左乘 $\langle x|$，可以得到

$$\mathrm{i}\hbar \frac{\partial}{\partial t} \langle x | \psi(t) \rangle = \langle x | \hat{H} | \psi(t) \rangle \tag{2.134}$$

再利用 $\int |p\rangle \langle p| \, \mathrm{d}p = 1$，可以得到

$$
\begin{aligned}
\mathrm{i}\hbar \frac{\partial}{\partial t} \psi(x,t) &= \int \langle x | \hat{H} | p \rangle \langle p | \psi(t) \rangle \mathrm{d}p \\
&= \int \langle x | \frac{\hat{p}^2}{2m} + \hat{V} | p \rangle \langle p | \psi(t) \rangle \mathrm{d}p \\
&= \frac{1}{\sqrt{2\pi\hbar}} \int \frac{p^2}{2m} \mathrm{e}^{\mathrm{i}px/\hbar} \langle p | \psi(t) \rangle \mathrm{d}p + V(x)\psi(x,t) \\
&= -\frac{1}{\sqrt{2\pi\hbar}} \frac{\hbar^2}{2m} \frac{\partial^2}{\partial x^2} \int \mathrm{e}^{\mathrm{i}px/\hbar} \langle p | \psi(t) \rangle \mathrm{d}p + V(x)\psi(x,t) \\
&= -\frac{\hbar^2}{2m} \frac{\partial^2}{\partial x^2} \int \langle x | p \rangle \langle p | \psi(t) \rangle \mathrm{d}p + V(x)\psi(x,t) \\
&= -\frac{\hbar^2}{2m} \frac{\partial^2}{\partial x^2} \psi(x,t) + V(x)\psi(x,t) \tag{2.135}
\end{aligned}
$$

以上，就是基于波函数的薛定谔方程。

📝 **笔记**

在这里我们利用了两次 $\int |p\rangle \langle p| \, \mathrm{d}p = 1$ 的条件，第一次运用是在上述推导的第一行插入了单位算子 $\int |p\rangle \langle p| \, \mathrm{d}p = 1$；第二次运用是在上述推导的第五行，利用 $\int |p\rangle \langle p| \, \mathrm{d}p = 1$ 进行了单位算子退出，即 $\int \langle x|p\rangle \langle p|\psi(t)\rangle \mathrm{d}p = \langle x|\psi(t)\rangle = \psi(x,t)$。

📝 **笔记**

注意，薛定谔方程是一个基本公设，不能推导！上述过程并不是推导薛定谔方程，而是从基于狄拉克符号的薛定谔方程出发，推导得到基于波函数表示的薛定谔方程。

第 3 章
两粒子态与量子纠缠

3.1 两粒子态的数学表示

两粒子态 $|a\rangle_1 |b\rangle_2 = |a\rangle |b\rangle = |a\rangle \otimes |b\rangle = |a, b\rangle$，解释为粒子 1 处于态 $|a\rangle$ 上且粒子 2 处于态 $|b\rangle$ 上。角标 1、2 分别代表第一个粒子与第二个粒子。有时，在不引起误解的情况下也可以略去角标，按照态矢量出现的顺序规定它代表哪个粒子的态。

本章所考虑的两粒子系统，每个粒子都是一个两态系统，又称为"2×2 系统"。我们用 $|0\rangle$、$|1\rangle$ 表示一个粒子的两个基础态，它们相互正交，可以是水平、竖直偏振的光子，也可以是自旋朝上、朝下的电子。显然，两粒子有 4 个基础态：$|0\rangle_1 |0\rangle_2$，$|0\rangle_1 |1\rangle_2$，$|1\rangle_1 |0\rangle_2$，$|1\rangle_1 |1\rangle_2$；或者，两个自旋 $\dfrac{1}{2}$ 粒子的自旋 z 方向分量也有 4 个基础态：$|\uparrow\rangle_1 |\uparrow\rangle_2$，$|\uparrow\rangle_1 |\downarrow\rangle_2$，$|\downarrow\rangle_1 |\uparrow\rangle_2$，$|\downarrow\rangle_1 |\downarrow\rangle_2$；两光子的偏振同样有 4 个基础态：$|h\rangle_1 |h\rangle_2$，$|h\rangle_1 |v\rangle_2$，$|v\rangle_1 |h\rangle_2$，$|v\rangle_1 |v\rangle_2$ 等。用 4 个基础态可以构成任意两粒子态。例如，光子 1 是水平偏振，光子 2 是 45° 偏振的态：

$$|h\rangle \left|\frac{\pi}{4}\right\rangle = \frac{1}{\sqrt{2}} |h\rangle (|h\rangle + |v\rangle) = \frac{1}{\sqrt{2}} |h\rangle |h\rangle + \frac{1}{\sqrt{2}} |h\rangle |v\rangle \tag{3.1}$$

基础态的任意线性叠加也是物理上可能存在的态，例如：

$$|\phi^+\rangle = \frac{|00\rangle + |11\rangle}{\sqrt{2}} \tag{3.2}$$

两粒子态的内积：若

$$|\psi_a\rangle = |a_1, a_2\rangle \tag{3.3}$$

$$|\psi_b\rangle = |b_1, b_2\rangle \tag{3.4}$$

则

$$\langle \psi_b | \psi_a \rangle = \langle b_1 | a_1 \rangle \cdot \langle b_2 | a_2 \rangle \tag{3.5}$$

其中，$|\psi_a\rangle$ 指第一个粒子的态为 $|a_1\rangle$，且第二个粒子的态为 $|a_2\rangle$。这个内积解释为，对于 $|\psi_a\rangle$ 的两粒子态，测得 $|\psi_b\rangle$ 的概率幅。

问题 3.1　两个 45° 线偏振的光子，测得第一个是水平偏振且第二个为 60° 偏振的概率是多大？

处理两粒子问题，如同单粒子（两态）问题那样，一个重要的方法是引入矩阵表示，把相关的量子力学问题转化为线性代数问题。既然两粒子系统有 4 个基础态，则可以用四维列矢量来表示两粒子的 4 个基础态：

$$|0\rangle\,|0\rangle = \begin{pmatrix} 1 \\ 0 \\ 0 \\ 0 \end{pmatrix}, \quad |0\rangle\,|1\rangle = \begin{pmatrix} 0 \\ 1 \\ 0 \\ 0 \end{pmatrix}, \quad |1\rangle\,|0\rangle = \begin{pmatrix} 0 \\ 0 \\ 1 \\ 0 \end{pmatrix}, \quad |1\rangle\,|1\rangle = \begin{pmatrix} 0 \\ 0 \\ 0 \\ 1 \end{pmatrix} \tag{3.6}$$

显然有：

$$(\alpha\,|0\rangle + \beta\,|1\rangle)(\alpha'\,|0\rangle + \beta'\,|1\rangle) = \begin{pmatrix} \alpha\alpha' \\ \alpha\beta' \\ \beta\alpha' \\ \beta\beta' \end{pmatrix} \tag{3.7}$$

这实际上是直积 (direct product)。

对任意矩阵 $\boldsymbol{V}$ 有如下直积（或直乘）定义：

$$\begin{pmatrix} u_1 \\ u_2 \end{pmatrix} \otimes \boldsymbol{V} = \begin{pmatrix} u_1\boldsymbol{V} \\ u_2\boldsymbol{V} \end{pmatrix} \tag{3.8}$$

$$\begin{pmatrix} \alpha \\ \beta \end{pmatrix} \otimes \begin{pmatrix} \alpha' \\ \beta' \end{pmatrix} = \begin{pmatrix} \alpha\alpha' \\ \alpha\beta' \\ \beta\alpha' \\ \beta\beta' \end{pmatrix} \tag{3.9}$$

根据以上定义可求得：

$$|0\rangle \otimes |1\rangle = \begin{pmatrix} 1 \\ 0 \end{pmatrix} \otimes \begin{pmatrix} 0 \\ 1 \end{pmatrix} = \begin{pmatrix} 0 \\ 1 \\ 0 \\ 0 \end{pmatrix} \tag{3.10}$$

这正是式（3.6）所定义的基础态 $|0\rangle|1\rangle$。类似地，采用基础态表示

$$|0\rangle = \begin{pmatrix} 1 \\ 0 \end{pmatrix} \tag{3.11}$$

$$|1\rangle = \begin{pmatrix} 0 \\ 1 \end{pmatrix} \tag{3.12}$$

和直积定义，我们可以得到式（3.6）中所有的矩阵表示的基础态。上述的直积定义也可以推广到两个 2×2 方阵相乘的情况，方阵 $\boldsymbol{A} = \begin{pmatrix} a_{11} & a_{12} \\ a_{21} & a_{22} \end{pmatrix}$ 与方阵 $\boldsymbol{B}$ 的直积规则：

$$\boldsymbol{A} \otimes \boldsymbol{B} = \begin{pmatrix} a_{11}\boldsymbol{B} & a_{12}\boldsymbol{B} \\ a_{21}\boldsymbol{B} & a_{22}\boldsymbol{B} \end{pmatrix} \tag{3.13}$$

例题 3.1 两光子态 $|\psi_1\rangle = \left|\dfrac{\pi}{6}\right\rangle \left|\dfrac{\pi}{4}\right\rangle$，计算测得 $|\phi^+\rangle$ 的概率。

$$|\phi^+\rangle = \frac{1}{\sqrt{2}}(|h\rangle|h\rangle + |v\rangle|v\rangle) = \frac{1}{\sqrt{2}} \begin{pmatrix} 1 \\ 0 \\ 0 \\ 1 \end{pmatrix}$$

解 方法 1：

$$|\psi_1\rangle = \begin{pmatrix} \dfrac{\sqrt{3}}{2} \\ \dfrac{1}{2} \end{pmatrix} \otimes \begin{pmatrix} \dfrac{1}{\sqrt{2}} \\ \dfrac{1}{\sqrt{2}} \end{pmatrix} = \frac{1}{2\sqrt{2}} \begin{pmatrix} \sqrt{3} \\ \sqrt{3} \\ 1 \\ 1 \end{pmatrix}$$

将 $\langle\phi^+|$ 与 $|\psi_1\rangle$ 内积并取其模平方得：

$$|\langle\phi^+|\psi_1\rangle|^2 = \left| \frac{1}{\sqrt{2}}(1 \quad 0 \quad 0 \quad 1) \frac{1}{2\sqrt{2}} \begin{pmatrix} \sqrt{3} \\ \sqrt{3} \\ 1 \\ 1 \end{pmatrix} \right|^2 = \frac{(1+\sqrt{3})^2}{16}$$

方法 2:

$$|\psi_1\rangle = \left|\frac{\pi}{6}\right\rangle \left|\frac{\pi}{4}\right\rangle = \frac{1}{2\sqrt{2}}(\sqrt{3}\,|h\rangle + |v\rangle)(|h\rangle + |v\rangle)$$

$$= \frac{\sqrt{3}}{2\sqrt{2}}\,|h\rangle\,|h\rangle + \frac{1}{2\sqrt{2}}\,|v\rangle\,|v\rangle + \frac{\sqrt{3}}{2\sqrt{2}}\,|h\rangle\,|v\rangle + \frac{1}{2\sqrt{2}}\,|v\rangle\,|h\rangle$$

$\langle\phi^+|$ 与 $|\psi_1\rangle$ 的内积为

$$\langle\phi^+|\psi_1\rangle = \frac{1}{\sqrt{2}}\left(\langle h|\langle h| + \langle v|\langle v|\right)\left(\frac{\sqrt{3}}{2\sqrt{2}}\,|h\rangle|h\rangle + \frac{1}{2\sqrt{2}}\,|v\rangle|v\rangle\right) = \frac{\sqrt{3}}{4} + \frac{1}{4}$$

取内积模平方得:

$$|\langle\phi^+|\psi_1\rangle|^2 = \frac{(1+\sqrt{3})^2}{16}$$

我们引入算符（矩阵）直积作用在两粒子态 $|\psi\rangle$ 上:

$$\hat{A}\otimes\hat{B}|\psi\rangle \tag{3.14}$$

它表示算符 $\hat{A}$ 只作用在粒子 1 上且算符 $\hat{B}$ 只作用在粒子 2 上。对于式 (3.14) 的计算，可以把 $\hat{A}$ 作用在 $|\psi\rangle$ 中的粒子 1 的态矢量上且把 $\hat{B}$ 作用在 $|\psi\rangle$ 中的粒子 2 的态矢量上；也可以用矩阵表示分别计算 $\hat{A}\otimes\hat{B}$ （把 $\hat{A}\otimes\hat{B}$ 写成一个高维矩阵）并把 $|\psi\rangle$ 写成一个高维向量，然后相乘。

例题 3.2 两粒子处于量子态 $|\psi\rangle = \frac{1}{2}(|0\rangle|0\rangle + |1\rangle|0\rangle + |0\rangle|1\rangle + |1\rangle|1\rangle)$，将算符 $\hat{A} = |0\rangle\langle0| - |1\rangle\langle1| = \begin{pmatrix} 1 & 0 \\ 0 & -1 \end{pmatrix}$ 与 $\hat{B} = |0\rangle\langle1| + |1\rangle\langle0| = \begin{pmatrix} 0 & 1 \\ 1 & 0 \end{pmatrix}$ 分别作用在粒子 1 与粒子 2 上，作用后两粒子的量子态是什么？

解　方法 1:

我们首先分别计算 $\hat{A}$ 与 $\hat{B}$ 分别作用在粒子 1 和粒子 2 的态矢量上的结果。将 $|\psi\rangle$ 写作两个粒子态矢量的直积形式:

$$|\psi\rangle = \frac{|0\rangle + |1\rangle}{\sqrt{2}} \otimes \frac{|0\rangle + |1\rangle}{\sqrt{2}}$$

将算符 $\hat{A}$ 作用在粒子 1 上得:

$$\hat{A}\frac{|0\rangle + |1\rangle}{\sqrt{2}} = (|0\rangle\langle0| - |1\rangle\langle1|)\frac{|0\rangle + |1\rangle}{\sqrt{2}}$$

$$= \frac{1}{\sqrt{2}}(|0\rangle - |1\rangle)$$

将算符 $\hat{B}$ 作用在粒子 2 上得：

$$\hat{B}\frac{|0\rangle + |1\rangle}{\sqrt{2}} = (|0\rangle\langle 1| + |1\rangle\langle 0|)\frac{|0\rangle + |1\rangle}{\sqrt{2}}$$
$$= \frac{1}{\sqrt{2}}(|0\rangle + |1\rangle)$$

末态为

$$\hat{A} \otimes \hat{B}|\psi\rangle = \left(\hat{A}\frac{|0\rangle + |1\rangle}{\sqrt{2}}\right) \otimes \left(\hat{B}\frac{|0\rangle + |1\rangle}{\sqrt{2}}\right)$$
$$= \frac{|0\rangle - |1\rangle}{\sqrt{2}} \otimes \frac{|0\rangle + |1\rangle}{\sqrt{2}}$$
$$= \frac{1}{2}(|0\rangle|0\rangle + |0\rangle|1\rangle - |1\rangle|0\rangle - |1\rangle|1\rangle)$$

方法 2：

用矩阵表示分别计算 $\hat{A} \otimes \hat{B}$：

$$\hat{A} \otimes \hat{B} = \begin{pmatrix} 1 & 0 \\ 0 & -1 \end{pmatrix} \otimes \begin{pmatrix} 0 & 1 \\ 1 & 0 \end{pmatrix} = \begin{pmatrix} 0 & 1 & 0 & 0 \\ 1 & 0 & 0 & 0 \\ 0 & 0 & 0 & -1 \\ 0 & 0 & -1 & 0 \end{pmatrix}$$

再用直积将 $|\psi\rangle$ 写为高维列向量：

$$|\psi\rangle = \frac{|0\rangle|0\rangle + |0\rangle|1\rangle + |1\rangle|0\rangle + |1\rangle|1\rangle}{2}$$
$$= \frac{1}{2}\left(\begin{pmatrix} 1 \\ 0 \end{pmatrix} \otimes \begin{pmatrix} 1 \\ 0 \end{pmatrix} + \begin{pmatrix} 1 \\ 0 \end{pmatrix} \otimes \begin{pmatrix} 0 \\ 1 \end{pmatrix} + \right.$$
$$\left. \begin{pmatrix} 0 \\ 1 \end{pmatrix} \otimes \begin{pmatrix} 1 \\ 0 \end{pmatrix} + \begin{pmatrix} 0 \\ 1 \end{pmatrix} \otimes \begin{pmatrix} 0 \\ 1 \end{pmatrix}\right)$$
$$= \frac{1}{2}\left(\begin{pmatrix} 1 \\ 0 \\ 0 \\ 0 \end{pmatrix} + \begin{pmatrix} 0 \\ 1 \\ 0 \\ 0 \end{pmatrix} + \begin{pmatrix} 0 \\ 0 \\ 1 \\ 0 \end{pmatrix} + \begin{pmatrix} 0 \\ 0 \\ 0 \\ 1 \end{pmatrix}\right) = \frac{1}{2}\begin{pmatrix} 1 \\ 1 \\ 1 \\ 1 \end{pmatrix}$$

计算得到末态为

$$\hat{A} \otimes \hat{B}|\psi\rangle = \begin{pmatrix} 0 & 1 & 0 & 0 \\ 1 & 0 & 0 & 0 \\ 0 & 0 & 0 & -1 \\ 0 & 0 & -1 & 0 \end{pmatrix} \cdot \frac{1}{2} \begin{pmatrix} 1 \\ 1 \\ 1 \\ 1 \end{pmatrix}$$

$$= \frac{1}{2} \begin{pmatrix} 1 \\ 1 \\ -1 \\ -1 \end{pmatrix} = \frac{|0\rangle|0\rangle + |0\rangle|1\rangle - |1\rangle|0\rangle - |1\rangle|1\rangle}{2}$$

有了这个规则，我们可以计算两粒子态在操作 $\hat{A} \otimes \hat{B}$ 下如何改变。这也包括了只对粒子 1 做操作 $\hat{A}$ 而对粒子 2 不做任何操作的情况，它就是

$$\hat{A} \otimes I \tag{3.15}$$

其中 I 为单位算符。

对处于量子态 $|\psi\rangle = |a\rangle \otimes |b\rangle$ 的两粒子中的粒子 1 作用算符 $\hat{A}$，作用后两粒子处于量子态:

$$|\psi'\rangle = \hat{A} \otimes I|\psi\rangle = \hat{A} \otimes I(|a\rangle \otimes |b\rangle) = (\hat{A}|a\rangle) \otimes (I|b\rangle) \tag{3.16}$$

同理，也包含只对粒子 2 进行单粒子操作 $\hat{B}$ 而对粒子 1 不做任何操作的情况，它就是

$$I \otimes \hat{B} \tag{3.17}$$

作用后两粒子处于量子态:

$$|\psi'\rangle = I \otimes \hat{B}|\psi\rangle = I \otimes \hat{B}(|a\rangle \otimes |b\rangle) = (I|a\rangle) \otimes (\hat{B}|b\rangle) \tag{3.18}$$

在式 (2.80) 中我们要求单粒子操作 $\hat{U}$ 是一种幺正操作，但在式 (3.14)、式 (3.16) 和式 (3.18) 中我们并未做出要求。若 $\hat{A}$ 或 $\hat{B}$ 不是幺正算符，那么我们得到的量子态 $|\psi'\rangle$ 是未归一化的，归一化之后的两粒子量子态为

$$|\psi'\rangle = \frac{\hat{A} \otimes \hat{B}|\psi\rangle}{\sqrt{\langle\psi|(\hat{A} \otimes \hat{B})^\dagger(\hat{A} \otimes \hat{B})|\psi\rangle}} \tag{3.19}$$

例题 3.3 若两粒子处于量子态 $|\psi\rangle = \dfrac{|0\rangle + |1\rangle}{\sqrt{2}} \otimes |0\rangle$。对粒子 1 作用算符

$\hat{\sigma}_z = |0\rangle\langle 0| - |1\rangle\langle 1|$，作用后两粒子处于什么量子态？

解 方法 1：

作用后状态为 $\hat{\sigma}_z \otimes I|\psi\rangle$。将算符 $\hat{\sigma}_z$ 作用在粒子 1 上得：

$$\hat{\sigma}_z \frac{|0\rangle + |1\rangle}{\sqrt{2}} = (|0\rangle\langle 0| - |1\rangle\langle 1|) \frac{|0\rangle + |1\rangle}{\sqrt{2}} = \begin{pmatrix} 1 & 0 \\ 0 & -1 \end{pmatrix} \begin{pmatrix} \frac{1}{\sqrt{2}} \\ \frac{1}{\sqrt{2}} \end{pmatrix}$$

$$= \frac{1}{\sqrt{2}} \begin{pmatrix} 1 \\ -1 \end{pmatrix} = \frac{1}{\sqrt{2}}(|0\rangle - |1\rangle)$$

将算符 I 作用在粒子 2 上得：

$$I|0\rangle = \begin{pmatrix} 1 & 0 \\ 0 & 1 \end{pmatrix} \begin{pmatrix} 1 \\ 0 \end{pmatrix} = \begin{pmatrix} 1 \\ 0 \end{pmatrix} = |0\rangle$$

末态为

$$\hat{\sigma}_z \otimes I|\psi\rangle = \left(\hat{\sigma}_z \frac{|0\rangle + |1\rangle}{\sqrt{2}} \right) \otimes (I|0\rangle)$$

$$= \frac{|0\rangle - |1\rangle}{\sqrt{2}} \otimes |0\rangle$$

$$= \frac{1}{\sqrt{2}}(|0\rangle|0\rangle - |1\rangle|0\rangle)$$

方法 2：

我们首先用矩阵表示计算 $\hat{\sigma}_z \otimes I$：

$$\hat{\sigma}_z \otimes I = \begin{pmatrix} 1 & 0 \\ 0 & -1 \end{pmatrix} \otimes \begin{pmatrix} 1 & 0 \\ 0 & 1 \end{pmatrix} = \begin{pmatrix} 1 & 0 & 0 & 0 \\ 0 & 1 & 0 & 0 \\ 0 & 0 & -1 & 0 \\ 0 & 0 & 0 & -1 \end{pmatrix}$$

再将 $|\psi\rangle$ 写为列向量：

$$|\psi\rangle = \frac{|0\rangle|0\rangle + |1\rangle|0\rangle}{\sqrt{2}} = \frac{1}{\sqrt{2}} \begin{pmatrix} 1 \\ 0 \\ 1 \\ 0 \end{pmatrix}$$

计算得到末态为

$$\hat{\sigma}_z \otimes I |\psi\rangle = \begin{pmatrix} 1 & 0 & 0 & 0 \\ 0 & 1 & 0 & 0 \\ 0 & 0 & -1 & 0 \\ 0 & 0 & 0 & -1 \end{pmatrix} \cdot \frac{1}{\sqrt{2}} \begin{pmatrix} 1 \\ 0 \\ 1 \\ 0 \end{pmatrix} = \frac{1}{\sqrt{2}} \begin{pmatrix} 1 \\ 0 \\ -1 \\ 0 \end{pmatrix} = \frac{|0\rangle|0\rangle - |1\rangle|0\rangle}{\sqrt{2}}$$

3.2　线性叠加和量子纠缠

在 1.3 节中我们指出单粒子定态波函数的任何符合式 (1.45) 的线性叠加的波函数所表示的态都是物理上可能的态。例如物理上的偏振态：若 $|\psi\rangle$，$|\chi\rangle$ 表示两个物理上存在的偏振态，则任何线性叠加

$$\alpha|\psi\rangle + \beta|\chi\rangle$$

在归一化后，都是一个物理上存在的偏振态。上述结论不仅对偏振问题成立，任何量子力学问题都一定满足线性叠加原理。

我们已经知道，两粒子有 4 个基础态：$|0\rangle|0\rangle$、$|0\rangle|1\rangle$、$|1\rangle|0\rangle$、$|1\rangle|1\rangle$，它们都有明确的物理意义，显然是物理上存在的态。例如，$|hv\rangle$ 可以表示光子 1 为水平偏振，而且光子 2 为竖直偏振的状态。由线性叠加原理，基础态的线性组合也是物理态。

📎 笔记

线性叠加原理具有普适性，不仅适用于单粒子态，也适用于两粒子态和多粒子态。

例题 3.4　若两个光子的偏振态分别为 $|\psi\rangle = \alpha|h\rangle + \beta|v\rangle$ 与 $|\chi\rangle = \alpha'|h\rangle + \beta'|v\rangle$，试将两光子偏振态写为 4 个基础态 $\{|hh\rangle, |hv\rangle, |vh\rangle, |vv\rangle\}$ 的线性叠加形式。

解

$$\begin{aligned} |\psi\rangle_1 |\chi\rangle_2 &= (\alpha|h\rangle_1 + \beta|v\rangle_1) \otimes (\alpha'|h\rangle_2 + \beta'|v\rangle_2) \\ &= \alpha\alpha'|h\rangle_1|h\rangle_2 + \alpha\beta'|h\rangle_1|v\rangle_2 + \beta\alpha'|v\rangle_1|h\rangle_2 + \beta\beta'|v\rangle_1|v\rangle_2 \end{aligned} \tag{3.20}$$

现在考虑下列 4 个态：

$$|\phi^{\pm}\rangle = \frac{1}{\sqrt{2}}(|0\rangle|0\rangle \pm |1\rangle|1\rangle)$$

$$|\psi^{\pm}\rangle = \frac{1}{\sqrt{2}}(|0\rangle|1\rangle \pm |1\rangle|0\rangle)$$

这些态被称为"贝尔态""EPR 态"或是"最大纠缠态"，它们正交归一，可作基础态，也可作测量基。我们看看这些纠缠态的性质，为什么说它们是纠缠的呢？以 $|\phi^+\rangle$ 为例：如果问，这里的粒子 1 的态是什么，我们并不确切地知道。我们只知道，这两个粒子的状态是 $|0\rangle|0\rangle$ 和 $|1\rangle|1\rangle$ 的线性叠加，若粒子 2 是 $|0\rangle$ 则粒子 1 就是 $|0\rangle$，若粒子 2 是 $|1\rangle$ 则粒子 1 就是 $|1\rangle$。那粒子 2 的态是什么呢？我们也不确切地知道。我们只知道，若粒子 1 是 $|0\rangle$ 则粒子 2 就是 $|0\rangle$，若粒子 1 是 $|1\rangle$ 则粒子 2 就是 $|1\rangle$。它们的状态纠缠在一起。我们再看不纠缠的态，直积态：

$$|\psi\rangle = |a\rangle|b\rangle \tag{3.21}$$

这样的态不纠缠，因为它表示的就是粒子 1 的态为 $|a\rangle$ 且粒子 2 的态为 $|b\rangle$。若只问粒子 1 的态，很明确地，就是 $|a\rangle$。一般情况下，若两粒子态 $|\psi\rangle$ 能写成直积态 $|\psi\rangle = |a\rangle|b\rangle$ 则为非纠缠的；若不能写成上述直积形式则为纠缠的。

尽管状态纠缠在一起，但这两个粒子空间距离可以相隔很远，这没有限制。例如我们可以假定粒子 1 在北京，粒子 2 在上海，而它们测量结果的关联不因距离而改变。

我们先按照樱井纯的教材《现代量子力学》的相关内容，对上述纠缠态 $|\phi^+\rangle$ 的每个粒子的测量结果的关联性做一个"简单直观"的说明：由于两粒子态 $|\phi^+\rangle$ 的线性叠加中只有两项，两个粒子都是 $|0\rangle$ 的状态 $|00\rangle$ 和两个粒子都是 $|1\rangle$ 的状态 $|11\rangle$，因此如果测得第一个粒子的状态是 $|0\rangle$，第二个粒子的状态必然是 $|0\rangle$；如果测得第一个粒子的状态是 $|1\rangle$，第二个粒子的状态必然是 $|1\rangle$。当然，这只是一个简单直观的说法，对于上述测量结果的关联，在下文中将给出更严格的说法。

为清楚起见，我们先考虑处于量子态 $|\phi^+\rangle = \frac{1}{\sqrt{2}}(|\uparrow\rangle|\uparrow\rangle + |\downarrow\rangle|\downarrow\rangle)$ 的自旋电子对，其中 $|\uparrow\rangle$ 与 $|\downarrow\rangle$ 为单电子自旋 z 分量算符 $\hat{S}_z$ 的本征态，$\hat{S}_z|\uparrow\rangle = \frac{\hbar}{2}|\uparrow\rangle$，$\hat{S}_z|\downarrow\rangle = -\frac{\hbar}{2}|\downarrow\rangle$。若测量第一个电子的自旋 z 分量，对应的算符为 $\hat{S}_{1z}$，代表仅对粒子 1 作用算符 $\hat{S}_z$。态矢量 $|\varphi_1\rangle = |\uparrow\rangle|\uparrow\rangle$ 是算符 $\hat{S}_{1z}$ 的本征态，本征值为 $\frac{\hbar}{2}$；而 $|\varphi_2\rangle = |\downarrow\rangle|\downarrow\rangle$ 是算符 $\hat{S}_{1z}$ 的本征值为 $-\frac{\hbar}{2}$ 的本征态。

测量前系统状态可写为

$$|\phi^+\rangle = \alpha_1|\varphi_1\rangle + \alpha_2|\varphi_2\rangle \tag{3.22}$$

其中 $\alpha_1 = \alpha_2 = \frac{1}{\sqrt{2}}$。

根据 2.2 节"狄拉克符号下的测量计算规则二"中的式 (2.24) 和式 (2.25)，测

量之后，获得本征态 $|\varphi_1\rangle = |\uparrow\rangle|\uparrow\rangle$ 的概率为

$$|\alpha_1|^2 = \frac{1}{2} \tag{3.23}$$

获得本征态 $|\varphi_2\rangle = |1\rangle|1\rangle$ 的概率为

$$|\alpha_2|^2 = \frac{1}{2} \tag{3.24}$$

获得其他态的概率为 0。

事实上，两电子自旋态 $|\uparrow\rangle|\downarrow\rangle$ 和 $|\downarrow\rangle|\uparrow\rangle$ 同样是 $\hat{S}_{1z}$ 的本征态：

$$\begin{cases} \hat{S}_{1z}|\uparrow\rangle|\downarrow\rangle = \dfrac{\hbar}{2}|\uparrow\rangle|\downarrow\rangle \\[2mm] \hat{S}_{1z}|\downarrow\rangle|\uparrow\rangle = -\dfrac{\hbar}{2}|\downarrow\rangle|\uparrow\rangle \end{cases} \tag{3.25}$$

依据式 (2.24) 将 $|\phi^+\rangle$ 写成的 $\hat{S}_{1z}$ 本征态的线性叠加形式中并不包含这些态，或者说，在线性叠加式中，这些态的概率幅系数 α_i 为零，根据式 (2.25)，测量后获得这些态的概率为 0。

笔记

> 严格地说，态矢量 $|\varphi_1\rangle = |\uparrow\rangle|\uparrow\rangle$ 与 $|\varphi_2\rangle = |\downarrow\rangle|\downarrow\rangle$ 是算符 $\hat{S}_z \otimes I$ 的本征态，3.1 节中已经说明该算符同样代表仅对粒子 1 作用算符 $\hat{S}_z$ 而不对粒子 2 进行任何操作。

当然，上述测量结果的关联性并不仅限于两粒子的电子自旋系统，这样的关联性对任何量子纠缠的 $|\phi^+\rangle$ 都成立。不失一般性，我们从纠缠态的数学式 $|\phi^+\rangle = \dfrac{|00\rangle + |11\rangle}{\sqrt{2}}$ 出发，假如我们用测量基 $\{|0\rangle, |1\rangle\}$ 测量粒子 1，对于这样的测量（我们将其叫做测量 M_1），如果只看粒子 1，测量后可能的状态有 $|0\rangle, |1\rangle$。

笔记

> 回顾"测量基"，更一般地说，它就是一套基础态，采用该基测量，每个基础态都是有确定测量结果的态（测量后状态不变的态）。无论系统在测量之前处于什么状态，在测量之后的状态一定是这套基础态中的一个，且每个基础态对应的测量结果各不相同。现在我们应用式 (2.24) 及其"笔记"来分析纠缠态的测量结果。

对于两粒子态 $|\phi^+\rangle$，显然地，只要第一个粒子的态是 $|0\rangle$ 或 $|1\rangle$，无论第二个粒子的态矢量是什么，它都是对测量 M_1 有确定结果的态。由于测量 M_1 只对粒子 1 实施，测量基为 $\{|0\rangle,|1\rangle\}$，任何 $|\phi_1\rangle = |0\rangle|a\rangle$ 和 $|\phi_2\rangle = |1\rangle|b\rangle$ 的态都是对上述测量 M_1 有确定结果的态。特别地，我们令 $|\varphi_1\rangle = |0\rangle|0\rangle$ 且 $|\varphi_2\rangle = |1\rangle|1\rangle$，则有：

$$|\phi^+\rangle = \frac{1}{\sqrt{2}}(|\varphi_1\rangle + |\varphi_2\rangle) \tag{3.26}$$

📝 笔记

若 $|0\rangle$、$|1\rangle$ 分别表示水平、竖直偏振态，这样的测量可用水平或竖直偏振片检偏来实现。

考察 $|\phi^+\rangle$ 的上述线性叠加，根据式 (2.24) 及其笔记说明，对粒子 1 在 $\{|0\rangle,|1\rangle\}$ 基下测量，测量后可能的两粒子态只能是 $|\varphi_1\rangle = |00\rangle$ 或 $|\varphi_2\rangle = |11\rangle$。更明确地说，测量后，若粒子 1 的状态为 $|0\rangle$，则粒子 2 的状态必为 $|0\rangle$；若粒子 1 的状态为 $|1\rangle$，则粒子 2 的状态必为 $|1\rangle$。当两个粒子都使用 $\{|0\rangle,|1\rangle\}$ 为测量基时，测量结果完全关联，尽管两个粒子空间相隔很远。

对纠缠态，每个粒子测量结果的关联性也并不仅限于 z 基。我们再看两粒子的电子自旋系统，对两粒子态 $|\phi^+\rangle = \frac{1}{\sqrt{2}}(|\uparrow\rangle|\uparrow\rangle + |\downarrow\rangle|\downarrow\rangle)$，若选择测量粒子 1 的自旋 x 分量，也会有类似的关联结果。自旋 x 分量算符 $\hat{S}_x$ 的本征态 $\{|x+\rangle,|x-\rangle\}$ 与自旋 z 分量算符 $\hat{S}_z$ 的本征态 $\{|\uparrow\rangle,|\downarrow\rangle\}$ 之间关系为

$$\begin{cases} |x+\rangle = \dfrac{1}{\sqrt{2}}(|\uparrow\rangle + |\downarrow\rangle) \\[2mm] |x-\rangle = \dfrac{1}{\sqrt{2}}(|\uparrow\rangle - |\downarrow\rangle) \end{cases} \tag{3.27}$$

经过代数运算后，有：

$$|\phi^+\rangle = \frac{1}{\sqrt{2}}(|x+\rangle|x+\rangle + |x-\rangle|x-\rangle) \tag{3.28}$$

注意，式 (3.28) 右边只是在数学写法上发生变化，只是态 $|\phi^+\rangle$ 的另一种数学形式，与式 (3.26) 还是同一个态。令 $|\varphi_1'\rangle = |x+\rangle|x+\rangle$，$|\varphi_2'\rangle = |x-\rangle|x-\rangle$，类似于式 (3.26) 有 $|\phi^+\rangle = \dfrac{|\varphi_1'\rangle + |\varphi_2'\rangle}{\sqrt{2}}$。

对电子 1 的自旋 x 分量进行测量对应于算符 $\hat{S}_{1x}$，态矢量 $|\varphi_1'\rangle = |x+\rangle|x+\rangle$ 是算符 $\hat{S}_{1x}$ 的本征态，本征值为 $\dfrac{\hbar}{2}$；而 $|\varphi_2'\rangle = |x-\rangle|x-\rangle$ 是算符 $\hat{S}_{1x}$ 的本征值为

$-\dfrac{\hbar}{2}$ 的本征态。根据式 (2.24) 和式 (2.25)，测量之后，有 50% 的概率会获得本征态 $|\varphi_1'\rangle = |x+\rangle|x+\rangle$，有 50% 的概率会获得本征态 $|\varphi_2'\rangle = |x-\rangle|x-\rangle$，获得其他态的概率为零，即不可能获得态 $|x+\rangle|x-\rangle$ 或 $|x-\rangle|x+\rangle$。这就是说，只要对粒子 1 测得 $|x+\rangle$，则粒子 2 的状态一定是 $|x+\rangle$，反之亦然；只要对粒子 1 测得 $|x-\rangle$，则粒子 2 的状态一定是 $|x-\rangle$，反之亦然。两个粒子都使用 $\{|x+\rangle, |x-\rangle\}$ 为测量基时，测量结果完全关联。

 笔记

式 (3.28) 的证明如下。根据式 (3.27)，我们有：

$$
\begin{cases}
|\uparrow\rangle = \dfrac{1}{\sqrt{2}}(|x+\rangle + |x-\rangle) \\[2mm]
|\downarrow\rangle = \dfrac{1}{\sqrt{2}}(|x+\rangle - |x-\rangle)
\end{cases}
$$

代入式 (3.28) 得：

$$
\begin{aligned}
|\phi^+\rangle &= \frac{1}{\sqrt{2}}(|\uparrow\rangle|\uparrow\rangle + |\downarrow\rangle|\downarrow\rangle) \\
&= \frac{1}{\sqrt{2}}\left(\frac{|x+\rangle + |x-\rangle}{\sqrt{2}} \frac{|x+\rangle + |x-\rangle}{\sqrt{2}} + \frac{|x+\rangle - |x-\rangle}{\sqrt{2}} \frac{|x+\rangle - |x-\rangle}{\sqrt{2}} \right) \\
&= \frac{1}{\sqrt{2}}\left(\frac{|x+\rangle|x+\rangle + |x+\rangle|x-\rangle + |x-\rangle|x+\rangle + |x-\rangle|x-\rangle}{2} + \right. \\
&\qquad\quad \left. \frac{|x+\rangle|x+\rangle - |x+\rangle|x-\rangle - |x-\rangle|x+\rangle + |x-\rangle|x-\rangle}{2} \right) \\
&= \frac{1}{\sqrt{2}}(|x+\rangle|x+\rangle + |x-\rangle|x-\rangle)
\end{aligned}
$$

在以上计算中，我们依据的基本计算规则是式 (2.24) 和式 (2.25)。当然也可以用别的计算方法，以式 (2.26)、式 (2.27) 为出发点。不过要把那里的状态 ψ 理解成粒子 1 和粒子 2 在测量之前的态（两粒子态），而测量之后的态也是两粒子态。由于测量本身只对粒子 1 实施，式中的投影算子只作用于粒子 1。更明确地，我们可以引入直积符号，启用 $\hat{\mathcal{P}} \otimes I$ 表示这种情况。可以用下列计算规则：测量前粒子 1 和粒子 2 的状态为 ψ，则对粒子 1 实施测量基为 $\{\varphi_i\}$ 的测量后，获得结果 i 的概率为

$$
P(i||\psi\rangle) = \langle\psi|\hat{\mathcal{P}}_i \otimes I|\psi\rangle \tag{3.29}
$$

一旦获得结果 i，则两粒子状态为

$$|\tilde{\psi}_i\rangle = \frac{\hat{\mathcal{P}}_i \otimes I|\psi\rangle}{\sqrt{P(i||\psi\rangle)}} \tag{3.30}$$

若采用式 (3.29)、式 (3.30)，计算过程更直接，我们不再需要每次计算都按测量基改写两粒子状态。当然，与式 (2.24)、式(2.25) 相比，整体上是否更加简洁，视具体问题而定。

问题 3.2 已知测量基 $\{|0\rangle, |1\rangle\}$ 中 $|0\rangle$ 对应于确定性测量结果 1，$|1\rangle$ 对应于确定性测量结果 2。若用上述测量基对纠缠态 $|\phi^+\rangle$ 中的粒子 1 进行测量，用公式 (3.29) 计算获得结果 1 的概率是多大？再用公式 (3.30) 计算，若获得测量结果 1，则两粒子的状态是什么？（提示：$\hat{\mathcal{P}}_1 = |0\rangle\langle 0|$。）

问题 3.3 （1）令 $|\gamma^+\rangle = \cos\theta|0\rangle + e^{i\phi}\sin\theta|1\rangle$，与之正交的 $|\gamma^-\rangle$ 是什么？（2）有两个粒子处于最大纠缠态 $|\phi^+\rangle$，用测量基 $\{|\gamma^+\rangle, |\gamma^-\rangle\}$ 测粒子 1，会得到一个什么样的关联结果？

例题 3.5 在北京和上海共享的两粒子态，如何通过本地测量并比对测量结果区分下列两种态？

（1）$|\phi^+\rangle$ 与 $|\psi^+\rangle$；

（2）$|\phi^+\rangle$ 与 $|\phi^-\rangle$。

解 （1）若北京与上海同时使用 $\{|0\rangle, |1\rangle\}$ 作为测量基对各自的粒子进行测量，且共享最大纠缠态为

$$|\phi^+\rangle = \frac{|0\rangle|0\rangle + |1\rangle|1\rangle}{\sqrt{2}}$$

则两实验室测量结果始终相同；若共享

$$|\psi^+\rangle = \frac{|0\rangle|1\rangle + |1\rangle|0\rangle}{\sqrt{2}}$$

则在 $\{|0\rangle, |1\rangle\}$ 测量基下，两实验室测量结果始终相反。因此，北京与上海可通过经典通信比较 $\{|0\rangle, |1\rangle\}$ 测量基下的测量结果来分辨 $|\phi^+\rangle$ 与 $|\psi^+\rangle$。

（2）若北京与上海同时使用 $\{|+\rangle = |x+\rangle, |-\rangle = |x-\rangle\}$ 作为测量基对各自的粒子进行测量，且共享最大纠缠态为

$$\begin{aligned}
|\phi^+\rangle &= \frac{|0\rangle|0\rangle + |1\rangle|1\rangle}{\sqrt{2}} \\
&= \frac{|+\rangle|+\rangle + |-\rangle|-\rangle}{\sqrt{2}}
\end{aligned}$$

则两实验室测量结果始终相同；若共享

$$|\phi^-\rangle = \frac{|0\rangle|0\rangle - |1\rangle|1\rangle}{\sqrt{2}}$$

$$= \frac{1}{\sqrt{2}}\left(\frac{|+\rangle + |-\rangle}{\sqrt{2}}\frac{|+\rangle + |-\rangle}{\sqrt{2}} - \frac{|+\rangle - |-\rangle}{\sqrt{2}}\frac{|+\rangle - |-\rangle}{\sqrt{2}}\right)$$

$$= \frac{1}{\sqrt{2}}(|+\rangle|-\rangle + |-\rangle|+\rangle)$$

则在 $\{|+\rangle, |-\rangle\}$ 测量基下，两实验室测量结果始终相反。因此，北京与上海可通过经典通信比较 $\{|+\rangle, |-\rangle\}$ 测量基下的测量结果来分辨 $|\phi^+\rangle$ 与 $|\phi^-\rangle$。

笔记

这种关联和经典关联有区别吗？

大量电 (光) 子对，有些是 $|\uparrow\rangle|\uparrow\rangle(|hh\rangle)$，有些是 $|\downarrow\rangle|\downarrow\rangle(|vv\rangle)$，也有同样关联。如何区分？答案是看 x 方向的自旋（或 45° 与 135° 偏振）。

我们来比较两种情况。

情况一：

大量电子对，均处于状态：

$$|\phi^+\rangle = \frac{1}{\sqrt{2}}(|0\rangle|0\rangle + |1\rangle|1\rangle)$$

将 $|\uparrow\rangle$ 与 $|\downarrow\rangle$ 写作 x 方向的自旋本征态的线性叠加：

$$|\uparrow\rangle = \frac{1}{\sqrt{2}}(|x+\rangle + |x-\rangle), |\downarrow\rangle = \frac{1}{\sqrt{2}}(|x+\rangle - |x-\rangle)$$

电子对的状态自然也可以写作 x 方向自旋本征态的线性叠加：

$$|\phi^+\rangle = \frac{1}{\sqrt{2}}(|x+\rangle|x+\rangle + |x-\rangle|x-\rangle) \tag{3.31}$$

x 基下测量结果依然关联。

情况二：

大量电子对，有些自旋态是 $|\uparrow\rangle|\uparrow\rangle$，有些自旋态是 $|\downarrow\rangle|\downarrow\rangle$：

$$\begin{cases} |\uparrow\rangle|\uparrow\rangle = \frac{1}{2}(|x+\rangle + |x-\rangle)(|x+\rangle + |x-\rangle) \\ |\downarrow\rangle|\downarrow\rangle = \frac{1}{2}(|x+\rangle - |x-\rangle)(|x+\rangle - |x-\rangle) \end{cases} \tag{3.32}$$

$|\uparrow\rangle|\uparrow\rangle$ 与 $|\downarrow\rangle|\downarrow\rangle$ 在 x 基下测量结果没有任何关联。

✏️**笔记**

任何纠缠态都不能实现超光速信息传递！若事先共享最大纠缠对，对粒子 1 测量，坍缩到某个态上，粒子 2 立即坍缩，其结果完全关联。这个关联结果的获得不需要时间，但是获得关联结果并不是通信。我们将在例题 7.10 中给出详细分析。

现在让我们回顾本节主要内容，首先是 4 个贝尔态：

$$|\phi^{\pm}\rangle = \frac{1}{\sqrt{2}}(|0\rangle|0\rangle \pm |1\rangle|1\rangle)$$

$$|\psi^{\pm}\rangle = \frac{1}{\sqrt{2}}(|0\rangle|1\rangle \pm |1\rangle|0\rangle)$$

它们正交，可作基础态。例：将态 $|0\rangle|0\rangle$ 用贝尔态展开：

$$|\phi^{+}\rangle = \frac{1}{\sqrt{2}}(|0\rangle|0\rangle + |1\rangle|1\rangle)$$

$$|\phi^{-}\rangle = \frac{1}{\sqrt{2}}(|0\rangle|0\rangle - |1\rangle|1\rangle)$$

两式相加得：

$$|0\rangle|0\rangle = \frac{1}{\sqrt{2}}\left(|\phi^{+}\rangle + |\phi^{-}\rangle\right)$$

回顾"测量基"，它就是这样一套基础态，在该基下对物理系统的测量将使物理系统坍缩到其中一个态上。贝尔测量就是以上述 4 个贝尔态为测量基的测量，称为"非局域测量"，或者叫"集体测量"，不能分解成单个粒子测量的组合。

问题 3.4 对 $|00\rangle$ 态如果实施贝尔测量，求坍缩到各个贝尔态上的概率。

$$\left(\text{提示：} |00\rangle = \frac{1}{\sqrt{2}}\left(|\phi^{+}\rangle + |\phi^{-}\rangle\right)。\right)$$

3.3 更一般的两粒子态

本节的主要内容是：对于两粒子态 $|\chi\rangle_{12} = c_1 |\psi\rangle_1 |a\rangle_2 + c_2 |\psi^{\perp}\rangle_1 |b\rangle_2$，若 $|\psi\rangle$、$|\psi^{\perp}\rangle$ 正交（$|a\rangle$、$|b\rangle$ 无需正交），以测量基 $\{|\psi\rangle, |\psi^{\perp}\rangle\}$ 测量粒子 1，粒子 1 的测量结果决定粒子 2 的态。一个三粒子态，若能写成：

$$|\chi\rangle_{123} = c_1 |\psi_1\rangle_{12} |a\rangle_3 + c_2 |\psi_2\rangle_{12} |b\rangle_3 + c_3 |\psi_3\rangle_{12} |c\rangle_3 + c_4 |\psi_4\rangle_{12} |d\rangle_3$$

且 $|\psi_i\rangle_{12}$ 正交，那么以测量基 $\{|\psi_i\rangle_{12}\}$ 观测粒子 1 与 2，测量结果决定了粒子 3 的状态。

考虑一个两粒子态：

$$|\psi\rangle = \alpha_1|0\rangle|a\rangle + \alpha_2|1\rangle|b\rangle \tag{3.33}$$

令

$$\begin{cases} |\varphi_1\rangle = |0\rangle|a\rangle \\ |\varphi_2\rangle = |1\rangle|b\rangle \end{cases} \tag{3.34}$$

那么这个两粒子态就可以写成：

$$|\psi\rangle = \alpha_1|\varphi_1\rangle + \alpha_2|\varphi_2\rangle \tag{3.35}$$

根据式 (2.24) 及其"笔记"，类似于 3.2 节中涉及测量基的分析方法，若我们使用测量基 $\{|0\rangle, |1\rangle\}$ 对粒子 1 进行测量后两粒子可能处于状态 $|\varphi_1\rangle$ 或 $|\varphi_2\rangle$；其中状态 $|\varphi_1\rangle$ 对应于测量结果 1，$|\varphi_2\rangle$ 对应于测量结果 2。

根据式 (1.69)，测量后两粒子处于状态 $|\varphi_1\rangle$ 与 $|\varphi_2\rangle$（即获得测量结果 1 与获得测量结果 2）的概率分别为

$$\begin{cases} P(1||\psi\rangle) = |\langle\varphi_1|\psi\rangle|^2 = |\alpha_1|^2 \\ P(2||\psi\rangle) = |\langle\varphi_2|\psi\rangle|^2 = |\alpha_2|^2 \end{cases} \tag{3.36}$$

我们可以依照式 (1.54) 将两粒子态 $|\psi\rangle$ 写作线性叠加形式。

问题 3.5 为什么式 (3.33) 的态 $|\psi\rangle$ 比 3.2 节中的态 $|\phi^+\rangle$ 在数学形式上更为一般？$\Big($提示：在式 (3.33) 中，α_1 和 α_2 可以是满足归一化条件的任何复数，并不必需等于 $\dfrac{1}{\sqrt{2}}$；态 $|a\rangle$ 和 $|b\rangle$ 并不必须正交。$\Big)$

问题 3.6 请举例说明式 (3.33) 中的态 $|\psi\rangle$ 可不可以是直积态？（提示：可以。）

问题 3.7 对于任意两粒子态 $|\psi\rangle$ 中的粒子 1，用任意（单粒子态）测量基 $\{|\varphi_i\rangle\}$ 进行测量，证明：

（1）测得粒子 1 的状态为 $|\varphi_i\rangle$ 的概率为 $\langle\psi|(|\varphi_i\rangle\langle\varphi_i| \otimes I)|\psi\rangle$。

（2）若测得粒子 1 的态为 $|\varphi_i\rangle$，则粒子 2 的状态是 $\dfrac{\langle\varphi_i|\psi\rangle}{\sqrt{\langle\psi|(|\varphi_i\rangle\langle\varphi_i| \otimes I)|\psi\rangle}}$。

📝 **笔记**

问题 3.7(2) 中的分子 $\langle\varphi_i|\psi\rangle$ 是一个未归一化的态而不是一个复数，这是因为左矢 $\langle\varphi_i|$ 是粒子 1 这个子空间的态矢量，而右矢 $|\psi\rangle$ 是两粒子复合空间的态矢量。很容易验证，这样的右矢乘以左矢得到的是一个（未归一化的）粒子 2 子空间中的右矢。

根据公式 (3.35)，对粒子 1 测得态 $|0\rangle$ 时，粒子 2 的状态为 $|a\rangle$，对粒子 1 测得态 $|1\rangle$ 时，粒子 2 的状态为 $|b\rangle$。显然我们可以把这样的结论推广到更一般的情况：

对于任意两粒子复合系统的状态 $|\psi\rangle = \sum_i \alpha_i |\varphi_i\rangle |\chi_i\rangle$，其中 $\{|\varphi_i\rangle\}$ 正交归一，$\{|\chi_i\rangle\}$ 归一但未必正交，用测量基 $\{|\varphi_i\rangle\}$ 对粒子 1 的状态进行测量，测得 $|\varphi_i\rangle$ 时，粒子 2 的状态为 $|\chi_i\rangle$。

📝 **笔记**

显然，这个结论并不限于两粒子的复合系统，它其实适用于任何包含两个子系统的复合系统，例如子系统 1 有 M 个粒子，子系统 2 有 N 个粒子。这个结论是 3.4 节我们讨论量子隐形传态的一个重要的数学基础。

3.4 量子隐形传态

一个三粒子态，若能写成：

$$|\chi\rangle_{123} = c_1 |\psi_1\rangle_{12} |a\rangle_3 + c_2 |\psi_2\rangle_{12} |b\rangle_3 + c_3 |\psi_3\rangle_{12} |c\rangle_3 + c_4 |\psi_4\rangle_{12} |d\rangle_3 \tag{3.37}$$

且 $|\psi_i\rangle_{12}$ 正交归一，那么以测量基 $\{|\psi_i\rangle_{12}\}$ 观测粒子 1 与粒子 2，测量结果决定了粒子 3 的状态。

基于此，我们可以借助纠缠态和贝尔测量实现**量子隐形传态（Quantum Teleportation）**，我们可以将一个未知态传输到远方而不传输粒子本身。

如图 3.1 所示，粒子 1、粒子 2 在北京，粒子 3 在上海。粒子 2 和粒子 3 是纠缠态，粒子 1 的态未知。该系统可以表示为 $|u\rangle_1 |\phi^+\rangle_{23} = (\alpha |0\rangle + \beta |1\rangle) \frac{1}{\sqrt{2}}(|0\rangle |0\rangle + |1\rangle |1\rangle)$，其中 $|u\rangle = \alpha |0\rangle + \beta |1\rangle$。

图 3.1　量子隐形传态（Quantum Teleportation）示意图

北京端不同的贝尔测量结果对应于上海端不同的态。存在如下的关系：

$$
\begin{cases}
|\phi^{\pm}\rangle = \dfrac{1}{\sqrt{2}}(|0\rangle\,|0\rangle \pm |1\rangle\,|1\rangle) \\[2mm]
|\psi^{\pm}\rangle = \dfrac{1}{\sqrt{2}}(|0\rangle\,|1\rangle \pm |1\rangle\,|0\rangle)
\end{cases} \tag{3.38}
$$

$$
\begin{cases}
|0\rangle\,|0\rangle = \dfrac{1}{\sqrt{2}}(|\phi^{+}\rangle + |\phi^{-}\rangle) \\[2mm]
|0\rangle\,|1\rangle = \dfrac{1}{\sqrt{2}}(|\psi^{+}\rangle + |\psi^{-}\rangle) \\[2mm]
|1\rangle\,|1\rangle = \dfrac{1}{\sqrt{2}}(|\phi^{+}\rangle - |\phi^{-}\rangle) \\[2mm]
|1\rangle\,|0\rangle = \dfrac{1}{\sqrt{2}}(|\psi^{+}\rangle - |\psi^{-}\rangle)
\end{cases} \tag{3.39}
$$

因此，粒子 1、粒子 2、粒子 3 组成的系统可以写成如下形式：

$$
(\alpha\,|0\rangle + \beta\,|1\rangle)\frac{1}{\sqrt{2}}(|0\rangle\,|0\rangle + |1\rangle\,|1\rangle)
$$

$$
= \frac{1}{\sqrt{2}}(\alpha\,|0\rangle\,|0\rangle + \beta\,|1\rangle\,|0\rangle)\,|0\rangle + \frac{1}{\sqrt{2}}(\alpha\,|0\rangle\,|1\rangle + \beta\,|1\rangle\,|1\rangle)\,|1\rangle
$$

$$
= \frac{1}{2}(\alpha(|\phi^{+}\rangle + |\phi^{-}\rangle) + \beta(|\psi^{+}\rangle - |\psi^{-}\rangle))\,|0\rangle +
$$

$$
\frac{1}{2}(\alpha(|\psi^{+}\rangle + |\psi^{-}\rangle) + \beta(|\phi^{+}\rangle - |\phi^{-}\rangle))\,|1\rangle
$$

$$
= \frac{1}{2}[|\phi^{+}\rangle(\alpha\,|0\rangle + \beta\,|1\rangle) + |\phi^{-}\rangle(\alpha\,|0\rangle - \beta\,|1\rangle) +
$$

$$
|\psi^{+}\rangle(\alpha\,|1\rangle + \beta\,|0\rangle) + |\psi^{-}\rangle(\alpha\,|1\rangle - \beta\,|0\rangle)] \tag{3.40}
$$

这就是说，若以贝尔基测粒子 1、粒子 2，与测量结果 $|\phi^{+}\rangle$、$|\phi^{-}\rangle$、$|\psi^{+}\rangle$、$|\psi^{-}\rangle$ 对应的粒子 3 的态分别为 $\alpha\,|0\rangle + \beta\,|1\rangle$、$\alpha\,|0\rangle - \beta\,|1\rangle$、$\alpha\,|1\rangle + \beta\,|0\rangle$、$\alpha\,|1\rangle - \beta\,|0\rangle$。

当北京端对粒子 1 和粒子 2 完成贝尔测量，可通过经典通信把结果告诉上海端，上海端人员做相应变换将粒子 3 的态恢复至原来粒子 1 的态。

通过变换可将粒子 3 的态恢复至：

$$\alpha |0\rangle + \beta |1\rangle = \begin{pmatrix} \alpha \\ \beta \end{pmatrix} \tag{3.41}$$

即进行如下幺正操作：

$$I \begin{pmatrix} \alpha \\ \beta \end{pmatrix} \tag{3.42}$$

$$\begin{pmatrix} 1 & 0 \\ 0 & -1 \end{pmatrix} \begin{pmatrix} \alpha \\ -\beta \end{pmatrix} \tag{3.43}$$

$$\begin{pmatrix} 0 & 1 \\ 1 & 0 \end{pmatrix} \begin{pmatrix} \beta \\ \alpha \end{pmatrix} \tag{3.44}$$

$$\begin{pmatrix} 0 & -1 \\ 1 & 0 \end{pmatrix} \begin{pmatrix} -\beta \\ \alpha \end{pmatrix} \tag{3.45}$$

 笔记

做这些幺正变换不需要知道 α，β。

笔记

可以发现，只要能实现相位翻转（phase flip）操作 $\hat{\sigma}_z$ 和比特翻转（bit flip）操作 $\hat{\sigma}_x$ 就能实现上述幺正变换：

$$\hat{\sigma}_z = \begin{pmatrix} 1 & 0 \\ 0 & -1 \end{pmatrix}, \quad \hat{\sigma}_x = \begin{pmatrix} 0 & 1 \\ 1 & 0 \end{pmatrix} \tag{3.46}$$

问题 3.8 量子隐形传态中涉及的比特翻转和相位翻转操作如何实现？

问题 3.9 若基于粒子 1 和粒子 2 组成的共享纠缠态 $\frac{1}{\sqrt{2}}(|00\rangle + \mathrm{i}|11\rangle)$ 实施量子隐形传态，将未知态 $|u\rangle = \alpha|0\rangle + \beta|1\rangle$ 与粒子 1 做贝尔测量测得 $\frac{1}{\sqrt{2}}(|01\rangle - |10\rangle)$，粒子 2 的态是什么？用何种本地幺正变换将其变成 $|u\rangle$？如何实现？

问题 3.10 已知光子–电子纠缠态 $\frac{1}{\sqrt{2}}(|h\rangle|\uparrow\rangle + |v\rangle|\downarrow\rangle)$，对光子偏振实施幺正变换（转动矩阵 $\frac{\pi}{3}$），对电子幺正变换 $\begin{pmatrix} 1 & 0 \\ 0 & \mathrm{e}^{\mathrm{i}\theta} \end{pmatrix}$ 后，新的态是什么？若对光子测得 $\frac{1}{\sqrt{2}}(|h\rangle + \mathrm{i}|v\rangle)$，电子的态是什么？上述对光子、电子的幺正变换如何实现？

问题 3.11　对态 $\dfrac{1}{\sqrt{2}}|0\rangle\,(|0\rangle+|1\rangle)$ 实施贝尔测量，测得 $|\psi^-\rangle$ 的概率是多少？

📝 **笔记**

能用量子隐形传态做超光速信息传递吗？例如，能否分别取粒子 1 的态为水平偏振或者竖直偏振，然后做量子隐形传态并实现通信？否！粒子 3 那边必须知道对粒子 1、粒子 2 所做的贝尔测量的具体测量结果，据此做相应的变换才能确保获得粒子 1 的态。这需要经典通信。

问题 3.12　若初始时北京和上海的光子对（粒子 2 和粒子 3）处于状态 $\dfrac{1}{\sqrt{2}}(|00\rangle+\mathrm{e}^{\mathrm{i}\delta}|11\rangle)$，且 δ 为已知实数，北京的未知态光子（粒子 1）的状态假定为 $\alpha|0\rangle+\beta|1\rangle$。对北京的两个粒子进行贝尔态测量。那么在获得贝尔测量每个可能结果时，粒子 3 的态分别是什么？如何（采用何种幺正变换）把它变成粒子 1 的初始态？

📝 **笔记**

其实任何量子纠缠态 $a|00\rangle+b|11\rangle$ 或 $a|01\rangle+b|10\rangle$，只要 $|a|=|b|=\dfrac{1}{\sqrt{2}}$，则都能用以实施完美的量子隐形传态。事实上，只要 $|a|=|b|=\dfrac{1}{\sqrt{2}}$，它们都是最大纠缠态。

问题 3.13　量子纠缠交换（Quantum Entanglement Swapping）。粒子 1 在东京，粒子 2 与粒子 3 在北京，粒子 4 在香港。粒子 1 与粒子 2 处于贝尔态 $|\phi^+\rangle$ 上，粒子 3 与粒子 4 处于贝尔态 $|\phi^+\rangle$ 上。对粒子 2 与粒子 3 做贝尔测量，当获得每种可能的结果时，粒子 1 与粒子 4 分别处于什么态上？在每种情况下应对粒子 1 分别做何种变换才能使得粒子 1 与粒子 4 处于贝尔态 $|\phi^+\rangle$ 上？

📝 **笔记**

量子纠缠交换的示意图如图 3.2 所示，粒子 1 与粒子 4 从来没有相互作用，但是它们可以纠缠。而同时粒子 1 与粒子 2 的纠缠，粒子 3 与粒子 4 的纠缠消失。这里的方法叫做"量子纠缠交换"。与量子隐形传态一样，它已经获得实验证实。

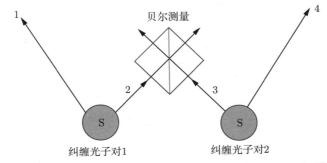

图 3.2　量子纠缠交换（Quantum Entanglement Swapping）示意图

特别地，对于两对纠缠态：

$$|\psi_{1234}\rangle = |\phi_+\rangle_{12} \otimes |\phi_+\rangle_{34} \tag{3.47}$$

按粒子 1、粒子 4 和粒子 2、粒子 3 展开，有：

$$|\psi_{1234}\rangle = \frac{1}{2}(|\psi_+\rangle_{14} \otimes |\psi_+\rangle_{23} + |\psi_-\rangle_{14} \otimes |\psi_-\rangle_{23} + |\phi_+\rangle_{14} \otimes |\phi_+\rangle_{23} + |\phi_-\rangle_{14} \otimes |\phi_-\rangle_{23}) \tag{3.48}$$

依式 (3.48)，量子纠缠交换便一目了然：对粒子 2、粒子 3 做贝尔测量，观察具体测量结果，便知粒子 1、粒子 4 的纠缠状态，粒子 1、粒子 4 就纠缠上了，尽管这两个粒子从未"见过面"，亦从未发生相互作用。

上述的量子纠缠以及在量子通信中的应用（如量子隐形传态、量子纠缠交换等），并不是仅仅存在于理论上的希尔伯特空间，而是在真实世界中就存在，且已经获得了广泛的实验证实。其中量子隐形传态和量子纠缠交换的主要实验在 20 世纪末由 Anton Zeilinger 和潘建伟等完成[①]。随着量子信息科学的发展，量子纠缠已经成了越来越重要的一种技术，在量子通信和量子计算上有着广泛的应用。事实上，早在 20 世纪 60 年代，人们就开始利用量子纠缠来检验量子力学的基本问题。三位物理学家：Alain Aspect、John F. Clauser、Anton Zeilinger，由于"采用量子纠缠光子对的实验，证伪贝尔不等式和量子信息的开创性工作"而获得了 2022 年诺贝尔物理学奖。

近几十年，量子信息科学获得迅猛发展。正是由于在量子信息中的广泛应用，量子纠缠的重要性获得了广泛的认可。值得一提的是，中国科学家为量子信息科学的发展做出了卓越的贡献。正如诺贝尔物理学奖科学背景报告中所说的那样，"这一途径（太空量子通信）已经由潘建伟率领的团队作为先锋所突破，采用（世界）

---

① Nature 390, 575 (1997)，Phys. Rev. Lett. 80, 3891(1998)。

首个星地量子通信实验卫星完成，该卫星——'墨子号'卫星，由中国于 2016 年成功发射。"

2022 年的诺贝尔奖物理学奖科学背景报告对量子纠缠及其在量子通信中的应用作了深入浅出的介绍，是一个很好的教学训练材料。本书作者在 2022—2023 年秋季教学的作业中，要求学生详细推导该材料第 11 页的量子纠缠交换。学生在完成作业时意外发现诺奖报告第 11 页的那个公式有笔误，正确的式子，如式 (3.48)，其右边四项应全取正号。而诺奖背景材料（当时的版本）写的是 2 正 2 负。我们联系了瑞典方面并告知他们这个笔误。后来收到了他们的回信致谢并且已经按我们所说更新了文本。①

 笔记

在前述的式 (3.47) 和式 (3.48) 中，采用了 2022 年诺贝尔物理学奖科学背景报告中的记法，$|\phi_\pm\rangle$ 即为上文中介绍的 $|\phi^\pm\rangle$，$|\psi_\pm\rangle$ 即为上文中介绍的 $|\psi^\pm\rangle$。

3.5　量子不可克隆定理

量子不可克隆定理（quantum no-cloning theorem）指的是不能对**未知量子态**进行克隆，因为它违背了量子力学线性算符公设。

我们先用如下方法对其进行简单证明。假设可以克隆未知量子态的量子克隆机器（幺正变换 $\hat{M}$）存在，将一个未知量子态 $|\psi\rangle$ 输入该量子克隆机器，那么输出为

$$\hat{M}(|\psi\rangle) = |\psi\rangle|\psi\rangle \tag{3.49}$$

因此，当我们将 $|h\rangle$、$|v\rangle$ 以及 $\left|\frac{\pi}{4}\right\rangle$ 输入量子克隆机器时，会得到

$$\begin{cases} \hat{M}(|h\rangle) = |h\rangle|h\rangle \\ \hat{M}(|v\rangle) = |v\rangle|v\rangle \end{cases} \tag{3.50}$$

$$\hat{M}\left(\left|\frac{\pi}{4}\right\rangle\right) = \left|\frac{\pi}{4}\right\rangle\left|\frac{\pi}{4}\right\rangle = \frac{1}{2}(|h\rangle + |v\rangle)(|h\rangle + |v\rangle) \tag{3.51}$$

---

① 诺奖材料的这一笔误最早由清华大学电子系一名同学在完成作业要求的公式推导时发现，详情可参见微信公众号"我的量子"的短文《大物课回首：量子纠缠交换："未曾谋面的双胞胎"——大物 A2 课与 2022 年诺贝尔物理学奖科学背景报告中的一处笔误》和人民日报客户端文章《清华本科生做作业时，发现了诺奖背景报告笔误……》。

其中

$$\left|\frac{\pi}{4}\right\rangle = \frac{1}{\sqrt{2}}(|h\rangle + |v\rangle) \tag{3.52}$$

然而，根据线性算符公设，将 $\left|\frac{\pi}{4}\right\rangle$ 输入量子克隆机器会得到：

$$\hat{M}\left(\left|\frac{\pi}{4}\right\rangle\right) = \hat{M}\left(\frac{1}{\sqrt{2}}|h\rangle + \frac{1}{\sqrt{2}}|v\rangle\right)$$

$$= \frac{1}{\sqrt{2}}\hat{M}(|h\rangle) + \frac{1}{\sqrt{2}}\hat{M}(|v\rangle)$$

$$= \frac{1}{\sqrt{2}}(|h\rangle|h\rangle + |v\rangle|v\rangle) \tag{3.53}$$

显然，式 (3.51) 和式 (3.53) 矛盾。因此，一开始关于存在可以克隆未知量子态的量子克隆机器的假定是错误的，即可以克隆未知量子态的量子克隆机器不存在。

更加严格的写法是引入辅助位 $|a\rangle$，下面给出较为严格的未知量子态不可克隆的证明过程。假设可以克隆未知量子态的量子克隆机器存在，那么当我们将一个未知量子态 $|\psi\rangle$ 输入时，会得到：

$$\hat{M}(|\psi\rangle|a\rangle) = |\psi\rangle|\psi\rangle \tag{3.54}$$

根据上述克隆定义，当我们分别输入态 $|h\rangle$、$|v\rangle$ 以及 $\left|\frac{\pi}{4}\right\rangle$ 后，会分别得到：

$$\begin{cases} \hat{M}(|h\rangle|a\rangle) = |h\rangle|h\rangle \\ \hat{M}(|v\rangle|a\rangle) = |v\rangle|v\rangle \end{cases} \tag{3.55}$$

$$\hat{M}\left(\left|\frac{\pi}{4}\right\rangle|a\rangle\right) = \left|\frac{\pi}{4}\right\rangle\left|\frac{\pi}{4}\right\rangle = \frac{1}{2}(|h\rangle + |v\rangle)(|h\rangle + |v\rangle) \tag{3.56}$$

由于 $\left|\frac{\pi}{4}\right\rangle = \frac{1}{\sqrt{2}}(|h\rangle + |v\rangle)$，因此，$\left|\frac{\pi}{4}\right\rangle|a\rangle$ 满足：

$$\left|\frac{\pi}{4}\right\rangle|a\rangle = \frac{1}{\sqrt{2}}(|h\rangle|a\rangle + |v\rangle|a\rangle) \tag{3.57}$$

当利用线性算符公设时可以发现，将 $\left|\frac{\pi}{4}\right\rangle$ 输入该量子克隆机器会得到：

$$\hat{M}\left(\left|\frac{\pi}{4}\right\rangle|a\rangle\right) = \hat{M}\left(\frac{1}{\sqrt{2}}|h\rangle|a\rangle + \frac{1}{\sqrt{2}}|v\rangle|a\rangle\right)$$

$$= \frac{1}{\sqrt{2}}\hat{M}(|h\rangle\,|a\rangle) + \frac{1}{\sqrt{2}}\hat{M}(|v\rangle\,|a\rangle)$$

$$= \frac{1}{\sqrt{2}}(|h\rangle|h\rangle + |v\rangle|v\rangle) \tag{3.58}$$

显然，式 (3.56) 和式 (3.58) 矛盾。因此，关于存在可以克隆未知量子态的量子克隆机器的假定是错误的，可以克隆未知量子态的量子克隆机器不存在。

未知量子态的不可克隆原理只证明了理想量子克隆的不可能性，却并未指出近似克隆最好可以做到什么程度。

✒ 笔记

我们讲的不可克隆定理有一个显然的大前提，那就是对一个未知量子态不可克隆。对于一个已知态当然可以克隆，而且“对一个已知态的克隆”这件事是完全平庸的：既然已经知道那个态是什么了，那么直接制备许多份就行了。比方说给你一个光子，明确告诉你它的偏振状态是水平偏振，让你去克隆它，那么简单地制备多个水平偏振的光子就行了。干这活只需要一个手电筒和一个水平偏振片：将手电筒照向水平偏振片，那些透过水平偏振片的光子都是（平庸的）“克隆”结果。还有一个显然的变种平庸问题：给你一个光子，告诉你它的偏振状态可能是水平和竖直两种当中的一个，这种情况下的所谓“克隆”也是平庸的，因为可通过检偏确定地知道给你的光子的偏振状态究竟是水平还是竖直，这就等同于说你已经准确知道了待克隆的光子状态了。显而易见，所有下列情形都是平庸的：如果告诉你某个光子的偏振状态是两个正交偏振状态中的一个，那就等同于告诉你这个光子的偏振状态了。那究竟什么情况叫做“未知状态”呢？如果这个状态是由一个黑盒子从所有偏振状态中随机选取的，那它就是完全未知的，你无法克隆。看我们的证明过程，不可克隆定理其实并不需要如此严格的“完全未知态”。如果这个状态是由一个黑盒子从 $\left\{|h\rangle, |v\rangle, \left|\frac{\pi}{4}\right\rangle\right\}$ 这三个态中选出一个，就已经不可克隆了。量子不可克隆定理当然不否认近似克隆：基于一个未知态获得两个与此未知态很像的态。已有的理论证明显示，若未知态 $|\psi'\rangle$ 完全未知，近似克隆出两个态，其中每一个的保真度最大可达 $\frac{5}{6}$，即对每个输出态进行测量，会有 $\frac{5}{6}$ 的概率为 $|\psi'\rangle$。

3.6 电子自旋与核自旋相互作用

3.6.1 氢原子的超精细分裂简介

在本节中，我们将讨论氢的"超精细分裂"问题，我们所掌握的量子力学知识已经能很好地处理这一有趣的例子。

氢原子包含一个位于质子附近的电子，它可以处于许多分立的能量状态中的任何一个状态。例如，第一激发态位于基态之上 3/4 里德伯能量，或者基态之上大约 10eV 处。但是由于电子和质子都具有自旋，即使是氢的所谓"基态"，其实也不是具有单一的确定能量的态。正是它们的自旋造成了能级的"超精细结构"，将所有的能级都分裂成几个靠近的能级。

在 5.1 节中，我们将介绍通过对氢原子核外电子求解定态方程，可得到分立能级：

$$E_n = -\frac{m_e e^4}{2(4\pi\varepsilon_0)^2 \hbar^2}\frac{1}{n^2} \tag{3.59}$$

可以通过计算验证氢原子基态与第一激发态能量相差约 10eV。因为电子和质子的自旋均有"朝上"和"朝下"两种状态，因此当谈到氢原子基态时，其实指的是"4 个基态"，而非能量最低的态。但与第一激发态之间约 10eV 的能量差相比，4 个基态间的能级偏移量约为 10^{-7}eV，微乎其微，这就是所谓的"超精细分裂"，由电子自旋磁矩与核（质子）自旋磁矩相互作用导致。我们暂时不研究电子的位置。既然对电子和质子的空间位置等内容不感兴趣，则应简化我们的模型，只考虑最核心的问题：电子和质子的自旋空间中四种不同的自旋状态。

我们只讨论电子自旋与核（质子）自旋的相互作用。为了探究电子和质子的自旋空间，我们选取物理意义最明确的那一套基础态。它们未必是定态。首先使用 $|\uparrow_e\rangle$ 与 $|\downarrow_e\rangle$ 来代表电子的自旋向上、向下两种状态；同样使用 $|\uparrow_p\rangle$ 与 $|\downarrow_p\rangle$ 来代表质子的自旋向上、向下两种状态。那么存在如下一套基础态：

状态 1：电子自旋朝上，质子自旋朝上 $|\uparrow_e\uparrow_p\rangle \equiv |1\rangle$；
状态 2：电子自旋朝上，质子自旋朝下 $|\uparrow_e\downarrow_p\rangle \equiv |2\rangle$；
状态 3：电子自旋朝下，质子自旋朝上 $|\downarrow_e\uparrow_p\rangle \equiv |3\rangle$；
状态 4：电子自旋朝下，质子自旋朝下 $|\downarrow_e\downarrow_p\rangle \equiv |4\rangle$。

运用 3.1 节介绍的直积语言，我们可以给出电子-质子自旋子空间中量子态的向量表示。例如若在电子和质子的自旋子空间中，分别使用态 $|\uparrow\rangle = \begin{pmatrix} 1 \\ 0 \end{pmatrix}$ 来表

示态 $|\uparrow_e\rangle$ 与 $|\uparrow_p\rangle$, 在二者自旋的直积空间中 $|\uparrow_e\uparrow_p\rangle$ 的向量表示为

$$|\uparrow_e\uparrow_p\rangle = \begin{pmatrix} 1 \\ 0 \\ 0 \\ 0 \end{pmatrix} \tag{3.60}$$

3.6.2 氢原子基态哈密顿量

在经典电磁学中, 两个距离较近的磁矩 $\vec{\mu^a}$ 与 $\vec{\mu^b}$ 之间有相互作用势能, 若只考虑该相互作用势能, 则能量为

$$E = r\vec{\mu^a} \cdot \vec{\mu^b} = r\sum_i \mu_i^a \mu_i^b \tag{3.61}$$

此处 r 是相互作用系数, 它已经包含了正负号。在氢原子系统中, 电子和原子核都有磁矩, 但由于这是量子系统, 磁矩应用算符表示。电子自旋磁矩的算符为 $\mu_e\hat{\sigma}^e$, 核自旋磁矩为 $\mu_p\hat{\sigma}^p$。类比于经典势能, 氢原子的电子自旋与核自旋相互作用的哈密顿量为

$$\hat{H} = \mathcal{A}\hat{\sigma}^e \cdot \hat{\sigma}^p = \mathcal{A}\left(\hat{\sigma}_x^e \cdot \hat{\sigma}_x^p + \hat{\sigma}_y^e \cdot \hat{\sigma}_y^p + \hat{\sigma}_z^e \cdot \hat{\sigma}_z^p\right) \tag{3.62}$$

注意: 此处 $\hat{\sigma}_\alpha^e$、$\hat{\sigma}_\beta^p$ 等都是 2×2 的泡利矩阵。例如 $\hat{\sigma}_x^e = \hat{\sigma}_x^p = \begin{pmatrix} 0 & 1 \\ 1 & 0 \end{pmatrix}$。**但是, 公式 (3.62) 中 $\hat{\sigma}^e \cdot \hat{\sigma}^p$ 并不是指两个 2×2 矩阵的简单相乘, 因为那样的话整个哈密顿量就成了一个单位阵乘一个常系数, 这显然不行。**

为了正确地应用公式 (3.62), 我们必须先清楚地理解它的实际含义。在公式 (3.62) 中, 角标 e 和 p 代表着不同的子空间, 即电子自旋子空间和核自旋子空间, 在计算规则上表现为 $\hat{\sigma}_\alpha^e(\hat{\sigma}_\alpha^p)$ 只作用在电子 (核) 自旋上, 例如:

$$\begin{cases} \hat{\sigma}_x^p|\uparrow_e\uparrow_p\rangle = |\uparrow_e\downarrow_p\rangle \\ \hat{\sigma}_y^e|\uparrow_e\uparrow_p\rangle = i|\downarrow_e\uparrow_p\rangle \\ \hat{\sigma}_x^e \cdot \hat{\sigma}_x^p|\uparrow_e\uparrow_p\rangle = |\downarrow_e\downarrow_p\rangle \end{cases} \tag{3.63}$$

这样的算法规则在数学上可以用直积的方法来统一表述, 此时我们可以把式 (3.63) 中 (作用在电子-质子系统上的) 算符 (例如 $\hat{\sigma}_x^p$、$\hat{\sigma}_y^e$ 和 $\hat{\sigma}_x^e \cdot \hat{\sigma}_x^p$) 分别表示为矩阵的直积形式:

$$\hat{\sigma}_x^p = I \otimes \hat{\sigma}_x = \begin{pmatrix} 0 & 1 & 0 & 0 \\ 1 & 0 & 0 & 0 \\ 0 & 0 & 0 & 1 \\ 0 & 0 & 1 & 0 \end{pmatrix} \qquad (3.64)$$

$$\hat{\sigma}_y^e = \hat{\sigma}_y \otimes I = \begin{pmatrix} 0 & 0 & -i & 0 \\ 0 & 0 & 0 & -i \\ i & 0 & 0 & 0 \\ 0 & i & 0 & 0 \end{pmatrix} \qquad (3.65)$$

$$\hat{\sigma}_x^e \cdot \hat{\sigma}_x^p = \hat{\sigma}_x \otimes \hat{\sigma}_x = \begin{pmatrix} 0 & 0 & 0 & 1 \\ 0 & 0 & 1 & 0 \\ 0 & 1 & 0 & 0 \\ 1 & 0 & 0 & 0 \end{pmatrix} \qquad (3.66)$$

问题 3.14 前面曾经说过 $\hat{\sigma}_x^p$ 只是 2×2 的泡利矩阵 $\begin{pmatrix} 0 & 1 \\ 1 & 0 \end{pmatrix}$，为何在式 (3.64) 中是一个 4×4 的矩阵？（提示：式 (3.64) 中的 $\hat{\sigma}_x^p$ 算符来源于式 (3.63)，是要对电子-质子这样的两粒子系统作计算，此时 $\hat{\sigma}_x^p|\uparrow_e\uparrow_p\rangle$ 的实际含义是：对质子作用一个 $\hat{\sigma}_x$ 而对电子不做任何作用，即对电子作用一个单位矩阵 I，因此此处算符 $\hat{\sigma}_x^p$ 的实际含义是 $I \otimes \hat{\sigma}_x$。）

有了这样的直积规则之后，对于哈密顿量式 (3.62)，我们自动有了它的矩阵形式：

$$\hat{H} = \begin{pmatrix} \mathcal{A} & 0 & 0 & 0 \\ 0 & -\mathcal{A} & 2\mathcal{A} & 0 \\ 0 & 2\mathcal{A} & -\mathcal{A} & 0 \\ 0 & 0 & 0 & \mathcal{A} \end{pmatrix} \qquad (3.67)$$

可能有同学对这种做法还是有些担心，对此，可以选择根据定义写出哈密顿矩阵形式，即分别根据公式 (3.62) 和公式 (3.67) 来计算矩阵元，例如 $\langle\uparrow\uparrow|\hat{H}|\uparrow\uparrow\rangle$。首先根据式 (3.62)：

$$\langle\uparrow\uparrow|\hat{H}|\uparrow\uparrow\rangle = \langle\uparrow\uparrow|\mathcal{A}\hat{\sigma}^e \cdot \hat{\sigma}^p|\uparrow\uparrow\rangle = \langle\uparrow\uparrow|\mathcal{A}\left(\hat{\sigma}_x^e \cdot \hat{\sigma}_x^p + \hat{\sigma}_y^e \cdot \hat{\sigma}_y^p + \hat{\sigma}_z^e \cdot \hat{\sigma}_z^p\right)|\uparrow\uparrow\rangle$$
$$(3.68)$$

我们要利用之前的规则，带上标 e 的算符仅作用在电子上，即第一个态上；带上标 p 的算符仅作用在质子上，即第二个态上。根据这一规则，很容易算得式 (3.68) 的结果为 $\mathcal{A}$。

此外，把 $|\uparrow\uparrow\rangle$ 写成矩阵表示，即

$$
|\uparrow\uparrow\rangle = |\uparrow\rangle \otimes |\uparrow\rangle = \begin{pmatrix} 1 \\ 0 \end{pmatrix} \otimes \begin{pmatrix} 1 \\ 0 \end{pmatrix} = \begin{pmatrix} 1 \\ 0 \\ 0 \\ 0 \end{pmatrix}
$$

因此，$\langle\uparrow\uparrow|\hat{H}|\uparrow\uparrow\rangle = \mathcal{A}$ 即表示矩阵元

$$
H_{11} = \mathcal{A} \tag{3.69}
$$

同理可算出哈密顿量 $\hat{H}$ 的所有其他矩阵元而获得式 (3.67) 中的哈密顿量矩阵。

问题 3.15　根据前面所讲的运算规则：带上标 e 的算符仅作用在电子上，即第一个态上；带上标 p 的算符仅作用在质子上，即第二个态上，验证下列结果：

$$
\begin{cases}
\hat{\sigma}_x^{\mathrm{e}}\hat{\sigma}_z^{\mathrm{p}}|\uparrow\uparrow\rangle = +|\downarrow\uparrow\rangle, & \hat{\sigma}_x^{\mathrm{e}}\hat{\sigma}_z^{\mathrm{p}}|\uparrow\downarrow\rangle = -|\downarrow\downarrow\rangle, & \hat{\sigma}_x^{\mathrm{e}}\hat{\sigma}_z^{\mathrm{p}}|\downarrow\uparrow\rangle = +|\uparrow\uparrow\rangle, \\
\hat{\sigma}_x^{\mathrm{e}}\hat{\sigma}_z^{\mathrm{p}}|\downarrow\downarrow\rangle = -|\uparrow\downarrow\rangle, & \hat{\sigma}_z^{\mathrm{e}}\hat{\sigma}_y^{\mathrm{p}}|\uparrow\uparrow\rangle = +\mathrm{i}|\uparrow\downarrow\rangle, & \hat{\sigma}_z^{\mathrm{e}}\hat{\sigma}_y^{\mathrm{p}}|\uparrow\downarrow\rangle = -\mathrm{i}|\uparrow\uparrow\rangle, \\
\hat{\sigma}_z^{\mathrm{e}}\hat{\sigma}_y^{\mathrm{p}}|\downarrow\uparrow\rangle = -\mathrm{i}|\downarrow\downarrow\rangle, & \hat{\sigma}_z^{\mathrm{e}}\hat{\sigma}_y^{\mathrm{p}}|\downarrow\downarrow\rangle = +\mathrm{i}|\downarrow\uparrow\rangle, & \hat{\sigma}_z^{\mathrm{e}}\hat{\sigma}_z^{\mathrm{p}}|\uparrow\uparrow\rangle = +|\uparrow\uparrow\rangle, \\
\hat{\sigma}_z^{\mathrm{e}}\hat{\sigma}_z^{\mathrm{p}}|\uparrow\downarrow\rangle = -|\uparrow\downarrow\rangle, & \hat{\sigma}_z^{\mathrm{e}}\hat{\sigma}_z^{\mathrm{p}}|\downarrow\uparrow\rangle = -|\downarrow\uparrow\rangle, & \hat{\sigma}_z^{\mathrm{e}}\hat{\sigma}_z^{\mathrm{p}}|\downarrow\downarrow\rangle = +|\downarrow\downarrow\rangle
\end{cases} \tag{3.70}
$$

问题 3.16　根据前面说的直积规则，分别写出 $|\uparrow\downarrow\rangle$、$|\downarrow\uparrow\rangle$ 和 $|\downarrow\downarrow\rangle$ 的矩阵形式。

问题 3.17　对于任何 $|ij\rangle$ 和 $|i'j'\rangle$，其中 i、j、i'、j' 每一个都可以是 $\uparrow$、$\downarrow$，分别用式 (3.62) 的 $\hat{H}$ 和式 (3.67) 的矩阵形式 $\hat{H}$ 计算 $H_{ij,i'j'}$，根据计算结果验证采用式 (3.62) 和式 (3.67) 的计算结果是一样的。

有了这个哈密顿矩阵，定态与能量本征值的求解又变成了标准线性代数问题，即本征值问题！这里虽然是 4×4 矩阵，可是数学上等价于 2×2 矩阵。可对一、四行与二、三行分别求解。可求得 $E_{\mathrm{I}} = E_{\mathrm{II}} = E_{\mathrm{III}} = \mathcal{A}$，$E_{\mathrm{IV}} = -3\mathcal{A}$ 本征态：

$$\begin{cases} |\mathrm{I}\rangle = \begin{pmatrix} 1 \\ 0 \\ 0 \\ 0 \end{pmatrix} = |\uparrow\uparrow\rangle \\[20pt] |\mathrm{II}\rangle = \begin{pmatrix} 0 \\ 0 \\ 0 \\ 1 \end{pmatrix} = |\downarrow\downarrow\rangle \\[20pt] |\mathrm{III}\rangle = \frac{1}{\sqrt{2}} \begin{pmatrix} 0 \\ 1 \\ 1 \\ 0 \end{pmatrix} = \frac{1}{\sqrt{2}}(|\uparrow\downarrow\rangle + |\downarrow\uparrow\rangle) \\[20pt] |\mathrm{IV}\rangle = \frac{1}{\sqrt{2}} \begin{pmatrix} 0 \\ 1 \\ -1 \\ 0 \end{pmatrix} = \frac{1}{\sqrt{2}}(|\uparrow\downarrow\rangle - |\downarrow\uparrow\rangle) \end{cases} \tag{3.71}$$

$$|\uparrow\rangle|\uparrow\rangle = \begin{pmatrix} 1 \\ 0 \\ 0 \\ 0 \end{pmatrix}, \quad |\uparrow\rangle|\downarrow\rangle = \begin{pmatrix} 0 \\ 1 \\ 0 \\ 0 \end{pmatrix}, \quad |\downarrow\rangle|\uparrow\rangle = \begin{pmatrix} 0 \\ 0 \\ 1 \\ 0 \end{pmatrix}, \quad |\downarrow\rangle|\downarrow\rangle = \begin{pmatrix} 0 \\ 0 \\ 0 \\ 1 \end{pmatrix}$$

有两个定态是纠缠态!

例题 3.6 求初始态 $|\uparrow\downarrow\rangle$ 在 t 时刻的态。

解 同往常一样,展开成定态的线性叠加。由本征态可设:

$$\begin{cases} |\mathrm{III}\rangle = \frac{1}{\sqrt{2}}(|\uparrow\downarrow\rangle + |\downarrow\uparrow\rangle) = |\psi^+\rangle \\[10pt] |\mathrm{IV}\rangle = \frac{1}{\sqrt{2}}(|\uparrow\downarrow\rangle - |\downarrow\uparrow\rangle) = |\psi^-\rangle \end{cases} \tag{3.72}$$

则有

$$\begin{cases} |\uparrow\downarrow\rangle = \dfrac{1}{\sqrt{2}}\left(|\psi^+\rangle + |\psi^-\rangle\right) \\[2mm] |\psi(t)\rangle = \dfrac{\mathrm{e}^{-\mathrm{i}\mathcal{A}t/\hbar}}{\sqrt{2}}\left(|\psi^+\rangle + \mathrm{e}^{4\mathrm{i}\mathcal{A}t/\hbar}|\psi^-\rangle\right) \\[2mm] \qquad\;\; = \dfrac{\mathrm{e}^{-\mathrm{i}\mathcal{A}t/\hbar}}{2}\left[\left(1+\mathrm{e}^{4\mathrm{i}\mathcal{A}t/\hbar}\right)|\uparrow\downarrow\rangle + \left(1-\mathrm{e}^{4\mathrm{i}\mathcal{A}t/\hbar}\right)]|\downarrow\uparrow\rangle\right] \end{cases} \tag{3.73}$$

$4\mathcal{A}t/\hbar = \pi/2$ 时是最大纠缠态。对于不含时哈密顿量可按三步法求解:

1. 写出哈密顿量;
2. 解定态方程,获得哈密顿量的本征态 $|\varphi_n\rangle$ 与本征值 E_n;
3. 以上述本征态为基础态,将给定的初始态 $|\chi(0)\rangle$ 展开:

$$\begin{cases} |\chi(0)\rangle = \sum |\varphi_n\rangle\langle\varphi_n \mid \chi(0)\rangle = \sum c_n|\varphi_n\rangle \\[2mm] c_n = \langle\varphi_n \mid \chi(0)\rangle \end{cases} \tag{3.74}$$

最后得任意时刻的态:

$$|\chi(t)\rangle = \sum c_n \mathrm{e}^{-\mathrm{i}E_n t/\hbar}|\varphi_n\rangle \tag{3.75}$$

上述结论涉及的物理系统包括:无限深势阱中的粒子、氨分子、磁场中的电子自旋、自旋磁矩的相互作用(氢原子超精细结构)等。可能的问题包括:直接问态的演化、问物理量在某时刻的期望值、问某时刻对某物理量测得某值的概率等。

3.6.3　氢原子塞曼分裂

我们已经在电子-质子自旋空间中求解了哈密顿量 $\hat{H} = \mathcal{A}\left(\hat{\sigma}^{\mathrm{e}} \cdot \hat{\sigma}^{\mathrm{P}}\right)$ 的基态能级。现在,可以给这一模型增加一些更复杂的物理考虑——磁场。在加入磁感应强度为 $\vec{B}$ 的磁场后哈密顿量为

$$\hat{H} = \mathcal{A}\left(\hat{\sigma}^{\mathrm{e}} \cdot \hat{\sigma}^{\mathrm{P}}\right) - \mu_{\mathrm{e}}\hat{\sigma}^{\mathrm{e}} \cdot \vec{B} - \mu_{\mathrm{p}}\hat{\sigma}^{\mathrm{P}} \cdot \vec{B} \tag{3.76}$$

其中 $\hat{H}_0 = \mathcal{A}\left(\hat{\sigma}^{\mathrm{e}} \cdot \hat{\sigma}^{\mathrm{P}}\right)$ 为在 3.6.2 节中给出的氢原子超精细结构哈密顿量:

$$\hat{H}_0 = \begin{pmatrix} \mathcal{A} & 0 & 0 & 0 \\ 0 & -\mathcal{A} & 2\mathcal{A} & 0 \\ 0 & 2\mathcal{A} & -\mathcal{A} & 0 \\ 0 & 0 & 0 & \mathcal{A} \end{pmatrix} \tag{3.77}$$

新增加的两项反映了外磁场带来的影响。$\mu_e\hat{\sigma}^e$ 和 $\mu_p\hat{\sigma}^p$ 分别是电子和质子的磁矩算符（μ_e 和 μ_p 本身是系数而非算符）。第二项 $-\mu_e\hat{\sigma}^e\cdot\vec{B}$ 是电子单独处于外磁场中具有的能量，最后一项 $-\mu_p\hat{\sigma}^p\cdot\vec{B}$ 是质子单独存在于磁场中具有的能量。若恒定磁场 $\vec{B}$ 沿 z 方向，且大小为 B，那么哈密顿量相对于无磁场的哈密顿量增加了以下部分：

$$\hat{H}' = -\left(\mu_e\hat{\sigma}_z^e + \mu_p\hat{\sigma}_z^p\right)B$$

利用在 3.1 节中介绍的直积运算规则与泡利算符的性质，可立即得到：

$$\begin{cases} \hat{H}'|\uparrow\uparrow\rangle = -(\mu_e+\mu_p)B|\uparrow\uparrow\rangle \\[2mm] \hat{H}'|\uparrow\downarrow\rangle = -(\mu_e-\mu_p)B|\uparrow\downarrow\rangle \\[2mm] \hat{H}'|\downarrow\uparrow\rangle = -(-\mu_e+\mu_p)B|\downarrow\uparrow\rangle \\[2mm] \hat{H}'|\downarrow\downarrow\rangle = (\mu_e+\mu_p)B|\downarrow\downarrow\rangle \end{cases}$$

根据这些事实，类似于 3.6.2 节中的方法，我们可以抛弃泡利算符的上标而采用两粒子算符的直积形式：

$$\hat{H}' = -\left(\mu_e\hat{\sigma}_z\otimes I + \mu_p I\otimes\hat{\sigma}_z\right)B \tag{3.78}$$

利用 $\hat{H}_0$ 与 $\hat{H}'$ 可以写出新模型哈密顿量的矩阵形式并求解其本征值。新的哈密顿量矩阵表示为

$$\hat{H}=\begin{pmatrix} \mathcal{A}-(\mu_e+\mu_p)B & 0 & 0 & 0 \\ 0 & -(\mathcal{A}+(\mu_e-\mu_p)B) & 2\mathcal{A} & 0 \\ 0 & 2\mathcal{A} & -(\mathcal{A}-(\mu_e-\mu_p)B) & 0 \\ 0 & 0 & 0 & \mathcal{A}+(\mu_e+\mu_p)B \end{pmatrix}$$

$$\tag{3.79}$$

有了这个哈密顿矩阵,定态与能量本征值的求解又回到了本征值问题。这里的 4×4 矩阵，数学上同样等价于 2×2 矩阵。可对一、四行与二、三行分别求解。注意，μ_e 为负数，为方便书写与后续计算，我们规定 $\mu=-(\mu_e+\mu_p)$，$\mu'=-(\mu_e-\mu_p)$。由于 $\dfrac{\mu_e}{\mu_p}$ 反比于 $\dfrac{m_e}{m_p}$，$\mu_e\gg\mu_p$，$\mu\approx\mu'$。求解式（3.79）的哈密顿量本征值会得到下列结果：

$$\begin{cases} E_{\mathrm{I}} = \mathcal{A} + \mu B \\[2mm] E_{\mathrm{II}} = \mathcal{A} - \mu B \\[2mm] E_{\mathrm{III}} = \mathcal{A} \left\{ -1 + 2\sqrt{1 + \dfrac{\mu'^2 B^2}{4\mathcal{A}^2}} \right\} \\[4mm] E_{\mathrm{IV}} = -\mathcal{A} \left\{ 1 + 2\sqrt{1 + \dfrac{\mu'^2 B^2}{4\mathcal{A}^2}} \right\} \end{cases} \qquad (3.80)$$

这种由于磁场而引起的原子能级的移动被称为"塞曼效应"。图 3.3 即为不同磁场强度 $\frac{\mu B}{\mathcal{A}}$ 下塞曼效应带来的能量本征值的改变。可以看到在磁场为零时 $E_{\mathrm{I}} = E_{\mathrm{II}} = E_{\mathrm{III}}$。随着磁场的增大，不同自旋状态的能量差距越来越大。当外场强度远远大于电子和质子之间的磁矩相互作用时，E_{III} 和 E_{IV} 趋近于两渐近线行为，所有能量本征值在强磁场下都随磁场强度线性改变。

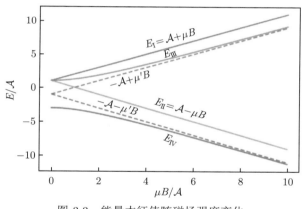

图 3.3　能量本征值随磁场强度变化

问题 3.18　回顾 2.4.2 节中的电子自旋角动量与磁矩的关系，写出式 (3.76) 中的 μ_{e} 与电子自旋回磁比 γ 的关系。

第 4 章
更多的本征值与本征态问题

4.1 量子谐振子及其代数解法

在本节我们将专注于量子力学中一种非常重要的模型——量子谐振子模型，并讲解如何使用代数解法求解谐振子的本征值和本征态。

4.1.1 一维谐振子

1. 本征态方程的解

我们知道，经典一维谐振子的能量为：$E = \dfrac{p^2}{2m} + \dfrac{m\omega^2 x^2}{2}$。一维量子谐振子的哈密顿量与经典谐振子的能量形式相同，但使用位置算符与动量算符，而非位置与动量：

$$\hat{H} = \frac{\hat{p}^2}{2m} + \frac{m\omega^2 \hat{x}^2}{2} = (-\mathrm{i}\hbar)^2 \frac{\partial^2}{\partial x^2} + \frac{m\omega^2 \hat{x}^2}{2} \tag{4.1}$$

在经典谐振子模型中 ω 代表谐振子振动的角频率。一维量子谐振子的本征波函数 $\psi_n(x)$ 应满足定态薛定谔方程：

$$\hat{H}\psi_n(x) = E_n \psi_n(x)$$

其中能量本征值

$$E_n = \left(n + \frac{1}{2}\right)\hbar\omega \tag{4.2}$$

是量子化的，且其基态能量 $E_0 = \dfrac{\hbar\omega}{2}$ 而不是 0。

直接代入式 (4.1) 下的本征方程可以验证

$$\psi_0(x) = \left(\frac{m\omega}{\pi\hbar}\right)^{\frac{1}{4}} \mathrm{e}^{-\frac{m\omega}{2\hbar}x^2} \tag{4.3}$$

是谐振子哈密顿量的本征波函数，且本征值是 $\dfrac{\hbar\omega}{2}$。可以证明，这就是谐振子的基态。任意激发态波函数 $\psi_n(x)$ 可通过递推关系获得：

$$
\begin{cases}
\psi_n(x) = \dfrac{1}{\sqrt{n}}\left[\dfrac{1}{\sqrt{2\hbar m\omega}}(-\mathrm{i}\hat{p}+m\omega\hat{x})\right]\psi_{n-1}(x) \\[3mm]
\psi_n(x) = \dfrac{1}{\sqrt{n!}}\left[\dfrac{1}{\sqrt{2\hbar m\omega}}(-\mathrm{i}\hat{p}+m\omega\hat{x})\right]^n\psi_0(x)
\end{cases}
\tag{4.4}
$$

📝 **笔记**

可以验证，对于任意 $n \geqslant 1$，若 $\psi_{n-1}(x)$ 是本征值为 $(n-\frac{1}{2})\hbar\omega$ 的本征态，则按上述递推关系 $\psi_n(x)$ 也是本征态，本征值为 $(n+\frac{1}{2})\hbar\omega$。事实上，式 (4.4) 中的 ψ_n 是厄米多项式 $\mathcal{H}_n$，因此，$\{\psi_n|n \geqslant 0\}$ 是完备的。自然地，ψ_0 就是谐振子哈密顿量本征态中能量最低的态，即基态。

2. 升降算符（产生湮灭算符）

定义算符 $\hat{a}^\dagger$ 与 $\hat{a}$：

$$
\begin{cases}
\hat{a}^\dagger = \dfrac{1}{\sqrt{2\hbar m\omega}}(-\mathrm{i}\hat{p}+m\omega\hat{x}) \\[3mm]
\hat{a} = \dfrac{1}{\sqrt{2\hbar m\omega}}(\mathrm{i}\hat{p}+m\omega\hat{x})
\end{cases}
\tag{4.5}
$$

可以验证，这两个算符具有重要性质：

$$
\begin{cases}
\hat{H} = \hbar\omega\left(\hat{a}^\dagger\hat{a}+\dfrac{1}{2}\right) \\[3mm]
[\hat{a},\hat{a}^\dagger] = 1
\end{cases}
\tag{4.6}
$$

$$
\begin{cases}
\hat{a}^\dagger\psi_n = \sqrt{n+1}\,\psi_{n+1} \\[3mm]
\hat{a}\psi_n = \sqrt{n}\,\psi_{n-1}
\end{cases}
\tag{4.7}
$$

因此，我们可将算符 $\hat{a}^\dagger$ 和 $\hat{a}$ 分别称为升、降算符。

　　问题 4.1　升降算符是厄米算符吗？

定义粒子数算符 $\hat{N} = \hat{a}^\dagger\hat{a}$，其本征态为 $\{|n\rangle\}$：

$$
\hat{N}|n\rangle = n|n\rangle
\tag{4.8}
$$

$\{|n\rangle\}$ 又被称为"福克态"（数态），是粒子数为确定值 n 的态。由哈密顿量 $\hat{H} = \hbar\omega\left(\hat{N} + \dfrac{1}{2}\right)$ 可知粒子数算符的本征态同时是一维谐振子的能量本征态：

$$\hat{H}|n\rangle = \left(n + \frac{1}{2}\right)\hbar\omega|n\rangle \tag{4.9}$$

$$\psi_n(x) = \langle x|n\rangle \tag{4.10}$$

根据式 (4.7)、式 (4.9) 和式 (4.10)，显然 $\{|n\rangle\}$ 应满足：

$$\begin{cases} \hat{a}^\dagger|n\rangle = \sqrt{n+1}|n+1\rangle \\ \hat{a}|n\rangle = \sqrt{n}|n-1\rangle \end{cases} \tag{4.11}$$

特别地，对基态 $|0\rangle$，有：

$$\hat{a}|0\rangle = 0 \tag{4.12}$$

例题 4.1 ① 验证对易关系 $[\hat{a}, \hat{a}^\dagger] = 1$。② 验证哈密顿量 $\hat{H} = \hbar\omega\left(\hat{a}^\dagger\hat{a} + \dfrac{1}{2}\right)$。

解 ①

$$\begin{cases} \hat{a}^\dagger\hat{a} = \dfrac{1}{2\hbar m\omega}(-\mathrm{i}\hat{p} + m\omega\hat{x})(\mathrm{i}\hat{p} + m\omega\hat{x}) = \dfrac{1}{2\hbar m\omega}\left(\hat{p}^2 + \mathrm{i}m\omega(\hat{x}\hat{p} - \hat{p}\hat{x}) + (m\omega\hat{x})^2\right) \\ \hat{a}\hat{a}^\dagger = \dfrac{1}{2\hbar m\omega}(\mathrm{i}\hat{p} + m\omega\hat{x})(-\mathrm{i}\hat{p} + m\omega\hat{x}) = \dfrac{1}{2\hbar m\omega}\left(\hat{p}^2 - \mathrm{i}m\omega(\hat{x}\hat{p} - \hat{p}\hat{x}) + (m\omega\hat{x})^2\right) \\ [\hat{a}, \hat{a}^\dagger] = \hat{a}\hat{a}^\dagger - \hat{a}^\dagger\hat{a} = -\dfrac{\mathrm{i}[\hat{x}, \hat{p}]}{\hbar} = 1 \end{cases} \tag{4.13}$$

②

$$\begin{cases} \hat{a}^\dagger\hat{a} = \dfrac{\hat{p}^2 + (m\omega\hat{x})^2}{2\hbar m\omega} + \dfrac{\mathrm{i}[\hat{x}, \hat{p}]}{2\hbar} = \dfrac{\hat{p}^2 + (m\omega\hat{x})^2}{2\hbar m\omega} - \dfrac{1}{2} \\ \hbar\omega\left(\hat{a}^\dagger\hat{a} + \dfrac{1}{2}\right) = \dfrac{\hat{p}^2 + (m\omega\hat{x})^2}{2m} = \hat{H} \end{cases} \tag{4.14}$$

例题 4.2 ① 根据公式 (4.12) 证明式 (4.3) 为一维量子谐振子的基态波函数。② 验证一维量子谐振子的基态能量为 $E_0 = \dfrac{\hbar\omega}{2}$。

解 ①

$$\hat{a}|0\rangle = 0 \rightarrow \frac{1}{\sqrt{2\hbar m\omega}}\left(m\omega x + \hbar\frac{\mathrm{d}}{\mathrm{d}x}\right)\psi_0(x) = 0 \tag{4.15}$$

利用该式求解基态波函数：

$$\begin{cases} \dfrac{\mathrm{d}\psi_0(x)}{\mathrm{d}x} = -\dfrac{m\omega}{\hbar}x\psi_0(x) \\ \psi_0(x) = \psi_0(0)\mathrm{e}^{-\frac{m\omega}{2\hbar}x^2} \end{cases} \tag{4.16}$$

对此波函数归一化计算：

$$\int_{-\infty}^{\infty} |\psi_0(0)|^2 \mathrm{e}^{-\frac{m\omega}{\hbar}x^2}\mathrm{d}x = |\psi_0(0)|^2\sqrt{\frac{\pi\hbar}{m\omega}} = 1$$

解得 $\psi_0(0) = \left(\dfrac{m\omega}{\pi\hbar}\right)^{\frac{1}{4}}$。即基态波函数为

$$\psi_0(x) = \left(\frac{m\omega}{\pi\hbar}\right)^{\frac{1}{4}}\mathrm{e}^{-\frac{m\omega}{2\hbar}x^2} \tag{4.17}$$

② 将基态波函数 $\psi_0(x)$ 代入定态薛定谔方程得：

$$\left[(-\mathrm{i}\hbar)^2\frac{\partial^2}{\partial x^2} + \frac{m\omega^2x^2}{2}\right]\left(\frac{m\omega}{\pi\hbar}\right)^{\frac{1}{4}}\mathrm{e}^{-\frac{m\omega x^2}{2\hbar}}$$

$$= -\frac{\hbar^2}{2m}\left[-\frac{m\omega}{\hbar} + \left(\frac{m\omega x}{\hbar}\right)^2\right]\left(\frac{m\omega}{\pi\hbar}\right)^{\frac{1}{4}}\mathrm{e}^{-\frac{m\omega x^2}{2\hbar}} + \frac{m\omega^2x^2}{2}\left(\frac{m\omega}{\pi\hbar}\right)^{\frac{1}{4}}\mathrm{e}^{-\frac{m\omega x^2}{2\hbar}}$$

$$= \left(\frac{\hbar\omega}{2} - \frac{m\omega^2x^2}{2} + \frac{m\omega^2x^2}{2}\right)\left(\frac{m\omega}{\pi\hbar}\right)^{\frac{1}{4}}\mathrm{e}^{-\frac{m\omega x^2}{2\hbar}}$$

$$= \frac{\hbar\omega}{2}\left(\frac{m\omega}{\pi\hbar}\right)^{\frac{1}{4}}\mathrm{e}^{-\frac{m\omega x^2}{2\hbar}} = \frac{\hbar\omega}{2}\psi_0(x) \tag{4.18}$$

解得基态能量为 $E_0 = \dfrac{\hbar\omega}{2}$。

问题 4.2　证明粒子数算符是厄米算符。

问题 4.3　以数态 $\{|n\rangle\}$ 为基础态，从数学上构造湮灭算符 $\hat{a}$ 的本征态并求其本征值。（提示：本征值为复数。这种态被称为"相干态"，是量子光学中最基本的态，是激光器发出的光束的态的数学表示。）

3. 本征波函数递推

公式 (4.7) 已经表明，利用升降算符可以得到不同本征波函数之间的递推关系：

$$\begin{cases} \psi_n(x) = \dfrac{\hat{a}^\dagger}{\sqrt{n}}\psi_{n-1}(x) \\[3mm] \psi_n(x) = \dfrac{(\hat{a}^\dagger)^n}{\sqrt{n!}}\psi_0(x) \end{cases} \tag{4.19}$$

此即公式 (4.4)。$\psi_n(x)$ 对应的能量本征值为 $E_n = \left(n + \dfrac{1}{2}\right)\hbar\omega$。

问题 4.4 验证公式 (4.7) 中的系数 $\sqrt{n+1}$ 与 $\sqrt{n}$。

例题 4.3 式 (4.19) 给出了求解一维谐振子坐标表象下本征波函数的方法，试求解一维谐振子第一激发态波函数及其位置算符期望值 $\langle \hat{x} \rangle$ 和动量算符期望值 $\langle \hat{p} \rangle$，以及 $\langle \hat{x}^2 \rangle$ 与 $\langle \hat{p}^2 \rangle$。

解 结合式 (4.17) 与式 (4.19) 可得第一激发态波函数为

$$\begin{aligned} \psi_1(x) &= \frac{1}{\sqrt{2\hbar m\omega}}\left(m\omega x - \hbar\frac{\mathrm{d}}{\mathrm{d}x}\right)\left(\frac{m\omega}{\pi\hbar}\right)^{\frac{1}{4}}\mathrm{e}^{-\frac{m\omega}{2\hbar}x^2} \\ &= \frac{1}{\sqrt{2\hbar m\omega}}\left(\frac{m\omega}{\pi\hbar}\right)^{\frac{1}{4}}\left[m\omega x - \hbar\left(-2\frac{m\omega}{2\hbar}x\right)\right]\mathrm{e}^{-\frac{m\omega}{2\hbar}x^2} \\ &= \sqrt{\frac{2m\omega}{\hbar}}\,x\left(\frac{m\omega}{\pi\hbar}\right)^{\frac{1}{4}}\mathrm{e}^{-\frac{m\omega}{2\hbar}x^2} \end{aligned}$$

其位置算符与动量算符期望值可通过升降算符计算。根据式 (4.5) 得：

$$\begin{cases} \hat{x} = \sqrt{\dfrac{\hbar}{2m\omega}}(\hat{a}^\dagger + \hat{a}) \\[3mm] \hat{p} = -\mathrm{i}\sqrt{\dfrac{\hbar m\omega}{2}}(\hat{a} - \hat{a}^\dagger) \end{cases} \tag{4.20}$$

利用升降算符性质易得：

$$\begin{cases} \langle \hat{x} \rangle = \langle 1|\hat{x}|1 \rangle = \sqrt{\dfrac{\hbar}{2m\omega}}(\langle 1|\hat{a}^\dagger|1 \rangle + \langle 1|\hat{a}|1 \rangle) = 0 \\[3mm] \langle \hat{p} \rangle = \langle 1|\hat{p}|1 \rangle = -\mathrm{i}\sqrt{\dfrac{\hbar m\omega}{2}}(\langle 1|\hat{a}|1 \rangle - \langle 1|\hat{a}^\dagger|1 \rangle) = 0 \\[3mm] \langle \hat{x}^2 \rangle = \langle 1|\hat{x}^2|1 \rangle = \dfrac{\hbar}{2m\omega}\langle 1|(\hat{a}^\dagger + \hat{a})^2|1 \rangle = \dfrac{\hbar}{2m\omega}\langle 1|(\hat{a}^\dagger\hat{a} + \hat{a}\hat{a}^\dagger)|1 \rangle = 3\dfrac{\hbar}{2m\omega} \\[3mm] \langle \hat{p}^2 \rangle = \langle 1|\hat{p}^2|1 \rangle = -\dfrac{\hbar m\omega}{2}\langle 1|(\hat{a} - \hat{a}^\dagger)^2|1 \rangle = \dfrac{\hbar m\omega}{2}\langle 1|(\hat{a}^\dagger\hat{a} + \hat{a}\hat{a}^\dagger)|1 \rangle = 3\dfrac{\hbar m\omega}{2} \end{cases}$$

问题 4.5 已知 $\{\psi_n(x)\}$ 是谐振子的本征波函数。波函数 $\sqrt{\dfrac{1}{3}}\psi_0(x)+\sqrt{\dfrac{2}{3}}\mathrm{i}\psi_1(x)$ 在 0 时刻的概率密度函数是什么？t 时刻呢？

例题 4.3 展示了将位置算符与动量算符写作升降算符形式来计算算符期望值的方法。事实上，不止对第一激发态，利用升降算符性质，任意本征态 $|n\rangle$ 的动量期望值 $\langle\hat{p}\rangle$ 与位置期望值 $\langle\hat{x}\rangle$ 都为 0。而 $\langle\hat{p}^2\rangle$ 与 $\langle\hat{x}^2\rangle$ 也可用升降算符形式表示：

$$\begin{cases} \langle n|\hat{p}^2|n\rangle = \langle n|\dfrac{\hbar m\omega}{2}(\hat{a}^\dagger\hat{a}+\hat{a}\hat{a}^\dagger)|n\rangle = (2n+1)\dfrac{\hbar m\omega}{2} \\[4mm] \langle n|\hat{x}^2|n\rangle = \langle n|\dfrac{\hbar}{2m\omega}(\hat{a}^\dagger\hat{a}+\hat{a}\hat{a}^\dagger)|n\rangle = (2n+1)\dfrac{\hbar}{2m\omega} \end{cases} \tag{4.21}$$

对于本征态 $|n\rangle$，$(\Delta p)^2 = \langle\hat{p}^2\rangle - (\langle\hat{p}\rangle)^2 = (2n+1)\dfrac{\hbar m\omega}{2}$，$(\Delta x)^2 = \langle\hat{x}^2\rangle - (\langle\hat{x}\rangle)^2 = (2n+1)\dfrac{\hbar}{2m\omega}$，即：

$$\Delta x\Delta p = \sqrt{(2n+1)\dfrac{\hbar m\omega}{2}\cdot(2n+1)\dfrac{\hbar}{2m\omega}} = (2n+1)\dfrac{\hbar}{2} \tag{4.22}$$

在 1.6 节中我们给出了任意量子态位置与动量之间的不确定关系：

$$\Delta x\Delta p_x \geqslant \dfrac{\hbar}{2} \tag{4.23}$$

可以发现一维谐振子基态 $|0\rangle$ 恰可以使式 (4.23) 中等号成立，而任意激发态 $|n\rangle$ 均不能使等号成立。

4.1.2 二维谐振子

在 4.1.1 节中我们讨论了一维量子谐振子，并使用代数方法求解其本征波函数与本征值。在本节中我们将扩展这一模型至二维，分析其中新的物理特性。

二维谐振子的哈密顿量为

$$\hat{H} = \dfrac{\hat{p}_x^2+\hat{p}_y^2}{2m} + \dfrac{1}{2}m\omega^2(\hat{x}^2+\hat{y}^2) = \left(\dfrac{\hat{p}_x^2}{2m}+\dfrac{1}{2}m\omega^2\hat{x}^2\right) + \left(\dfrac{\hat{p}_y^2}{2m}+\dfrac{1}{2}m\omega^2\hat{y}^2\right) \tag{4.24}$$

可将哈密顿量视为两个部分的组合：

$$\begin{cases} \hat{H} = \hat{H}_1 + \hat{H}_2 \\[2mm] \hat{H}_1 = \dfrac{\hat{p}_x^2}{2m} + \dfrac{1}{2}m\omega^2\hat{x}^2 \\[2mm] \hat{H}_2 = \dfrac{\hat{p}_y^2}{2m} + \dfrac{1}{2}m\omega^2\hat{y}^2 \end{cases}$$

相应地，二维谐振子本征波函数可以视为两部分本征波函数的直积：

$$\psi(x,y) = \psi_{n_1}(x)\psi_{n_2}(y)$$

其中 $\hat{H}_1\psi_{n_1}(x) = E_x\psi_{n_1}(x)$，$\hat{H}_2\psi_{n_2}(y) = E_y\psi_{n_2}(y)$，可得以下关系：

$$(\hat{H}_1 + \hat{H}_2)\psi_{n_1}(x)\psi_{n_2}(y) = \hat{H}_1\psi_{n_1}(x)\psi_{n_2}(y) + \hat{H}_2\psi_{n_1}(x)\psi_{n_2}(y)$$
$$= (E_x + E_y)\psi_{n_1}(x)\psi_{n_2}(y) \tag{4.25}$$

因此可以在 x、y 两方向上分别应用我们在一维谐振子模型中使用过的代数解法求 $\psi_{n_1}(x)$ 与 $\psi_{n_2}(y)$ 的本征值与本征波函数，利用式 (4.25) 给出二维谐振子的本征值与本征波函数：

$$\psi_{n_1,n_2}(x,y) = \psi_{n_1}(x)\psi_{n_2}(y) = \frac{1}{\sqrt{(n_1!)(n_2!)}}(\hat{a}_x^\dagger)^{n_1}\psi_0(x)(\hat{a}_y^\dagger)^{n_2}\psi_0(y) \tag{4.26}$$

其中：

$$\begin{cases} \hat{a}_x^\dagger = \dfrac{1}{\sqrt{2\hbar m\omega}}(m\omega\hat{x} - \mathrm{i}\hat{p}_x) \\[3mm] \hat{a}_y^\dagger = \dfrac{1}{\sqrt{2\hbar m\omega}}(m\omega\hat{y} - \mathrm{i}\hat{p}_y) \\[3mm] \hat{a}_x = \dfrac{1}{\sqrt{2\hbar m\omega}}(m\omega\hat{x} + \mathrm{i}\hat{p}_x) \\[3mm] \hat{a}_y = \dfrac{1}{\sqrt{2\hbar m\omega}}(m\omega\hat{y} + \mathrm{i}\hat{p}_y) \end{cases} \tag{4.27}$$

坐标表象下的基态波函数为

$$\psi_{0,0}(x,y) = \psi_0(x)\psi_0(y) = \sqrt{\frac{m\omega}{\pi\hbar}}\mathrm{e}^{-\frac{m\omega(x^2+y^2)}{2\hbar}} \tag{4.28}$$

ψ_{n_x,n_y} 对应的能量本征值为

$$E_{n_x,n_y} = E_{n_x} + E_{n_y} = \left(n_x + \frac{1}{2}\right)\hbar\omega + \left(n_y + \frac{1}{2}\right)\hbar\omega = (n_x + n_y + 1)\hbar\omega \tag{4.29}$$

根据式 (4.27) 可知，哈密顿量 $\hat{H}$ 也可以写作升降算符形式：

$$\hat{H} = \hbar\omega\left(\hat{a}_x^\dagger\hat{a}_x + \frac{1}{2} + \hat{a}_y^\dagger\hat{a}_y + \frac{1}{2}\right) \tag{4.30}$$

可以注意到，根据式 (4.29) 与式 (4.30)，当 $n_{x_1} + n_{y_1} = n_{x_2} + n_{y_2}$ 时，不同本征波函数具有相同的本征值，这一现象被称为"该本征值简并"，我们将在 4.4 节中详细说明。

与一维谐振子相同，从式 (4.30) 出发，我们可以定义二维谐振子的粒子数算符 $\hat{N} = \hat{N}_x + \hat{N}_y = \hat{a}_x^\dagger\hat{a}_x + \hat{a}_y^\dagger\hat{a}_y$，其本征态为 $\{|n_x\rangle|n_y\rangle\}$：

$$\begin{cases} \hat{N}_x|n_x\rangle|n_y\rangle = n_x|n_x\rangle|n_y\rangle \\ \hat{N}_y|n_x\rangle|n_y\rangle = n_y|n_x\rangle|n_y\rangle \\ \hat{N}|n_x\rangle|n_y\rangle = (\hat{N}_x + \hat{N}_y)|n_x\rangle|n_y\rangle = (n_x + n_y)|n_x\rangle|n_y\rangle \end{cases} \tag{4.31}$$

粒子数算符的本征态同时是哈密顿量算符的本征态：

$$\hat{H}|n_x\rangle|n_y\rangle = (n_x + n_y + 1)\hbar\omega|n_x\rangle|n_y\rangle \tag{4.32}$$

福克态 $\{|n_x\rangle|n_y\rangle\}$ 在 x、y 两模式的产生、湮灭算符作用下满足以下性质：

$$\begin{cases} \hat{a}_x^\dagger|n_x\rangle|n_y\rangle = \sqrt{n_x + 1}|n_x + 1\rangle|n_y\rangle \\ \hat{a}_x|n_x\rangle|n_y\rangle = \sqrt{n_x}|n_x - 1\rangle|n_y\rangle \\ \hat{a}_y^\dagger|n_x\rangle|n_y\rangle = \sqrt{n_y + 1}|n_x\rangle|n_y + 1\rangle \\ \hat{a}_y|n_x\rangle|n_y\rangle = \sqrt{n_y}|n_x\rangle|n_y - 1\rangle \end{cases} \tag{4.33}$$

4.2　空间角动量

在直角坐标系下，经典物理学中，粒子 (轨道) 角动量的表达式为

$$\vec{L} = \vec{r} \times \vec{p} \tag{4.34}$$

它是一个矢量。按叉乘定义，它的各个分量是：

$$\begin{cases} \vec{L}_x = \vec{y}\vec{p}_z - \vec{z}\vec{p}_y \\ \vec{L}_y = \vec{z}\vec{p}_x - \vec{x}\vec{p}_z \\ \vec{L}_z = \vec{x}\vec{p}_y - \vec{y}\vec{p}_x \\ \vec{L}^2 = \vec{L}_x^2 + \vec{L}_y^2 + \vec{L}_z^2 \end{cases} \tag{4.35}$$

将上述公式算符化，可以得到量子力学中的角动量算符（位置空间的表示），有：

$$\begin{cases} \hat{L}_x = \hat{y}\hat{p}_z - \hat{z}\hat{p}_y = -i\hbar \left(y\dfrac{\partial}{\partial z} - z\dfrac{\partial}{\partial y} \right) \\[2mm] \hat{L}_y = \hat{z}\hat{p}_x - \hat{x}\hat{p}_z = -i\hbar \left(z\dfrac{\partial}{\partial x} - x\dfrac{\partial}{\partial z} \right) \\[2mm] \hat{L}_z = \hat{x}\hat{p}_y - \hat{y}\hat{p}_x = -i\hbar \left(x\dfrac{\partial}{\partial y} - y\dfrac{\partial}{\partial x} \right) \end{cases} \tag{4.36}$$

它们是角动量的分量算符。当然，角动量分量及分量算符并不仅限于 x、y、z 三个方向，它存在于任何 α 方向。我们还有：

$$\hat{L}^2 = \hat{L}_x^2 + \hat{L}_y^2 + \hat{L}_z^2 \tag{4.37}$$

这是角动量平方算符，直观地说它对应于"矢量模长的平方"，是一个非负的数，只有大小没有"方向"。这与前述的角动量分量不同，角动量分量必须是某个方向的分量。由于我们采用了位置空间表示，在上述算符化过程中，位置算符就是数，而经典物理学中的动量 p_α 则替换为 $-i\hbar\dfrac{\partial}{\partial\alpha}$。为区别于自旋角动量，我们有时候把上述角动量称为"空间角动量"或"轨道角动量"。为求解方便，我们采用球坐标，直角坐标与球坐标之间的坐标转换关系为

$$\begin{cases} x = r\sin\theta \cdot \cos\phi \\[1mm] y = r\sin\theta \cdot \sin\phi \\[1mm] z = r\cos\theta \\[1mm] r^2 = x^2 + y^2 + z^2 \end{cases} \tag{4.38}$$

因此角动量算符的球坐标表象为

$$\begin{cases} \hat{L}_x = i\hbar \left(\sin\phi\dfrac{\partial}{\partial\theta} + \tan\theta\cos\phi\dfrac{\partial}{\partial\phi} \right) \\[3mm] \hat{L}_y = -i\hbar \left(\cos\phi\dfrac{\partial}{\partial\theta} - \tan\theta\sin\phi\dfrac{\partial}{\partial\phi} \right) \\[3mm] \hat{L}_z = -i\hbar\dfrac{\partial}{\partial\phi} \\[3mm] \hat{L}^2 = -\hbar^2 \left[\dfrac{1}{\sin\theta}\dfrac{\partial}{\partial\theta} \left(\sin\theta\dfrac{\partial}{\partial\theta} \right) + \dfrac{1}{\sin^2\theta}\dfrac{\partial^2}{\partial\phi^2} \right] \end{cases}$$

可以求得算符 $\hat{L}^2$ 的本征态可以用球谐函数 $Y_{l,m}$ 表示，本征值为 $l(l+1)\hbar^2$；同时 $\hat{L}_z$ 的本征态也可以用 $Y_{l,m}$ 表示，本征值为 $m\hbar$。

$$Y_{l,m}(\theta,\phi) = \sqrt{\frac{(2l+1)}{4\pi}\frac{(l-m)!}{(l+m)!}} P_l^m(\cos\theta)\mathrm{e}^{\mathrm{i}m\phi} \tag{4.39}$$

其中 $P_l^m(\cos\theta)$ 是连带勒让德函数；球谐函数 $Y_{l,m}$ 是算符 $\hat{L}^2$ 和 $\hat{L}_z$ 的"共同本征态"，带有角标 l 和 m，满足本征态方程：

$$\boxed{\begin{aligned} \hat{L}^2 Y_{l,m}(\theta,\phi) &= l(l+1)\hbar^2 Y_{l,m}(\theta,\phi) \\ \hat{L}_z Y_{l,m}(\theta,\phi) &= m\hbar Y_{l,m}(\theta,\phi) \end{aligned}} \tag{4.40}$$

式 (4.40) 意味着在此共同本征态下 $\hat{L}^2$ 和 $\hat{L}_z$ 可以同时具有确定的值。其中角量子数 l 可取非负整数，磁量子数 m 取值范围受限于 l。m 的可能值为

$$m = l, l-1, l-2, \cdots, -(l-1), -l \tag{4.41}$$

若干具体 l, m 值的球谐函数：

$$\begin{cases} Y_{0,0}(\theta,\phi) = \dfrac{1}{\sqrt{4\pi}} \\[2mm] Y_{1,0}(\theta,\phi) = \sqrt{\dfrac{3}{4\pi}}\cos\theta \\[2mm] Y_{2,0}(\theta,\phi) = \sqrt{\dfrac{5}{16\pi}}\left(3\cos^2\theta - 1\right) \\[2mm] Y_{1,\pm1}(\theta,\phi) = \mp\sqrt{\dfrac{3}{8\pi}}\sin\theta \cdot \mathrm{e}^{\pm\mathrm{i}\phi} \\[2mm] Y_{2,\pm1}(\theta,\phi) = \mp\sqrt{\dfrac{15}{8\pi}}\sin\theta\cos\theta \cdot \mathrm{e}^{\pm\mathrm{i}\phi} \\[2mm] Y_{2,\pm2}(\theta,\phi) = \sqrt{\dfrac{15}{32\pi}}\sin^2\theta \cdot \mathrm{e}^{\pm2\mathrm{i}\phi} \end{cases} \tag{4.42}$$

这些球谐函数的函数图像将在图 5.1 给出。

说明：

① l 为角动量量子数，简称"角量子数"（类比于"矢量的模长"），可取非负整数；m 为磁量子数，它代表角动量的空间取向："z 向（或任意方向）角动量磁

量子数为确定值 m 的态"就是指在该方向角动量分量为确定值 $m\hbar$ 的态。本征波函数 $Y_{l,m}(\theta,\phi)$ 是正交归一的，我们可以采用记号 $|l,m\rangle$ 代表波函数为 $Y_{l,m}(\theta,\phi)$ 的态。特别地：

$$\begin{cases} \int Y_{l',m'}Y_{l,m}\mathrm{d}\Omega = \delta_{ll'}\delta_{mm'} \\ \langle l',m'|l,m\rangle = \delta_{ll'}\delta_{mm'} \end{cases} \tag{4.43}$$

$\delta_{\alpha\alpha'}$ 是克罗内克 δ 函数，当 $\alpha = \alpha'$ 时为 1，其余时刻均为 0。

② 根据式 (4.41)，每个 l 值（角量子数）对应着 $(2l+1)$ 个 m 值（磁量子数），即角量子数为确定值 l 的相互正交的空间态有 $2l+1$ 个。若 $l \geqslant 1$，我们必须给出 l 和 m 两个量子数才能确定其状态 $|l,m\rangle$，即波函数为 $Y_{l,m}(\theta,\phi)$ 的态。

③ 考察式 (4.40)，球谐函数 $Y_{l,m}(\theta,\phi)$ 是 $\hat{L}^2$ 和 $\hat{L}_z$ 的共同本征态，可以验证 $\hat{L}^2$ 与 $\hat{L}_z$ 是对易的，$[\hat{L}^2,\hat{L}_z] = [\hat{L}_z,\hat{L}^2] = 0$。如果粒子处于 $\hat{L}^2$ 和 $\hat{L}_z$ 的共同本征态 $Y_{l,m}(\theta,\phi)$ 上，它的角量子数 l 和磁量子数 m 同时具有确定值，即算符 $\hat{L}^2$ 和 $\hat{L}_z$ 可以同时具有确定的测量值。

更一般的，如果算符 $\hat{A}$ 和 $\hat{B}$ 是对易的，$[\hat{A},\hat{B}] = [\hat{B},\hat{A}] = 0$，那它们可以具有完备的共同本征态并且在此完备的共同本征态下算符 $\hat{A}$ 和 $\hat{B}$ 同时具有确定的测量值。如果算符 $\hat{A}$ 和算符 $\hat{B}$ 是不对易的，$[\hat{A},\hat{B}] \neq 0$，那么算符 $\hat{A}$ 和算符 $\hat{B}$ 不能有完备的共同本征态，但它们可以有个别的共同本征态，在该个别本征态下算符 $\hat{A}$ 和 $\hat{B}$ 可以同时具备确定的测量值。例如考虑算符 $\hat{L}_x$ 和 $\hat{L}_y$，显然，它们是不对易的，但是在态 $Y_{0,0}$ 下，这两个算符可以同时具备特定的测量值 0。

在上述分析中，因为空间没有哪一个方向是特殊的，上述结论中的角动量分量可以是任何方向：角动量平方和角动量 α 分量可以同时有确定值，共同本征函数为 $\mathcal{Y}_{l,m}^\alpha$，它表示角量子数为 l，且在 α 方向上磁量子数为 m 的态，即角量子数为 l，且 α 方向角动量分量为 $m\hbar$ 的态，即：

$$\hat{L}_\alpha \mathcal{Y}_{l,m}^\alpha = m\hbar \mathcal{Y}_{l,m}^\alpha \tag{4.44}$$

此前采用的无角标 α 符号 $Y_{l,m}(\theta,\phi)$ 代表磁量子数取向为 z 的情况，即 $\mathcal{Y}_{l,m}^z(\theta,\phi) = Y_{l,m}(\theta,\phi)$，且

$$\hat{L}_z \mathcal{Y}_{l,m}^z(\theta,\phi) = \hat{L}_z Y_{l,m}(\theta,\phi) = m\hbar Y_{l,m}(\theta,\phi) \tag{4.45}$$

类似地，波函数 $\mathcal{Y}_{l,m}^x(\theta,\phi)$ 即表示角量子数为 l，x 方向磁量子数为 m（即角动量 x 分量为 $m\hbar$）的态：

$$\hat{L}_x \mathcal{Y}_{l,m}^x(\theta,\phi) = m\hbar \mathcal{Y}_{l,m}^x(\theta,\phi) \tag{4.46}$$

④ 既然没有哪个方向是特殊的，由于显然的对称性，根据式 (4.41)，角量子数为 l 的态在任何方向 α 的磁量子数的可能取值都只能是

$$l, l-1, l-2, \cdots, -(l-1), -l \tag{4.47}$$

中的一个。据此显然可见，$l=0$ 的态只有一个，它在任何方向的投影值或分量值为 0。

⑤ 后面我们将证明，除了 $l=0$ 的态之外，不同方向的角动量分量没有共同本征态，即它们不能同时有确定值。

若干具体 l, m 值的球谐函数在直角坐标系下的表达式为

$$
\begin{cases}
Y_{0,0}(\theta, \phi) = \dfrac{1}{2}\sqrt{\dfrac{1}{\pi}} \\[3mm]
Y_{1,-1}(\theta, \phi) = \dfrac{1}{2}\sqrt{\dfrac{3}{2\pi}} \cdot e^{-i\phi} \cdot \sin\theta = \dfrac{1}{2}\sqrt{\dfrac{3}{2\pi}} \cdot \dfrac{(x-iy)}{r} \\[3mm]
Y_{1,0}(\theta, \phi) = \dfrac{1}{2}\sqrt{\dfrac{3}{\pi}} \cdot \cos\theta = \dfrac{1}{2}\sqrt{\dfrac{3}{\pi}} \cdot \dfrac{z}{r} \\[3mm]
Y_{1,1}(\theta, \phi) = -\dfrac{1}{2}\sqrt{\dfrac{3}{2\pi}} \cdot \sin\theta \cdot e^{i\phi} = -\dfrac{1}{2}\sqrt{\dfrac{3}{2\pi}} \cdot \dfrac{x+iy}{r} \\[3mm]
Y_{2,-2}(\theta, \phi) = \dfrac{1}{4}\sqrt{\dfrac{15}{2\pi}} \cdot e^{-2i\phi} \cdot \sin^2\theta = \dfrac{1}{4}\sqrt{\dfrac{15}{2\pi}} \cdot \dfrac{(x-iy)^2}{r^2} \\[3mm]
Y_{2,-1}(\theta, \phi) = \dfrac{1}{2}\sqrt{\dfrac{15}{2\pi}} \cdot e^{-i\phi} \cdot \sin\theta \cdot \cos\theta = \dfrac{1}{2}\sqrt{\dfrac{15}{2\pi}} \cdot \dfrac{(x-iy)z}{r^2} \\[3mm]
Y_{2,0}(\theta, \phi) = \dfrac{1}{4}\sqrt{\dfrac{5}{\pi}} \cdot (3\cos^2\theta - 1) = \dfrac{1}{4}\sqrt{\dfrac{5}{\pi}} \cdot \dfrac{(-x^2-y^2+2z^2)}{r^2} \\[3mm]
Y_{2,1}(\theta, \phi) = \dfrac{-1}{2}\sqrt{\dfrac{15}{2\pi}} \cdot e^{i\phi} \cdot \sin\theta \cdot \cos\theta = \dfrac{-1}{2}\sqrt{\dfrac{15}{2\pi}} \cdot \dfrac{(x+iy)z}{r^2} \\[3mm]
Y_{2,2}(\theta, \phi) = \dfrac{1}{4}\sqrt{\dfrac{15}{2\pi}} \cdot e^{2i\phi} \cdot \sin^2\theta = \dfrac{1}{4}\sqrt{\dfrac{15}{2\pi}} \cdot \dfrac{(x+iy)^2}{r^2}
\end{cases}
\tag{4.48}
$$

例题 4.4 式 (4.42) 中所给的球谐函数中的磁量子数用的是 z 轴投影，即角

动量的 z 分量。基于该公式，角量子数为 l，且 x 方向的磁量子数为 0 的状态或波函数（即角动量 x 分量为 0 的态）是什么？

解 根据式 (4.42) 与式 (4.48)，球谐函数 $Y_{1,0} = \mathcal{Y}_{1,0}^{z} = \sqrt{\dfrac{3}{4\pi}}\cos\theta$，在直角坐标系中就是 $Y_{1,0} = \mathcal{Y}_{1,0}^{z} = \sqrt{\dfrac{3}{4\pi}}\dfrac{z}{r}$，代表 $l = 1$ 且 z 向磁量子数为 0（角动量 z 分量为 0）的态。由于显然的空间对称性，$l = 1$ 且角动量 x 分量为 0 的态的波函数必为 $\mathcal{Y}_{1,0}^{x} = \sqrt{\dfrac{3}{4\pi}}\dfrac{x}{r}$，它可以写成球谐函数 $\mathcal{Y}_{1,1}^{z} = -\dfrac{1}{2}\sqrt{\dfrac{3}{2\pi}}\cdot\dfrac{(x+\mathrm{i}y)}{r}$ 与 $\mathcal{Y}_{1,-1}^{z} = \dfrac{1}{2}\sqrt{\dfrac{3}{2\pi}}\cdot\dfrac{(x-\mathrm{i}y)}{r}$ 的线性叠加：

$$\mathcal{Y}_{1,0}^{x} = -\frac{1}{\sqrt{2}}(\mathcal{Y}_{1,1}^{z} - \mathcal{Y}_{1,-1}^{z}) = -\frac{1}{\sqrt{2}}(Y_{1,1} - Y_{1,-1}) \tag{4.49}$$

类似地，$\mathcal{Y}_{1,0}^{z} = \sqrt{\dfrac{3}{4\pi}}\dfrac{z}{r}$ 可以写成球谐函数 $\mathcal{Y}_{1,1}^{x} = -\dfrac{1}{2}\sqrt{\dfrac{3}{2\pi}}\cdot\dfrac{(z+\mathrm{i}y)}{r}$ 与 $\mathcal{Y}_{1,-1}^{x} = \dfrac{1}{2}\sqrt{\dfrac{3}{2\pi}}\cdot\dfrac{(z-\mathrm{i}y)}{r}$ 的线性叠加：

$$Y_{1,0} = \mathcal{Y}_{1,0}^{z} = -\frac{1}{\sqrt{2}}(\mathcal{Y}_{1,1}^{x} - \mathcal{Y}_{1,-1}^{x}) \tag{4.50}$$

由式 (4.50) 可知，对于态 $Y_{1,0}$，测得角动量 x 分量为 0 的概率是 0，为 $\hbar$ 的概率是 50%。

例题 4.5 基于式 (4.42)，角量子数 $l = 2$，且 x 方向的磁量子数 $m = 0$ 的状态或波函数（即角动量 x 分量为 0 的态）是什么？

解 根据式 (4.42) 与式 (4.48)，球谐函数 $Y_{2,0} = \mathcal{Y}_{2,0}^{z} = \sqrt{\dfrac{5}{16\pi}}(3\cos^2\theta - 1)$，在直角坐标系中就是 $Y_{2,0} = \mathcal{Y}_{2,0}^{z} = \sqrt{\dfrac{5}{16\pi}}\left(\dfrac{3z^2}{r^2} - 1\right)$。根据空间对称性，球谐函数 $\mathcal{Y}_{2,0}^{x}$ 可通过进行如下变化获得：$z \to x$，$x \to y$，$y \to z$ 变换后球谐函数为

$$\mathcal{Y}_{2,0}^{x} = \sqrt{\frac{5}{16\pi}}\left(\frac{3x^2}{r^2} - 1\right) \tag{4.51}$$

例题 4.6　任何球谐函数 $\mathcal{Y}_{l,m}^z$ 是 $\hat{L}^2$ 与 $\hat{L}_z$ 的共同本征态。是不是任何球谐函数 $Y_{l,m}$ 也都是 $\hat{L}_z$ 和 $\hat{L}_x$ 的共同本征态？

解　不是。例如 $Y_{1,0}$，它是 $\hat{L}_z$ 的本征态，但不是 $\hat{L}_x$ 的本征态。

$$Y_{1,0} = \mathcal{Y}_{1,0}^z = -\frac{1}{\sqrt{2}}(\mathcal{Y}_{1,1}^x - \mathcal{Y}_{1,-1}^x) \tag{4.52}$$

因此，

$$\hat{L}_x Y_{1,0} = \hat{L}_x \mathcal{Y}_{1,0}^z = -\frac{1}{\sqrt{2}}\hat{L}_x(\mathcal{Y}_{1,1}^x - \mathcal{Y}_{1,-1}^x) = -\frac{\hbar}{\sqrt{2}}(\mathcal{Y}_{1,1}^x + \mathcal{Y}_{1,-1}^x) \tag{4.53}$$

事实上，除了 $l = 0$ 的态之外，不同方向的角动量分量没有共同本征态，即它们不能同时有确定值。

笔记

例题 4.4 和例题 4.5 是基于显然的空间对称性，固定角量子数 l，由角动量 z 分量为 $\hbar$ 的波函数形式而获得角动量 x 分量为 $\hbar$ 的波函数。计算中所用到的 z 向磁量子数 m 的波函数 $\mathcal{Y}_{l,m}^z$ 形式比较简单，只涉及变量 z 和 r。对这种情况，显然地，把函数式中 z 替换为 x 即可获得 x 方向磁量子数为 m 的波函数。

更一般的情况下，角动量 z 分量为 $m\hbar$ 的波函数 $\mathcal{Y}_{l,m}^z$ 可能涉及多个变量，此时依然可以基于空间对称性写出任意 z' 方向角动量分量为 $m\hbar$ 的波函数 $\mathcal{Y}_{l,m}^{z'}$。显然地，若在 x-y-z 直角坐标系中，波函数 $f(x,y,z)$ 的角量子数和 z 向磁量子数为确定值 l、m，则在直角坐标系 x'-y'-z' 中，波函数 $f(x',y',z')$ 的角量子数和 z' 向磁量子数也一定为确定值 l、m（所有坐标系都是右手征的）。即如果波函数 $f(x,y,z)$ 表示角量子数和 z 向磁量子数有确定值 l、m 的态，则将函数 $f(x,y,z)$ 自变量 x、y、z 分别替换为 x'、y'、z' 而成为角量子数为 l，z' 向磁量子数为 m 的波函数。再根据两组变量 (x',y',z') 与 (x,y,z) 之间的关系，可以在 x-y-z 坐标系中写出角量子数为 l 且角动量 z' 分量为确定值 $m\hbar$ 的波函数：$f(x'(x,y,z), y'(x,y,z), z'(x,y,z))$。

例题 4.7　基于式 (4.42)，角量子数 $l = 2$，且 x 方向角分量为 $\hbar$ 的状态或波函数（即角动量 x 分量为 1 的态）是什么？

解　根据式 (4.42) 与式 (4.48)，球谐函数 $Y_{2,1} = \mathcal{Y}_{2,1}^z = -\sqrt{\dfrac{15}{8\pi}}\sin\theta\cos\theta \mathrm{e}^{\mathrm{i}\phi} =$

$-\sqrt{\dfrac{15}{8\pi}}\sin\theta\cos\theta(\cos\phi+\mathrm{i}\sin\phi)$，在直角坐标系中就是 $Y_{2,1}=\mathcal{Y}_{2,1}^{z}=-\sqrt{\dfrac{15}{8\pi}}\left(\dfrac{xz}{r^2}+\mathrm{i}\dfrac{yz}{r^2}\right)$。

根据空间对称性，z' 方向角动量分量为 $\hbar$ 的球谐函数 $\mathcal{Y}_{2,1}^{z'}$ 为

$$\mathcal{Y}_{2,1}^{z'}=-\sqrt{\dfrac{15}{8\pi}}\left(\dfrac{x'z'}{r^2}+\mathrm{i}\dfrac{y'z'}{r^2}\right)$$

其中 $z'=x$。根据右手征坐标系的变换规则：$z'=x$，$x'=y$，$y'=z$；给出 x 方向磁量子数为 1 的球谐函数：

$$\begin{aligned}
\mathcal{Y}_{2,1}^{x}&=-\sqrt{\dfrac{15}{8\pi}}\left(\dfrac{xy}{r^2}+\mathrm{i}\dfrac{xz}{r^2}\right)\\
&=-\sqrt{\dfrac{15}{8\pi}}\sin\theta\cos\phi(\sin\theta\sin\phi+\mathrm{i}\cos\theta)\\
&=-\mathrm{i}\sqrt{\dfrac{15}{8\pi}}\sin\theta\cos\theta\dfrac{\mathrm{e}^{\mathrm{i}\phi}+\mathrm{e}^{-\mathrm{i}\phi}}{2}+2\mathrm{i}\sqrt{\dfrac{15}{32\pi}}\sin^2\theta\dfrac{\mathrm{e}^{2\mathrm{i}\phi}-\mathrm{e}^{-2\mathrm{i}\phi}}{4}\\
&=\dfrac{\mathrm{i}}{2}(\mathcal{Y}_{2,1}^{z}-\mathcal{Y}_{2,-1}^{z})-\dfrac{\mathrm{i}}{2}(\mathcal{Y}_{2,2}^{z}+\mathcal{Y}_{2,-2}^{z})
\end{aligned}\tag{4.54}$$

这一公式说明，若我们对角动量量子数 $l=2$ 的粒子在 x 方向分量进行测量并获得测量结果 $m=1$ 后，再对 z 方向分量进行测量，可能出现的结果包括 $m=2$，1，-1，-2，而 $m=0$ 的测量结果不会出现。

4.3　角动量的合成

在本节中我们考虑角动量的合成，主要回答由两个粒子组成的体系所具有的角动量是多少的问题。在更高级的课程中，有更加简洁的办法。在此仅基于本书内容研究这一问题。

首先考虑自旋系统，设两个电子的自旋算符分别为 $\hat{S}_1$ 与 $\hat{S}_2$，如果我们考虑两个电子自旋在 z 方向上的本征态，那么该双电子体系可以有如下四种相互正交的状态：

$$\begin{cases} \left| m_1 = \dfrac{1}{2}, m_2 = \dfrac{1}{2} \right\rangle = |z+\rangle|z+\rangle \\[2mm] \left| m_1 = \dfrac{1}{2}, m_2 = -\dfrac{1}{2} \right\rangle = |z+\rangle|z-\rangle \\[2mm] \left| m_1 = -\dfrac{1}{2}, m_2 = \dfrac{1}{2} \right\rangle = |z-\rangle|z+\rangle \\[2mm] \left| m_1 = -\dfrac{1}{2}, m_2 = -\dfrac{1}{2} \right\rangle = |z-\rangle|z-\rangle \end{cases} \tag{4.55}$$

在这里我们使用 m_1 和 m_2 来代表 $\hat{S}_1$ 与 $\hat{S}_2$ 在 z 方向上的自旋量子数。该双电子体系空间具有四个自由度，所以这个空间里的任何状态都可以由式 (4.55) 的四个态的线性叠加来表示，这也意味着这个空间内任意一个算符的本征态都可以由式 (4.55) 的四个态的线性叠加来表示。

定义双电子体系所具有的总自旋角动量，即双电子自旋之和为 $\hat{S}$：

$$\hat{S} = \hat{S}_1 + \hat{S}_2 \tag{4.56}$$

在对式 (4.40) 的分析中，角动量平方算符 $\hat{L}^2$ 的本征值 $l(l+1)\hbar^2$ 决定了角动量量子数 l。类似地，可以通过寻找 $\hat{S}^2$ 算符的本征值 $s(s+1)\hbar^2$ 确定两粒子态的（总自旋）角动量量子数为 s 的态。有：

$$\begin{cases} \hat{S}^2|z+\rangle|z+\rangle = 2\hbar^2|z+\rangle|z+\rangle \\[2mm] \hat{S}^2|z-\rangle|z-\rangle = 2\hbar^2|z-\rangle|z-\rangle \end{cases}$$

而 $|z+\rangle|z-\rangle$ 与 $|z-\rangle|z+\rangle$ 并不是 $\hat{S}^2$ 的本征态：

$$\begin{cases} \hat{S}^2|z+\rangle|z-\rangle = \hbar^2(|z+\rangle|z-\rangle + |z-\rangle|z+\rangle) \\[2mm] \hat{S}^2|z-\rangle|z+\rangle = \hbar^2(|z+\rangle|z-\rangle + |z-\rangle|z+\rangle) \end{cases}$$

$\hat{S}^2$ 另外两个本征态可以由式 (4.55) 的四个态的线性叠加来表示，但是这两个新的本征态需要与态 $|z+\rangle|z+\rangle$ 和 $|z-\rangle|z-\rangle$ 相互正交，所以 $\hat{S}^2$ 另外两个本征态可以表示为

$$|\chi\rangle = c_1|z+\rangle|z-\rangle + c_2|z-\rangle|z+\rangle \tag{4.57}$$

该本征态需要满足：

$$\hat{S}^2|\chi\rangle = \lambda\hbar^2|\chi\rangle \tag{4.58}$$

通过求解式 (4.58)，可以得到：

$$
\begin{cases}
\lambda = 0, & |\chi\rangle = \dfrac{1}{\sqrt{2}}(|z+\rangle|z-\rangle - |z-\rangle|z+\rangle) \\[2mm]
\lambda = 2, & |\chi\rangle = \dfrac{1}{\sqrt{2}}(|z+\rangle|z-\rangle + |z-\rangle|z+\rangle)
\end{cases}
$$

以上计算表明，态 $|\chi\rangle = \dfrac{1}{\sqrt{2}}(|z+\rangle|z-\rangle - |z-\rangle|z+\rangle)$ 的（总自旋）角动量量子数为 0，态 $|\chi\rangle = \dfrac{1}{\sqrt{2}}(|z+\rangle|z-\rangle + |z-\rangle|z+\rangle)$ 的（总自旋）角动量量子数为 1。

尽管已经得到了 $\hat{S}^2$ 的四个本征态，但是我们发现，有三个本征态的本征值为 $2\hbar^2$，这就导致我们只凭借 $\hat{S}$ 这一个物理量的本征值无法区分这三个态，为了解决这个问题，我们引入算符 $\hat{S}_z = \hat{S}_{1z} + \hat{S}_{2z}$ 为总自旋算符 $\hat{S}$ 在 z 方向上的投影，此时有：

$$
\begin{cases}
\hat{S}_z|z+\rangle|z+\rangle = \hbar|z+\rangle|z+\rangle \\[2mm]
\hat{S}_z|z-\rangle|z-\rangle = -\hbar|z-\rangle|z-\rangle \\[2mm]
\hat{S}_z\dfrac{1}{\sqrt{2}}(|z+\rangle|z-\rangle + |z-\rangle|z+\rangle) = 0 \\[2mm]
\hat{S}_z\dfrac{1}{\sqrt{2}}(|z+\rangle|z-\rangle - |z-\rangle|z+\rangle) = 0
\end{cases}
$$

问题 4.6 如何计算 $\hat{S}_z|z_1+, z_2+\rangle$？（提示：$\hat{S}_z = \hat{S}_{1z} + \hat{S}_{2z} = \hat{s}_z \otimes I + I \otimes \hat{s}_z$，其中，$\hat{s}_z$ 为单个电子的自旋算符 z 分量。）

若我们将 $\hat{S}_z$ 的本征值记为 $m\hbar$，则可以用态 $|s, m\rangle$ 来唯一标记我们在上面求得的 $\hat{S}^2$ 的四个本征态，即

$$
\begin{cases}
|s = 1, m = 1\rangle = |z+\rangle|z+\rangle \\[2mm]
|s = 1, m = -1\rangle = |z-\rangle|z-\rangle \\[2mm]
|s = 1, m = 0\rangle = \dfrac{1}{\sqrt{2}}(|z+\rangle|z-\rangle + |z-\rangle|z+\rangle) \\[2mm]
|s = 0, m = 0\rangle = \dfrac{1}{\sqrt{2}}(|z+\rangle|z-\rangle - |z-\rangle|z+\rangle)
\end{cases}
\tag{4.59}
$$

其中，态 $|s = 1, m = \pm 1, 0\rangle$ 被称为"自旋三重态"，而态 $|s = 0, m = 0\rangle$ 被称为"自旋单态"。

在上面的分析中，我们主要应用了总自旋角动量算符 $\hat{S}$ 的性质从而构造出了自旋单态 $|s=0, m=0\rangle$ 和自旋三重态 $|s=1, m=\pm 1, 0\rangle$。接下来，我们将从另一个角度理解自旋单态和自旋三重态。

我们在 4.2 节中知道，轨道角动量算符 $\hat{L}^2$ 的本征值为 $l(l+1)\hbar^2$，那么任意角动量算符 $\hat{J}^2$ 的本征值为 $j(j+1)\hbar^2$。轨道角动量量子数为 l 的态在任何方向 α 上磁量子数只能取如下值：

$$l, l-1, l-2, \cdots, -(l-1), -l$$

那么该轨道角动量在任意方向上投影的可能值为

$$l\hbar, (l-1)\hbar, (l-2)\hbar, \cdots, -(l-1)\hbar, -l\hbar$$

该关系对任意角动量算符为 $\hat{J}$ 的态均成立，即角动量量子数为 j 的态在任意方向上投影的可能值为

$$j\hbar, (j-1)\hbar, (j-2)\hbar, \cdots, -(j-1)\hbar, -j\hbar$$

这也意味着，角动量量子数为 j 的正交态一共有 $2j+1$ 个。

依上述规则，角动量量子数为 0 的态只有一个，它在任何方向的投影值都是 0。进一步，角动量为 0 的态就是在任何方向投影都是 0 的态。

📔 笔记

> 直观地说，把总量子数看成矢量模长，若所有方向的投影值都是 0，则模长一定是 0。严格地说，如果一个态 $|\psi\rangle$，任何方向角动量投影都是 0，可以很容易验证，它是总角动量平方算符 $\hat{J}^2 = \hat{J}_x^2 + \hat{J}_y^2 + \hat{J}_z^2$ 的本征态，本征值为 0，即 $j(j+1) = 0$。

为清楚起见，在下面的表述中将使用带角标的符号 m_α 表示在 α 方向上的磁量子数。磁量子数为 m_α 的态，是指角动量的 α 方向分量为确定值 $m_\alpha \hbar$ 的态。以 $\alpha = z$ 为例，算符 $\hat{S}_{z1} + \hat{S}_{z2}$ 的本征值有 3 个：$\hbar$、0、$-\hbar$，对应的本征态分别为两个自旋都朝上、一上一下和都朝下的态，z 向磁量子数分别为 1、0、-1。

考虑两个自旋为 1/2 的电子组成的系统，其角动量算符分别为 $\hat{S}_1$ 和 $\hat{S}_2$，我们用 $\hat{S} = \hat{S}_1 + \hat{S}_2$ 表示该系统总的自旋角动量算符，用 s 代表总自旋角动量量子数，用 m_α 代表 $\hat{S}$ 在 α 方向上投影的磁量子数。首先我们要找到以 s 量子数及其磁量子数 m_α 为标记的基础态 $\{|s, m_\alpha\rangle\}$。显然，磁量子数 m_α 只能取 1，0，-1 的值。

以"模长"观点来看，两个矢量合成后的矢量模长最大可以是每个模长之和，最小可以是模长差的绝对值（模长必须是正的）。这样两个自旋 1/2 的电子的自

旋角动量量子数可以是 1 或 0，也可能为 0 和 1 之间的某个值。事实上，两个自旋 1/2 的电子的自旋角动量量子数必须只能是 1 或 0，不能是 0 和 1 之间的其他值。这是因为若考虑角动量的量子化属性：自旋角动量量子数为 s 的态在任何 α 方向上可能的磁量子数 m_α 只能为

$$s, (s-1), \cdots, -(s-1), -s$$

这意味着，可以观测到的投影值或磁量子数 m_α 对系统的角动量量子数产生约束：$s - |m_\alpha| = k$，其中 k 为非负整数。因此对于两个自旋 1/2 的电子，其磁量子数 m_α 只能是 1，0，−1。此即说明 s 只能是非负整数，结合"模长"观点，s 不能大于 1，因此 s 只能取 0 或 1。

$s = 0$ 的态只能有一个，它就是

$$|s = 0, m_\alpha = 0\rangle = \frac{1}{\sqrt{2}}(|\alpha+\rangle|\alpha-\rangle - |\alpha-\rangle|\alpha+\rangle) \tag{4.60}$$

显然此态对任何方向 $m_\alpha = 0$，因为两个自旋在任何方向都是反平行的，那么根据上述分析，我们可以知道 $s = 0$，因此它是总自旋角动量平方算符 $\hat{S}^2$ 的本征态，本征值为零，即 $s(s+1) = 0$。

问题 4.7 证明态 $|s = 0, m_\alpha = 0\rangle$ 在任何方向上角动量投影值为零。

两个自旋 1/2 的电子构成了 4 维的希尔伯特空间。我们已经找到了态 $|s = 0, m_\alpha = 0\rangle$，而且又知道 $s = 0$ 的态只有一个，因此任何与 $|s = 0, m_\alpha = 0\rangle$ 正交的态都是 $s = 1$ 的态。由此，我们可以写出：

$$\begin{cases} |s = 1, m_\alpha = 1\rangle = |\alpha+\rangle|\alpha+\rangle \\ |s = 1, m_\alpha = 0\rangle = \frac{1}{\sqrt{2}}(|\alpha+\rangle|\alpha-\rangle + |\alpha-\rangle|\alpha+\rangle) \\ |s = 1, m_\alpha = -1\rangle = |\alpha-\rangle|\alpha-\rangle \end{cases} \tag{4.61}$$

> **✎ 笔记**
>
> 式 (4.61) 也可根据空间对称性由式 (4.59) 直接获得。式 (4.59) 给出了角动量量子数为 1 且角动量 z 分量为不同值的状态。角动量量子数与分量方向无关，因此把式 (4.59) 中所有的 $|z\pm\rangle$ 替换为 $|\alpha\pm\rangle$ 即得到角动量量子数为 1 且角动量 α 分量为相应不同值的状态。

问题 4.8 角动量量子数为 0 的状态只有一个，在空间任何方向的分量都为零。请证明式 (4.59) 最后一个等式中角动量量子数为 0 且 z 分量为 0 的态与式 (4.60) 中角动量量子数为 0 且 α 分量为 0 的态为同一个态。

例题 4.8 (例题 4.4 的另一种解法)　式 (4.42) 中所给的球谐函数中的磁量子数用的是 z 轴投影，即角动量的 z 分量。基于该公式，角量子数为 l，且 x 方向的磁量子数 $m_x = 0$ 的状态或波函数（即角动量 x 分量为 0 的态）是什么？

解　在两个自旋为 1/2 的粒子表象下，根据式 (4.59) 或式 (4.61)，角动量量子数为 1 且 z 分量磁量子数 $m = 1, 0, -1$ 的态为

$$\begin{cases} |s=1, m_z=1\rangle = |z+\rangle|z+\rangle \\[2mm] |s=1, m_z=0\rangle = \dfrac{1}{\sqrt{2}}(|z+\rangle|z-\rangle + |z-\rangle|z+\rangle) \\[2mm] |s=1, m_z=-1\rangle = |z-\rangle|z-\rangle \end{cases}$$

根据式 (4.61)，角动量量子数为 1 且角动量 x 分量为 0 的态为

$$|s=1, m_x=0\rangle = \frac{1}{\sqrt{2}}(|x+\rangle|x-\rangle + |x-\rangle|x+\rangle)$$

因为

$$\begin{cases} |x+\rangle = \dfrac{1}{\sqrt{2}}(|z+\rangle + |z-\rangle) \\[2mm] |x-\rangle = \dfrac{1}{\sqrt{2}}(|z+\rangle - |z-\rangle) \end{cases}$$

所以我们可以求得：

$$|s=1, m_x=0\rangle = \frac{1}{\sqrt{2}}(|s=1, m_z=1\rangle - |s=1, m_z=-1\rangle)$$

这种由两个自旋为 1/2 的粒子构成的自旋三重态也可以看做是一个自旋为 1 的体系，用 $l=1$ 的球谐函数表示上述关系可以得到：

$$\mathcal{Y}_{1,0}^x = \frac{1}{2}(\mathcal{Y}_{1,1}^z - \mathcal{Y}_{1,-1}^z)$$

 笔记

算符与测量公设指向物理量而非具体的物理系统，状态的叠加性质只取决于状态本身。比如角量子数为 1 且角动量 x 分量为 0 的态，它可以写成角量子数为 1 但自旋 z 分量不同的态的线性叠加，这样的线性叠加式不因具体物理系统而改变。即，可由两个自旋为 $\dfrac{1}{2}$ 的复合系统合成而得的态的线性

叠加式，给出空间角动量相应的线性叠加式，反之亦然。

从上面的分析中可以看到，对于两个自旋角动量为 1/2 的电子，组合的系统的总自旋角动量量子数可能为 $1 = 1/2 + 1/2$，在 α 方向的投影为 $-1, 0, 1$；总自旋角动量量子数也可能为 $0 = 1/2 - 1/2$，在 α 方向上的投影为 0。更一般的，对于两个任意粒子组成的系统，若一个粒子具有的角动量可以用算符表示为 $\hat{J}_1$，角动量算符平方的本征值为 $j_1(j_1 + 1)\hbar^2$，另一个粒子所具有的角动量可以用算符表示为 $\hat{J}_2$，角动量算符平方的本征值为 $j_2(j_2 + 1)\hbar^2$，那么它们组成的系统的总角动量算符平方 $\hat{J}^2 = (\hat{J}_1 + \hat{J}_2)^2$，其本征值为 $j(j+1)\hbar^2$，j 可以取值为

$$j = j_1 + j_2,\ j_1 + j_2 - 1,\ \cdots,\ |j_1 - j_2| \tag{4.62}$$

即对于角动量算符为 $\hat{J}_1$ 和 $\hat{J}_2$ 的两个粒子，可以组合出如式 (4.62) 所示的不同 j 的状态。对于每个确定的 j，总角动量算符在 α 方向上的投影值有 $-j, (-j+1)$，$\cdots$，j 等 $2j + 1$ 种取值。

4.4　简并与测量

4.4.1　二维无限深方势阱

在第 1 章中我们曾介绍过一维无限深方势阱。若我们将其推广至二维，可定义如下的二维无限深方势阱：

$$V(x,y) = \begin{cases} 0, & 0 \leqslant x \leqslant b, 0 \leqslant y \leqslant b \\ \infty, & x \leqslant 0, x \geqslant b, y \leqslant 0, y \geqslant b \end{cases} \tag{4.63}$$

回顾我们已掌握的一维无限深方势阱，二维无限深方势阱在两方向上的定态薛定谔方程分别满足：

$$\begin{cases} \dfrac{\partial^2 \psi}{\partial x^2} + k_x^2 \psi = 0 \\ \dfrac{\partial^2 \psi}{\partial y^2} + k_y^2 \psi = 0 \end{cases} \tag{4.64}$$

那么二维无限深方势阱中的定态波函数应有形式：

$$\psi(x,y) = [C_1 \sin(k_x x) + C_2 \cos(k_x x)][C_3 \sin(k_y y) + C_4 \cos(k_y y)] \tag{4.65}$$

考虑波函数的连续性，在 $x = 0$，$x = b$，$y = 0$，$y = b$ 等处波函数取值应为 0，因此波函数形式应为

$$\psi(x, y) = C \sin\left(k_x x\right) \sin\left(k_y y\right)$$

且满足 $\sin\left(k_x b\right) = 0$ 与 $\sin\left(k_y b\right) = 0$，也即 k_x、k_y 分别满足 $k_x \cdot b = n_x \pi$ 与 $k_y \cdot b = n_y \pi$，对于满足边界条件的 (k_x, k_y)，波函数写作以下形式：

$$\psi_{n_x, n_y}(x, y) = C \sin\left(\frac{n_x \pi}{b} x\right) \sin\left(\frac{n_y \pi}{b} y\right)$$

应用 $\displaystyle\int_{-\infty}^{\infty} |\psi(x)|^2 \mathrm{d}x = 1$ 归一化后得 $C = \dfrac{2}{b}$。即对应满足边界条件 (k_x, k_y) 的波函数为

$$\psi_{n_x, n_y}(x, y) = \frac{2}{b} \sin\left(\frac{n_x \pi x}{b}\right) \sin\left(\frac{n_y \pi y}{b}\right) \tag{4.66}$$

其对应的能量为 $E_{n_x, n_y} = \dfrac{(n_x^2 + n_y^2)\pi^2 \hbar^2}{2mb^2}$。以下为一些 (n_x, n_y) 取值及其对应的本征值和本征态：

$$
\begin{cases}
(n_x, n_y) = (1, 1), \psi_{(1,1)}(x, y) = \dfrac{2}{b} \sin\left(\dfrac{\pi x}{b}\right) \sin\left(\dfrac{\pi y}{b}\right), & E_{(1,1)} = \dfrac{\pi^2 \hbar^2}{mb^2} \\[2mm]
(n_x, n_y) = (1, 2), \psi_{(1,2)}(x, y) = \dfrac{2}{b} \sin\left(\dfrac{\pi x}{b}\right) \sin\left(\dfrac{2\pi y}{b}\right), & E_{(1,2)} = \dfrac{5\pi^2 \hbar^2}{2mb^2} \\[2mm]
(n_x, n_y) = (2, 1), \psi_{(2,1)}(x, y) = \dfrac{2}{b} \sin\left(\dfrac{2\pi x}{b}\right) \sin\left(\dfrac{\pi y}{b}\right), & E_{(2,1)} = \dfrac{5\pi^2 \hbar^2}{2mb^2} \\[2mm]
(n_x, n_y) = (2, 2), \psi_{(2,2)}(x, y) = \dfrac{2}{b} \sin\left(\dfrac{2\pi x}{b}\right) \sin\left(\dfrac{2\pi y}{b}\right), & E_{(2,2)} = \dfrac{4\pi^2 \hbar^2}{mb^2} \\[2mm]
(n_x, n_y) = (1, 3), \psi_{(1,3)}(x, y) = \dfrac{2}{b} \sin\left(\dfrac{\pi x}{b}\right) \sin\left(\dfrac{3\pi y}{b}\right), & E_{(1,3)} = \dfrac{5\pi^2 \hbar^2}{mb^2} \\[2mm]
(n_x, n_y) = (3, 1), \psi_{(3,1)}(x, y) = \dfrac{2}{b} \sin\left(\dfrac{3\pi x}{b}\right) \sin\left(\dfrac{\pi y}{b}\right), & E_{(3,1)} = \dfrac{5\pi^2 \hbar^2}{mb^2}
\end{cases}
$$

$$\tag{4.67}$$

4.4.2　简并

在式 (4.67) 中我们给出了二维无限深方势阱的能量本征态及其能量本征值，其中 $E_1 = \dfrac{\pi^2 \hbar^2}{mb^2}$ 为二维无限深方势阱的基态能量本征值，对应本征态 $|\psi_{(1,1)}\rangle$；

$E_2 = \dfrac{5\pi^2\hbar^2}{2mb^2}$ 为第一激发态能量本征值，$|\psi_{(1,2)}\rangle$ 与 $|\psi_{(2,1)}\rangle$ 两本征态都对应这一能量本征值。这种可观测量的两个或多个本征态对应同一本征值的现象被称为"简并"。

简并： 算符 $\hat{A}$ 的两个或多个本征态有相同的本征值，即

$$\begin{cases} \hat{A}|\psi_1\rangle = a|\psi_1\rangle \\ \hat{A}|\psi_2\rangle = a|\psi_2\rangle \end{cases} \tag{4.68}$$

称该本征值简并。

简并度： 若简并本征值共有 N 个相互正交的本征态，称该本征值的简并度为 N。

例题 4.9 二维无限深方势阱中粒子有波函数

$$\psi(x,y) = \begin{cases} \dfrac{2}{5b}\sin\left(\dfrac{\pi x}{b}\right)\sin\left(\dfrac{\pi y}{b}\right)\left[1 + 4\cos\left(\dfrac{\pi x}{b}\right) + 4\cos\left(\dfrac{\pi y}{b}\right)\right] + \\ \qquad\dfrac{8}{5b}\sin\left(\dfrac{2\pi x}{b}\right)\sin\left(2\dfrac{\pi y}{b}\right), \quad 0 \leqslant x \leqslant b, 0 \leqslant y \leqslant b \\ 0, \qquad\qquad\qquad\qquad\qquad\qquad\quad x \leqslant 0, x \geqslant b, y \leqslant 0, y \geqslant b \end{cases}$$

若对其能量进行测量，有哪些可能的结果，概率分别是多少？在测量得到不同结果后二维无限深方势阱中粒子波函数分别是什么？

解

$$\psi(x,y) = \frac{2}{5b}\sin\left(\frac{\pi x}{b}\right)\sin\left(\frac{\pi y}{b}\right)\left[1 + 4\cos\left(\frac{\pi x}{b}\right) + 4\cos\left(\frac{\pi y}{b}\right)\right] +$$
$$\frac{8}{5b}\sin\left(\frac{2\pi x}{b}\right)\sin\left(2\frac{\pi y}{b}\right)$$
$$= \frac{1}{5}\psi_{1,1}(x,y) + \frac{2}{5}[\psi_{1,2}(x,y) + \psi_{2,1}(x,y)] + \frac{4}{5}\psi_{2,2}(x,y)$$

回忆我们反复强调的测量公设，将 $\psi(x,y)$ 根据式 (1.54) 展开为对应不同能量本征值的本征态的线性叠加形式：

$$\psi(x,y) = \frac{1}{5}\psi_{1,1}(x,y) + \frac{2}{5}[\psi_{1,2}(x,y) + \psi_{2,1}(x,y)] + \frac{4}{5}\psi_{2,2}(x,y)$$
$$= \frac{1}{5}\psi_{E_1}(x,y) + \frac{2\sqrt{2}}{5}\psi_{E_2}(x,y) + \frac{4}{5}\psi_{E_3}(x,y)$$

其中 $\psi_{E_2}(x,y) = \dfrac{\psi_{1,2}(x,y) + \psi_{2,1}(x,y)}{\sqrt{2}}$ 是二维无限深方势阱的本征波函数 $\psi_{1,2}(x,y)$ 与 $\psi_{2,1}(x,y)$ 的线性叠加，是二维无限深方势阱中能量本征值为 $E_2 = \dfrac{5\pi^2\hbar^2}{2mb^2}$ 的本征态。

 笔记

回顾在第 1 章中讲到过的线性叠加原理。

此时我们已经将 $\psi(x,y)$ 写作对应不同能量本征值的能量本征态的线性叠加形式。运用测量结果概率的计算规则第二步，我们测得能量 $E_1 = \dfrac{2\pi^2\hbar^2}{2mb^2}$，$E_2 = \dfrac{5\pi^2\hbar^2}{2mb^2}$，$E_3 = \dfrac{8\pi^2\hbar^2}{2mb^2}$ 的概率及测量后的末态 $\psi'(x,y)$ 分别为

$$
\begin{cases}
P(E_1|\psi) = \dfrac{1}{25},\ \psi'(x,y) = \psi_{1,1}(x,y) \\[2mm]
P(E_2|\psi) = \left(\dfrac{2\sqrt{2}}{5}\right)^2 = \dfrac{8}{25},\ \psi'(x,y) = \dfrac{\psi_{1,2}(x,y) + \psi_{2,1}(x,y)}{\sqrt{2}} \\[2mm]
P(E_3|\psi) = \dfrac{16}{25},\ \psi'(x,y) = \psi_{2,2}(x,y)
\end{cases}
$$

问题 4.9　现有两个电子，每个自旋状态都是 $|x+\rangle = \dfrac{|\uparrow\rangle + |\downarrow\rangle}{\sqrt{2}}$，其中 $|\uparrow\rangle$、$|\downarrow\rangle$ 分别代表自旋朝上、朝下，观测该两粒子系统自旋角动量的 z 分量，有哪些可能的结果，概率分别是多少？

问题 4.10　粒子空间波函数为 $a_1 Y_{2,0} + a_2 Y_{1,0} + a_3 Y_{2,1}$，若测得空间角动量 z 向分量为 0，其空间波函数是什么？

问题 4.11　二维谐振子本征态为 $\{|n_x\rangle|n_y\rangle\}$，对应本征值 $\{E_{n_x,n_y} = (n_x + n_y + 1)\hbar\omega\}$。若对态矢量 $|\psi\rangle = \dfrac{1}{\sqrt{3}}|0\rangle|0\rangle + \dfrac{1}{\sqrt{2}}|1\rangle|0\rangle + \dfrac{1}{\sqrt{6}}|0\rangle|1\rangle$ 的能量进行测量，有哪些可能的结果，概率分别是多少？在测量得到不同结果后二维谐振子状态分别是什么？

第 5 章

原子中的电子

5.1 氢原子

5.1.1 氢原子的定态薛定谔方程

若用 m_e 来表示氢原子中的电子的质量，该电子的本征态可通过求解其定态薛定谔方程获得：

$$\left[-\frac{\hbar^2}{2m_e}\nabla^2 + U(r)\right]\psi(\boldsymbol{r}) = E\psi(\boldsymbol{r}) \tag{5.1}$$

其中 $U(r)$ 为起源于电子与原子核的库仑相互作用势能项：

$$U(r) = -\frac{e^2}{4\pi\varepsilon_0 r} \tag{5.2}$$

$U(r)$ 只与 r 有关，具有中心对称性，因此采用球坐标将能带来计算上的简化。同时也应注意到，在中心力场中，其能量（或者说哈密顿量的本征值）是各向同性的，具有旋转不变性，仅与径向参数 r 有关。

> ✎ **笔记**
>
> 严格地说，应该求解核与电子的两体系统，但是由于电子质量远小于核，可近似认为电子处于外场（库伦势）中。

参考式 (4.38)，将定态薛定谔方程式 (5.1) 改用球坐标 (r, θ, ϕ) 表示：

$$\left\{-\frac{\hbar^2}{2m_e}\left[\frac{1}{r^2}\frac{\partial}{\partial r}\left(r^2\frac{\partial}{\partial r}\right) + \frac{1}{r^2\sin\theta}\frac{\partial}{\partial\theta}\left(\sin\theta\frac{\partial}{\partial\theta}\right) + \frac{1}{r^2\sin^2\theta}\frac{\partial^2}{\partial\phi^2}\right] + U(r)\right\}\cdot$$
$$\psi(r,\theta,\phi) = E\psi(r,\theta,\phi) \tag{5.3}$$

采用球坐标 (r, θ, ϕ) 下的角动量平方算符 $\hat{L}^2$ 及角动量 z 分量算符 $\hat{L}_z$：

$$\begin{cases} \hat{L}^2 = -\hbar^2 \left[\dfrac{1}{\sin\theta} \dfrac{\partial}{\partial\theta} \left(\sin\theta \dfrac{\partial}{\partial\theta} \right) + \dfrac{1}{\sin^2\theta} \dfrac{\partial^2}{\partial\phi^2} \right] \\ \hat{L}_z = -\mathrm{i}\hbar \dfrac{\partial}{\partial\phi} \end{cases} \tag{5.4}$$

则此时氢原子哈密顿量可写作

$$\hat{H} = \left[-\frac{\hbar^2}{2m_e} \frac{1}{r^2} \frac{\partial}{\partial r} \left(r^2 \frac{\partial}{\partial r} \right) + U(r) \right] + \frac{\hat{L}^2}{2m_e r^2} \tag{5.5}$$

显然在式 (5.4) 中，由于算符 $\hat{L}^2$ 与 $\hat{L}_z$ 仅与角向有关而与径向无关，将式 (5.5) 写为 $\hat{H} = \hat{O} + \dfrac{\hat{L}^2}{2m_e r^2}$，其中 $\hat{O}$ 为中括号内的项，只与径向 r 有关。显然有 $\hat{H}\hat{L}^2 = \hat{O}\hat{L}^2 + \hat{L}^2 \dfrac{\hat{L}^2}{2m_e r^2} = \hat{L}^2 \hat{O} + \hat{L}^2 \dfrac{\hat{L}^2}{2m_e r^2} = \hat{L}^2 \hat{H}$，$\hat{O}$ 与 $\hat{L}^2$ 对易，因此哈密顿量算符 $\hat{H}$ 和算符 $\hat{L}^2$ 与算符 $\hat{L}_z$ 是互相对易的，因此这三个算符存在一套完备的共同本征态，我们只需使用它们的共同本征态作为哈密顿量的本征态，便能清楚地对定态进行分类。因此：① 寻找 $\hat{H}$ 的本征态就只需寻找上述三个算符的共同本征态。② 上述三个算符的共同本征态当然应是算符 $\hat{L}^2$ 和 $\hat{L}_z$ 的共同本征态；故可以在 $\hat{L}^2$ 和 $\hat{L}_z$ 的共同本征态范围内寻找 $\hat{H}$ 的本征态。③ 根据 4.2 节，$\hat{L}^2$ 和 $\hat{L}_z$ 的共同本征态是球谐函数 $Y_{l,m}(\theta,\phi)$，当然这只是本征态在角向空间中的数学形式。显然地，在包含径向和角向的全空间中，$\hat{L}^2$ 和 $\hat{L}_z$ 的共同本征态的一般形式是 $f(r)Y_{l,m}(\theta,\phi)$，其中 $f(r)$ 可以是任何只含变量 r 的函数（这是因为角动量算符与径向变量 r 无关，或者说在径向和角向全空间中，算符 $\hat{L}^2$ 和 $\hat{L}_z$ 可以表示为 $I \otimes \hat{L}^2$ 和 $I \otimes \hat{L}_z$）。④ 我们只需在 $f(r)Y_{l,m}(\theta,\phi)$ 这种数学形式范围内寻找 $\hat{H}$ 的本征态（注意：尽管任何 $f(r)Y_{l,m}(\theta,\phi)$ 一定是算符 $\hat{L}^2$ 和 $\hat{L}_z$ 的共同本征态，却不一定是前述三个算符的共同本征态或者 $\hat{H}$ 的本征态。可以确定的是，$\hat{H}$ 的本征态一定拥有 $f(r)Y_{l,m}(\theta,\phi)$ 这种径向函数和球谐函数的乘积形式）。现在的任务就是在形如 $f(r)Y_{l,m}(\theta,\phi)$ 的函数中找出 $\hat{H}$ 的本征态。至此，**整个定态波函数求解问题，变成了哈密顿量算符 $\hat{H}$ 本征态方程的分离变量求解问题**。设解为

$$\psi(r,\theta,\phi) = R(r)Y_{l,m}(\theta,\phi) \tag{5.6}$$

代入式 (5.3)：

$$\left[-\frac{\hbar^2}{2m_e} \frac{1}{r^2} \frac{\partial}{\partial r} \left(r^2 \frac{\partial}{\partial r} \right) + U(r) + \frac{\hat{L}^2}{2m_e r^2} \right] R(r)Y_{l,m}(\theta,\phi) = ER(r)Y_{l,m}(\theta,\phi)$$

$$\tag{5.7}$$

得到:

$$r^2 \left[-\frac{\hbar^2}{2m_{\mathrm{e}}} \frac{1}{r^2} \frac{\partial}{\partial r} \left(r^2 \frac{\partial}{\partial r} \right) + U(r) - E \right] R(r) = -\frac{\hat{L}^2 Y_{l,m}(\theta,\phi)}{2m_{\mathrm{e}} Y_{l,m}(\theta,\phi)} \quad (5.8)$$

式 (5.8) 左侧仅与 r 有关而与角向变量 θ、ϕ 无关，右侧与 r 无关，因此想要等式成立，两侧均只能等于常数。根据式 (4.39)，$\hat{L}^2$ 的本征波函数 $Y_{l,m}(\theta,\phi)$ 对应的本征值为 $l(l+1)\hbar^2$。在求解径向本征波函数 $R(r)$ 后可以解出哈密顿量本征方程式 (5.7)，解得哈密顿量本征波函数和本征值:

$$\begin{cases} \psi_{nlm}(r,\theta,\phi) = R_{n,l}(r) Y_{l,m}(\theta,\phi) \\ E_n = -\dfrac{m_{\mathrm{e}} e^4}{2 \left(4\pi\varepsilon_0\right)^2 \hbar^2} \dfrac{1}{n^2} \end{cases} \quad (5.9)$$

其中 $R_{n,l}(r)$ 为径向波函数，随着 n、l 的取值而改变，具体如下:

$$\begin{cases} R_{1,0}(r) = \dfrac{1}{\sqrt{\pi}} \left(\dfrac{1}{a_0} \right)^{3/2} 2\mathrm{e}^{-\frac{r}{a_0}} \\[2mm] R_{2,0}(r) = \left(\dfrac{1}{2a_0} \right)^{3/2} \left(2 - \dfrac{r}{a_0} \right) \mathrm{e}^{-\frac{r}{2a_0}} \\[2mm] R_{2,1}(r) = \left(\dfrac{1}{2a_0} \right)^{3/2} \dfrac{r}{\sqrt{3}a_0} \mathrm{e}^{-\frac{r}{2a_0}} \end{cases} \quad (5.10)$$

其中 $a_0 = \dfrac{4\pi\varepsilon_0 \hbar^2}{m_{\mathrm{e}} e^2}$，与玻尔氢原子理论给出的玻尔半径一致。可以看出，$E_n$ 表达式与 l、m 值无关。这里 n 是主量子数; l 是轨道量子数（角量子数），可取 0、1、$\cdots$、$n-1$; 而 m 是轨道磁量子数，可取 0、±1、±2、$\cdots$、$\pm l$。通过求解定态方程，可以看出这三个物理量都自然得出量子化的结果。氢原子主量子数为 n 的本征态的能量为

$$\begin{cases} E_n = \dfrac{1}{n^2} E_1, \quad n = 1,2,3,\cdots \\[2mm] E_1 = -\dfrac{m_{\mathrm{e}} e^4}{2 \left(4\pi\varepsilon_0\right)^2 \hbar^2} \approx -13.6\mathrm{eV} \end{cases} \quad (5.11)$$

此结果和玻尔氢原子理论的结果一致，氢原子定态波函数能量只与主量子数有关，与其他因素无关。

为了避免复杂的数学推导干扰大家对这部分核心内容的体会，本书没有给出径向函数和能级的具体推导过程。对具体推导过程感兴趣的同学，可以参考其他教材。

由第 4 章可知，电子的轨道角动量平方算符 $\hat{L}^2$ 满足本征值方程：

$$\hat{L}^2 Y_{l,m}(\theta, \phi) = l(l+1)\hbar^2 Y_{l,m}(\theta, \phi) \tag{5.12}$$

角量子数 l 的取值范围为 $l = 0,\ 1,\ 2,\ 3,\ \cdots,\ (n-1)$。对同一个 n，角量子数有 n 个不同的值，但能量相同。这称为"角动量量子化"。

电子的轨道角动量在 z 方向的投影值为 $m\hbar$，其中 m 的取值范围为

$$m = 0, \pm 1, \pm 2, \cdots, \pm l$$

m 被称为"轨道磁量子数"（注意这里的符号 m 表示轨道磁量子数，以区别于 4.3 节介绍到的自旋量子数 m_s）。这表明，角动量 $\hat{L}$ 在空间的取向只有 $(2l+1)$ 种可能，是量子化的。

例如 $l = 2$ 时，有：

$$\begin{cases} \hat{L}^2 Y_{2,m}(\theta, \phi) = 2(2+1)\hbar^2 Y(\theta, \phi) = 6\hbar^2 Y_{2,m}(\theta, \phi) \\ m = 0, \pm 1, \pm 2 \\ \hat{L}_z Y(\theta, \phi) = m\hbar Y_{2,m}(\theta, \phi) = (0, \pm\hbar, \pm 2\hbar) Y_{2,m}(\theta, \phi) \end{cases}$$

$\vec{L}$ 只有五种可能的取向。对确定的 m 值，$\hat{L}_z$ 是确定的，但 $\hat{L}_x$ 和 $\hat{L}_y$ 就完全不确定了。因为它们不对易。

综上，氢原子定态用量子数 n、l、m 来描述。各定态能量只与主量子数有关，主量子数相同时，对不同的角量子数和磁量子数其能量相同，这就是能级简并。

5.1.2 电子的概率分布

我们在 5.1 节中解出了氢原子定态波函数：

$$\psi_{nlm}(r, \theta, \phi) = R_{n,l}(r) Y_{l,m}(\theta, \phi) \tag{5.13}$$

其中 $R_{n,l}(r)$ 表示电子的径向分布；$Y_{l,m}(\theta, \phi)$ 表示电子的角向分布。根据波函数的概率密度公式可以得到，$|\psi_{nlm}|^2$ 表示电子在 (n, l, m) 态下，在空间 (r, θ, ϕ) 处出现的概率密度。因此有归一化条件：

$$1 = \int_{-\infty}^{\infty} |\psi_{nlm}(r, \theta, \phi)|^2 \, dV$$

$$= \int_0^{\infty} |R_{n,l}(r)|^2 \, r^2 dr \int_0^{4\pi} |Y_{l,m}(\theta, \phi)|^2 \, d\Omega \tag{5.14}$$

其中 $dV = r^2 \sin\theta dr d\theta d\phi$，$d\Omega = \sin\theta d\theta d\phi$。$R_{n,l}(r)$ 不含 (θ, ϕ)，$Y_{l,m}(\theta, \phi)$ 不含 r，因此我们要求径向、角向分别满足归一化条件：

$$\begin{cases} \int_0^\infty |R_{n,l}(r)|^2 \, r^2 dr = 1 \\ \int_0^{4\pi} |Y_{l,m}(\theta, \phi)|^2 \, d\Omega = 1 \end{cases} \tag{5.15}$$

电子出现在 (θ, ϕ) 方向立体角 $d\Omega$ 内的概率为

$$W_{l,m}(\theta, \phi) d\Omega = \left\{ \int_0^\infty |R_{n,l}(r)|^2 \, r^2 dr \right\} |Y_{l,m}(\theta, \phi)|^2 \, d\Omega$$

$$= |Y_{l,m}(\theta, \phi)|^2 \, d\Omega$$

其中 $Y_{l,m}(\theta, \phi)$ 的具体表达式参见式 (4.48)，图 5.1 中也给出了 $Y_{l,m}(\theta, \phi)$ 的概率分布。

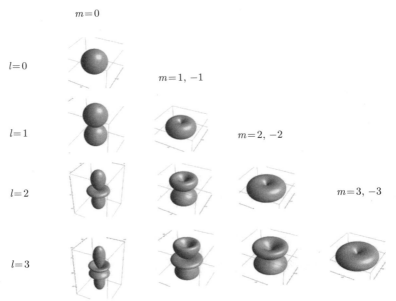

图 5.1 不同角量子数 l 和磁量子数 m 对应波函数的角度分布 $|Y_{l,m}(\theta, \phi)|^2$，主量子数 n 不影响角度分布，但有 $n > l$

电子的径向概率分布

$$W_{n,l}(r) dr = \left\{ \int_0^{4\pi} |Y_{l,m}(\theta, \phi)|^2 \, d\Omega \right\} |R_{n,l}(r)|^2 \, r^2 dr$$

$$= |R_{n,l}(r)|^2 \, r^2 \mathrm{d}r \tag{5.16}$$

代表电子出现在厚度 $(r \sim r + \mathrm{d}r)$ 的球壳层内的概率。$n = 1$，2，3，4；$l = 0$ 时的电子径向概率分布如图 5.2 所示。$r_1 = \dfrac{4\pi\varepsilon_0\hbar^2}{m_e e^2} \approx 0.529$，被称为 "玻尔半径"。电子出现在 $r = r_1$ 的单位厚度球壳层内的概率最大。

$n = 2$，3，4；$l = 1$ 时的电子径向概率分布如图 5.3 所示。对 $n = 2$，$l = 1$ 的电子，$r = r_2 = 4r_1 = 2^2 r_1$ 处概率最大。

激发态 $(n, l) = (3, 2)$，$(4, 2)$，$(4, 3)$ 时的电子径向概率分布如图 5.4 所示。对 $n = 3$，$l = 2$ 的电子，$r = r_3 = 9r_1 = 3^2 r_1$ 处概率最大；对 $n = 4$，$l = 3$ 的电子，$r = r_4 = 16r_1 = 4^2 r_1$ 处概率最大。

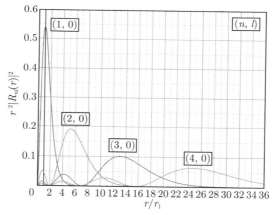

图 5.2　$l = 0$ 时电子的径向概率分布

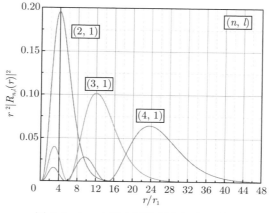

图 5.3　$l = 1$ 时电子的径向概率分布

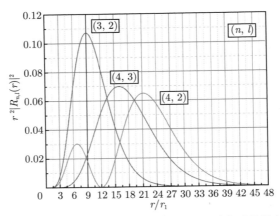

图 5.4　$n=3$，$l=2$;$n=4$，$l=2$;$n=4$，$l=3$ 时电子的径向概率分布

5.1.3　量子数小结

5.1.1 节涉及一部分繁琐的数学，初学时，可把重点放到 5.1.3 节的总结内容上，特别是三个量子数 n、l、m 与能量本征值、本征态的关系，并会利用这些结论做相关计算。氢原子定态方程的求解结果，最核心的东西是 3 个量子数：主量子数 n、角量子数 l、磁量子数 m。其中，主量子数 n 决定了能量本征值 E_n 的大小，n、l 是径向函数 $R_{n,l}(r)$ 的脚标，规定了具体的径向函数；l、m 是球谐函数 $Y_{l,m}(\theta,\phi)$ 的脚标，表示在角向的分布情况。我们可以用三个量子数 (n,l,m) 来表示状态，它就是指波函数 $R_{n,l}(r)Y_{l,m}(\theta,\phi)$，可写成狄拉克符号形式 $|nlm\rangle$。

1. 主量子数 n，它对应于哈密顿量本征值：

$$\hat{H}R_{n,l}(r)Y_{l,m}(\theta,\phi) = E_n R_{n,l}(r)Y_{l,m}(\theta,\phi)$$

主量子数 $n=1$，2，3，$\cdots$，决定能量：

$$E_n = \frac{E_1}{n^2} = -\frac{13.6}{n^2}\ \text{eV}$$

2. 角量子数 l，它代表空间角动量量子数，决定了空间角动量算符 $\hat{L}^2$ 的本征值：

$$\hat{L}^2 Y_{l,m}(\theta,\phi) = l(l+1)\hbar^2 Y_{l,m}(\theta,\phi)$$

允许出现的取值为 $l=0$，1，2，$\cdots$，$(n-1)$。

3. 轨道磁量子数 m，它代表空间角动量算符的 z 方向投影本征值：

$$\hat{L}_z Y_{l,m}(\theta,\phi) = m\hbar Y_{l,m}$$

允许出现的取值为 $m = 0,\ \pm 1,\ \pm 2,\ \cdots,\ \pm l$ 。

例题 5.1　设氢原子核外电子的角向波函数（未归一化）为 $\psi(\theta,\phi)=C\sin\theta\cos\phi$，不考虑自旋，测量 z 方向轨道角动量分量会获得哪些可能值？概率各有多大？

解　查阅球谐函数式 (4.48) 可知：

$$\psi(\theta,\phi) = C\sin\theta\cos\phi = C\sin\theta\frac{e^{i\phi}+e^{-i\phi}}{2} = C'[Y_{1,-1}(\theta,\phi) - Y_{1,1}(\theta,\phi)]$$

由此可知，z 方向角动量分量可能的观测值分别为 $-\hbar$ 和 $\hbar$，概率均为 50%。

例题 5.2　氢原子的核外电子的哈密顿量本征波函数可以表示为 ψ_{nlm}，主量子数 n 对应能量本征值为 E_n，在 $t=0$ 时刻氢原子核外电子波函数

$$\Psi = \sqrt{\frac{1}{3}}(\psi_{211} + \psi_{210} + \psi_{100})$$

（1）在 $t=0$ 时测量轨道角动量在 z 轴上的投影值，可能得到哪些值？概率是多少？测量过后分别坍缩到什么态（波函数）上？（2）若未进行上述测量，请求解在任意时刻 t 的波函数。

解　（1）根据 n、l、m 值所代表的含义可知，有以下两种情形：若测量得到 z 方向角动量分量为 $\hbar$，则说明波函数坍缩到了 $\psi_{2,1,1}$ 态上，得到的概率为 $1/3$；若测量得到 z 方向的角动量分量为 0，则说明波函数坍缩到了 $\psi_{2,1,0}$ 与 $\psi_{1,0,0}$ 的叠加态，重新归一化后即为 $\frac{1}{\sqrt{2}}(\psi_{2,1,0} + \psi_{1,0,0})$，对应概率为 $2/3$。

（2）对于上述初始态的各线性叠加成分，$\hat{H}\psi_{211} = E_2\psi_{211}$，$\hat{H}\psi_{210} = E_2\psi_{210}$，$\hat{H}\psi_{100} = E_1\psi_{100}$，则可解得任意 t 时刻波函数为

$$\Psi(t) = \sqrt{\frac{1}{3}}\left(\psi_{211}e^{-\frac{iE_2 t}{\hbar}} + \psi_{210}e^{-\frac{iE_2 t}{\hbar}} + \psi_{100}e^{-\frac{iE_1 t}{\hbar}}\right)$$

问题 5.1　旧量子论认为，原子核外的电子只能处于稳态上，不能辐射能量。而量子力学也的确解出了稳态（定态），且任何对能量的观测都只会有定态结果。那么量子力学和旧量子论一样吗？（提示：不一样，量子力学中有线性叠加，对其他物理量会有不一样的可观测结果。）

5.1.4 电子磁矩与塞曼效应

在第 3 章中我们讨论过电子自旋磁矩和核自旋磁矩的相互作用以及它们与外磁场的相互作用。因为核自旋回磁比分母中的核质量远大于电子质量，相较于电子自旋磁矩，核自旋磁矩与外磁场的相互作用很弱。我们在此处的讨论忽略核自旋。置于外磁场中的原子，其电子轨道角动量磁矩和自旋磁矩都会与磁场有相互作用而产生附加势能。同时，无论有无外场，自旋磁矩与轨道角动量磁矩也会有相互作用。现在考虑强磁场中的塞曼效应（又称"帕邢-巴克效应"）：原子置于很强的外磁场中，电子磁矩与外磁场的相互作用远大于电子的自旋磁矩与轨道磁矩的相互作用，可以只考虑电子磁矩与磁场的相互作用而忽略电子的自旋磁矩与轨道磁矩的相互作用。对于 z 分量，电子轨道角动量磁矩和自旋磁矩分别为 $\frac{\gamma}{2}\hat{L}_z$ 和 $\gamma\hat{S}_z$。注意，自旋回磁比值 γ 是轨道回磁比值的 2 倍。置于 z 向磁场 $\vec{B}$ 中的氢原子核外电子的总哈密顿量为

$$\hat{H} = \hat{H}_0 - B\left(\gamma\frac{\hat{L}_z}{2} + \gamma\hat{S}_z\right)$$

其中 $\hat{H}_0$ 是在没有外场时的哈密顿量，即式 (5.5) 右边。$\hat{H}_0$ 的本征态为 $|nlm\rangle$。直接代入验证可知，总哈密顿量 $\hat{H}$ 的本征态为 $|nlm\rangle \otimes |\uparrow\rangle$ 和 $|nlm\rangle \otimes |\downarrow\rangle$，其中 $|\uparrow\rangle$ 和 $|\downarrow\rangle$ 分别代表自旋朝上和自旋朝下的态。把哈密顿量中的每项都写成位置空间和自旋空间的直积：

$$\hat{H} = \left(\hat{H}_0 - B\gamma\frac{\hat{L}_z}{2}\right) \otimes I - I' \otimes B\gamma\hat{S}_z$$

其中 I 和 I' 分别是自旋空间和位置空间的单位算符。直接验证可得：

$$\begin{cases} \hat{H}|nlm\rangle \otimes |\uparrow\rangle = \left(E_n + (m+1)\frac{\hbar|\omega|}{2}\right)|nlm\rangle \otimes |\uparrow\rangle \\ \hat{H}|nlm\rangle \otimes |\downarrow\rangle = \left(E_n + (m-1)\frac{\hbar|\omega|}{2}\right)|nlm\rangle \otimes |\downarrow\rangle \end{cases}$$

5.2 碱金属原子

碱金属原子（Li、Na、K、Rb、Cs、Fr）价电子以内的电子与原子核形成了一个带电为 $+e$ 的原子实，这种结构与氢原子类似，故它们的光谱也类似。但与氢

原子不同的是，碱金属原子能级除了与主量子数 n 有关外，还与轨道量子数 l 有关，所以光谱也与氢有差别。为尽快了解该差别，本节仅用半经典近似方法讨论。

轨道角动量影响能级的因素主要有两方面：

1. 轨道贯穿效应。即对于不同的 l，电子有不同的波函数，在原子实内不为零。用经典概念的简易说法，对应于不同的"轨道"，对于那些 l 小的轨道，电子更有可能进入原子实，这称为"轨道贯穿"，如图 5.5 所示。轨道贯穿使电子感受到了更多正电荷的作用，因此能量要降低。如图 5.2 和图 5.3 中，l 小的态靠近核的概率大，能量低。

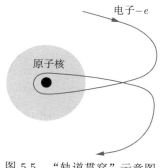

电子 $-e$

原子核

图 5.5　"轨道贯穿"示意图

2. 原子实极化效应。如图 5.6 所示，价电子对原子实中负电荷的排斥，使原子实负电荷的重心向远离电子方向移动，造成了原子实的极化。负电荷重心偏移后，价电子感受到的原子核的吸引作用增强了，这使得价电子附加了一部分负的电势能。

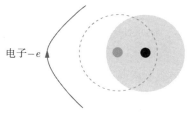

电子 $-e$

图 5.6　原子实极化示意图

以上两种因素都使价电子感受到了更多正电荷的作用，都使碱金属原子中主量子数为 n 的价电子能量低于相同主量子数 n 的氢原子中电子的能量，且 l 越小则能量越低，如图 5.7 所示，这种能级劈裂也被称为"碱金属光谱的精细结构"。碱金属的双线实验是促使乌仑贝克和古兹密特提出电子自旋假设的根据之一。

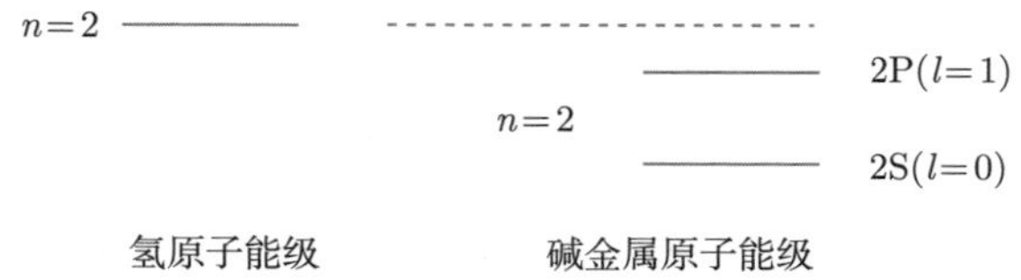

$$n = 2 \;\; \underline{\hspace{3cm}} \qquad \text{-----------------}$$

$$\underline{\hspace{1.5cm}} \quad 2\mathrm{P}(l=1)$$

$$n = 2$$

$$\underline{\hspace{1.5cm}} \quad 2\mathrm{S}(l=0)$$

氢原子能级   碱金属原子能级

图 5.7   碱金属原子能级示意图

碱金属的能级可表示为

$$E_{n,l} = \frac{-13.6}{(n - \Delta_{nl})^2} \text{ eV} \tag{5.17}$$

其中 Δ_{nl} 称为"量子数亏损"。为了更好地分析精细结构，我们首先考虑电子运动的经典图像，电子绕原子核的"轨道"运动使电子感受到原子实围绕它转动而产生的磁场，设其磁感强度为 $\vec{B}$，并沿 z 方向，则在 2.4.2 节中已经给出自旋引起的附加磁能（自旋轨道耦合能）：

$$E_s = \pm \frac{\hbar}{2} \gamma B \tag{5.18}$$

其中 γ 为旋磁比。若定义玻尔磁子 μ_B 为

$$\mu_B = \frac{\hbar}{2} \gamma \tag{5.19}$$

那么，自旋轨道耦合能为 $E_s = \pm \mu_B B$。

所以考虑到自旋轨道耦合能后，有：

$$E_{n,l,s} = E_{n,l} + E_s = E_{n,l} \pm \mu_B B \tag{5.20}$$

这样，一个与量子数 n、$l(l > 0)$ 对应的能级就分裂成了两个能级。对应于该能级跃迁的一条谱线就分成了两条谱线。自旋轨道耦合引起的能量差很小，典型值为 10^{-5}eV。所以能级分裂形成的两条谱线的波长十分接近，这样形成的光谱线组合即光谱的精细结构（fine structure）。

考虑到自旋轨道耦合，原子的状态可表示为

$$n\square_j$$

其中 n 为主量子数；j 表示总角动量量子数；$\square$ 为轨道角动量量子数 l 的代号，如 $l = 0$，1，2，3，4，$\cdots$ 对应 S，P，D，F，G，$\cdots$。例如 $n = 3$，$l = 1$，$j = 3/2$ 的态可以表示为 $3\mathrm{P}_{3/2}$。在考虑自旋轨道耦合之后，Na 的光谱如图 5.8 所示。

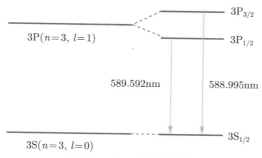

图 5.8 Na 谱线示意图

例题 5.3 根据钠黄光双线波长求钠原子的 $3P_{1/2}$，$3P_{3/2}$ 态的能级差，并估算在该能级时电子所感受到的磁场

解 根据 Na 的两条谱线，我们可以得到：

$$\begin{cases} h\mu_1 = h\dfrac{c}{\lambda_1} = E_{3P_{3/2}} - E_{3S_{1/2}} \\ h\mu_2 = h\dfrac{c}{\lambda_2} = E_{3P_{1/2}} - E_{3S_{1/2}} \end{cases} \tag{5.21}$$

所以能级差为

$$\Delta E = h\frac{c}{\lambda_1} - h\frac{c}{\lambda_2} = 6.63 \times 10^{-34} \times 3 \times 10^8 \times$$

$$\left(\frac{1}{588.995} - \frac{1}{589.592} \right) \times \frac{1}{10^{-9}} \approx 2.14 \times 10^{-3} \text{ eV}$$

由 $\Delta E = 2\mu_B B$，可以得到电子感受到的磁场为

$$B = \frac{\Delta E}{2\mu_B} \approx 18.4\text{T} \tag{5.22}$$

我们也可以从角动量的角度来分析精细结构现象的产生。假设电子围绕原子实做半径为 r、速度为 v 的圆周运动，原子实带 Z 个电荷，在这种经典情况下，电子轨道运动产生的磁场 $\vec{B}$ 将正比于电子所具有的轨道角动量，该轨道角动量的算符表示为 $\hat{L}$：

$$\vec{B} = C_1 \hat{L} \tag{5.23}$$

其中 $\hat{L}$ 为电子的轨道角动量，且 C_1 为比例系数。那么我们可以写出磁相互作用势能：

$$\hat{H} = -\mu_S \cdot \vec{B} = -\frac{1}{2} C_1 \gamma \hat{S} \cdot \hat{L} \tag{5.24}$$

其中 $\hat{S}$ 为电子的自旋角动量算符。接下来我们会处理自旋轨道角动量相互作用项 $\hat{S}\cdot\hat{L}$。

这时电子的总角动量算符 $\hat{J}$ 可以表示为角动量算符 $\hat{S}$ 和 $\hat{L}$ 的合成形式：

$$\hat{J} = \hat{L} + \hat{S} \tag{5.25}$$

这种角动量的合成叫"自旋轨道耦合"。由前文的分析可知，$\hat{J}$ 也是量子化的，我们将相应的总角动量量子数用 j 表示，那么算符 $\hat{J}^2$ 的本征值为 $j(j+1)\hbar^2$；将轨道角动量量子数记为 l，那么算符 $\hat{L}^2$ 的本征值为 $l(l+1)\hbar^2$；将自旋角动量量子数记为 s，那么算符 $\hat{S}^2$ 的本征值为 $s(s+1)\hbar^2$。此时应有

$$\hat{S}\cdot\hat{L} = \frac{1}{2}(\hat{J}^2 - \hat{S}^2 - \hat{L}^2) \tag{5.26}$$

在半经典近似处理的框架下，可直接用各算符的本征值代替算符本身，因此 $\hat{S}$ 和 $\hat{L}$ 的耦合可以作为一个数值来处理：

$$\frac{1}{2}[j(j+1) - s(s+1) - l(l+1)]\hbar^2 = \frac{1}{2}\left[j(j+1) - l(l+1) - \frac{3}{4}\right]\hbar^2$$

考虑在 4.3 节中介绍的角动量合成的相关知识，当 $l=0$ 时，$j=s=1/2$，此时 $\hat{S}\cdot\hat{L}=0$，有 $\hat{U}\propto\hat{S}\cdot\hat{L}=0$。当 $l\neq 0$ 且 $l>1$ 时，$j=l+s=l+1/2$，或 $j=l-s=l-1/2$，这对应着 $\hat{L}$ 和 $\hat{S}$ 平行和反平行两种情况，带来的能量修正分别为 $\frac{\hbar^2}{2}l$ 和 $-\frac{\hbar^2}{2}(l+1)$，也对应了光谱的精细结构。

5.3 全同粒子

波函数的重叠会导致同种粒子具有不可分辨性，我们将其称为"全同粒子"。考虑两全同粒子体系，我们令该体系波函数为 $\psi(x_1,x_2)$。那么，粒子 1 出现在 $\mathrm{d}x_1$ 区间且粒子 2 出现在 $\mathrm{d}x_2$ 区间的概率为

$$p(x_1,x_2) = |\psi(x_1,x_2)|^2\mathrm{d}x_1\mathrm{d}x_2 \tag{5.27}$$

将两粒子交换，粒子 1 出现在 $\mathrm{d}x_2$ 区间且粒子 2 出现在 $\mathrm{d}x_1$ 区间的概率为

$$p(x_2,x_1) = |\psi(x_2,x_1)|^2\mathrm{d}x_2\mathrm{d}x_1 \tag{5.28}$$

由于两个粒子具有不可分辨性，交换后的概率分布必须与交换前相同。那么有

$$|\psi(x_1, x_2)|^2 = |\psi(x_2, x_1)|^2 \tag{5.29}$$

于是，满足下列条件之一的两粒子波函数：

$$\psi(x_1, x_2) = \psi(x_2, x_1) \tag{5.30}$$

$$\psi(x_1, x_2) = -\psi(x_2, x_1) \tag{5.31}$$

可以保持交换前后概率不变。满足式 (5.30) 的称为"对称波函数"，满足式 (5.31) 的称为"反对称波函数"。描述一个粒子的状态既需要考虑空间波函数，也需要考虑自旋波函数。在这种完整的全空间描述下，玻色子（自旋量子数为整数）的全空间状态是交换对称的；而费米子（自旋量子数为半整数）的全空间状态是交换反对称的。由于反对称性的要求，一个状态只能容纳一个费米子（又称"泡利不相容原理"），但可以容纳任意多个玻色子。

✎ 笔记

交换对称，是指若将两个粒子互换而状态的数学形式不变；交换反对称，是指若将两个粒子互换则其状态的数学式在整体上多出一个负号。光子是玻色子；中子、电子、质子自旋都为 1/2，是费米子。两个费米子的反对称的态可以这样构建：$c(|\psi_1\rangle|\psi_2\rangle - |\psi_2\rangle|\psi_1\rangle)$，其中 c 为归一化系数。此反对称态必然要求 $|\psi_1\rangle \neq |\psi_2\rangle$，否则无法归一化。这要求同一个状态只能容纳一个费米子。

考察在阱宽为 b 的无限深势阱中存在两个自旋相同的不可分辨粒子。若这两个粒子为玻色子，则要求全空间（位置空间和自旋空间）的态是对称的。由于自旋空间部分为对称的，那么位置空间波函数也应该为对称的，此时若只考虑位置空间波函数部分，那么基态为

$$\psi_1(x_1, x_2) = \frac{2}{b}\left(\sin\frac{\pi x_1}{b}\sin\frac{\pi x_2}{b}\right) \tag{5.32}$$

第一激发态为

$$\psi_2(x_1, x_2) = \frac{\sqrt{2}}{b}\left(\sin\frac{\pi x_1}{b}\sin\frac{2\pi x_2}{b} + \sin\frac{2\pi x_1}{b}\sin\frac{\pi x_1}{b}\right) \tag{5.33}$$

若这两个粒子为费米子，则要求全空间（位置空间和自旋空间）的态是反对称的。由于自旋空间部分为对称态，那么位置空间部分一定要为反对称态，这就

不允许两个粒子在位置空间部分同为基态。所以位置空间波函数部分能量最低的态是

$$\psi_1(x_1, x_2) = \frac{\sqrt{2}}{b}\left(\sin\frac{\pi x_1}{b}\sin\frac{2\pi x_2}{b} - \sin\frac{2\pi x_1}{b}\sin\frac{\pi x_1}{b}\right) \tag{5.34}$$

✍笔记

在使用波函数描述全同粒子性质时，我们可使用变量 x_1 与 x_2 来分别表示粒子 1 和粒子 2，使用角标函数 $\psi_1(x)$ 与 $\psi_2(x)$ 来表示不同的波函数形式。如 $\psi_1(x_1)\psi_2(x_2)$ 代表第一个粒子处于波函数形式 1，第二个粒子处于波函数形式 2。显然有 $\psi_1(x_1)\psi_2(x_2) = \psi_2(x_2)\psi_1(x_1)$。

使用狄拉克符号来表示上述的粒子状态为 $|\psi_1\rangle|\psi_2\rangle$，此时第一个右矢 $|\psi_1\rangle$ 为粒子 1 的位置空间状态，其波函数为 $\psi_1(x_1)$，第二个右矢 $|\psi_2\rangle$ 为粒子 2 的位置空间状态，其波函数为 $\psi_2(x_2)$。此时显然 $|\psi_1\rangle|\psi_2\rangle \neq |\psi_2\rangle|\psi_1\rangle$。

例题 5.4 假设有两个粒子位置空间状态对称，而每个粒子的自旋空间状态仅可处于 $|\psi_1\rangle$ 或 $|\psi_2\rangle$。（1）若两粒子为玻色子，写出两粒子所有可能的自旋空间状态。（2）若两粒子为费米子，写出两粒子所有可能的自旋空间状态。

解 （1）玻色子全空间状态对称，若位置空间状态对称则自旋空间状态同样对称，可以容许的自旋空间状态为

$$\begin{cases} |\psi_1\rangle|\psi_1\rangle \\ |\psi_2\rangle|\psi_2\rangle \\ \dfrac{|\psi_1\rangle|\psi_2\rangle + |\psi_2\rangle|\psi_1\rangle}{\sqrt{2}} \end{cases}$$

（2）费米子全空间状态反对称，若位置空间状态对称则自旋空间状态反对称，可以容许的自旋空间状态为

$$\frac{|\psi_1\rangle|\psi_2\rangle - |\psi_2\rangle|\psi_1\rangle}{\sqrt{2}}$$

例题 5.5 设两全同粒子体系的对称或反对称空间波函数为

$$\Psi_\pm(x_1, x_2) = \frac{1}{\sqrt{2}}[\psi_1(x_1)\psi_2(x_2) \pm \psi_2(x_1)\psi_1(x_2)] \tag{5.35}$$

其中，ψ_1、ψ_2 正交归一，计算 $(\Delta x)^2 = (x_1 - x_2)^2$ 在态 $\Psi_\pm$ 下的期望值 $\langle(\Delta x)^2\rangle_\pm$。若这两个粒子可以区分，计算此时的 $\langle(\Delta x)^2\rangle_d$。（提示：$\langle(x_1-x_2)^2\rangle = \langle x_1^2\rangle + \langle x_2^2\rangle - 2\langle x_1 x_2\rangle$。）

解　首先，我们考虑 $\langle x_1^2 \rangle$：

$$\langle x_1^2 \rangle = \frac{1}{2} \left[\int x_1^2 \left| \psi_1(x_1) \right|^2 \mathrm{d}x_1 \int \left| \psi_2(x_2) \right|^2 \mathrm{d}x_2 + \right.$$

$$\int x_1^2 \left| \psi_2(x_1) \right|^2 \mathrm{d}x_1 \int \left| \psi_1(x_2) \right|^2 \mathrm{d}x_2 \pm$$

$$\int x_1^2 \psi_1^*(x_1) \psi_2(x_1) \mathrm{d}x_1 \int \psi_2^*(x_2) \psi_1(x_2) \mathrm{d}x_2 \pm$$

$$\left. \int x_1^2 \psi_2^*(x_1) \psi_1(x_1) \mathrm{d}x_1 \int \psi_1^*(x_2) \psi_2(x_2) \mathrm{d}x_2 \right]$$

$$= \frac{1}{2} \left[\langle x^2 \rangle_1 + \langle x^2 \rangle_2 \pm 0 \pm 0 \right] = \frac{1}{2} \left(\langle x^2 \rangle_1 + \langle x^2 \rangle_2 \right) \tag{5.36}$$

同理，我们可以计算得到 $\langle x_2^2 \rangle$：

$$\langle x_2^2 \rangle = \frac{1}{2} \left(\langle x^2 \rangle_2 + \langle x^2 \rangle_1 \right) \tag{5.37}$$

考虑 $\langle x_1 x_2 \rangle$，并令

$$\langle x \rangle_{12} \equiv \int x \psi_1(x)^* \psi_2(x) \mathrm{d}x \tag{5.38}$$

那么有：

$$\langle x_1 x_2 \rangle = \frac{1}{2} \left[\int x_1 \left| \psi_1(x_1) \right|^2 \mathrm{d}x_1 \int x_2 \left| \psi_2(x_2) \right|^2 \mathrm{d}x_2 + \right.$$

$$\int x_1 \left| \psi_2(x_1) \right|^2 \mathrm{d}x_1 \int x_2 \left| \psi_1(x_2) \right|^2 \mathrm{d}x_2 \pm$$

$$\int x_1 \psi_1^*(x_1) \psi_2(x_1) \mathrm{d}x_1 \int x_2 \psi_2^*(x_2) \psi_1(x_2) \mathrm{d}x_2 \pm$$

$$\left. \int x_1 \psi_2^*(x_1) \psi_1(x_1) \mathrm{d}x_1 \int x_2 \psi_1^*(x_2) \psi_2(x_2) \mathrm{d}x_2 \right]$$

$$= \frac{1}{2} \left(\langle x \rangle_1 \langle x \rangle_2 + \langle x \rangle_2 \langle x \rangle_1 \pm \langle x \rangle_{12} \langle x \rangle_{21} \pm \langle x \rangle_{21} \langle x \rangle_{12} \right)$$

$$= \langle x \rangle_1 \langle x \rangle_2 \pm \left| \langle x \rangle_{12} \right|^2 \tag{5.39}$$

于是，对于全同粒子来说：

$$\langle (\Delta x)^2 \rangle_{\pm} = \langle (x_1 - x_2)^2 \rangle = \langle x^2 \rangle_1 + \langle x^2 \rangle_2 - 2 \langle x \rangle_1 \langle x \rangle_2 \mp 2 \left| \langle x \rangle_{12} \right|^2 \tag{5.40}$$

若这两个粒子可区分，该两粒子体系的波函数为

$$\Psi(x_1, x_2) = \psi_1(x_1)\psi_2(x_2) \tag{5.41}$$

那么此时有：

$$\langle x_1 x_2 \rangle = \int x_1 |\psi_1(x_1)|^2 \mathrm{d}x_1 \int x_2 |\psi_2(x_2)|^2 \mathrm{d}x_2 = \langle x \rangle_1 \langle x \rangle_2 \tag{5.42}$$

经计算可以得到：

$$\langle (\Delta x)^2 \rangle_d = \langle (x_1 - x_2)^2 \rangle = \langle x^2 \rangle_1 + \langle x^2 \rangle_2 - 2\langle x \rangle_1 \langle x \rangle_2 \tag{5.43}$$

我们可以计算这两种情况下的差值为

$$\langle (\Delta x)^2 \rangle_\pm - \langle (\Delta x)^2 \rangle_d = \mp 2 \left| \langle x \rangle_{12} \right|^2 \tag{5.44}$$

 笔记

可见，对称波函数两个粒子结合更紧密；反对称波函数两个粒子分隔较远。这就好像有一个吸引力或者排斥力一样，即"交换力"。注意，"交换力"并不真的是力，我们仅仅是采用这个名词术语来形象地表示空间波函数的对称性导致粒子间距变化。用此指标，我们可以定量描述对称性所引发的"后果"。特别的，若空间波函数完全没有交叠，此时两个粒子实际上是可以区分的，即便写成对称或反对称形式，我们会发现平均距离没有变化。此时我们不必把它们当成全同粒子来处理。例如，你身上的一个电子和我身上的一个电子，它们的波函数可以简单地写成两个波函数的乘积形式，不必理会"反对称性"。因为此时它们的空间波函数没有交叠，即便写成反对称形式，此反对称性也不会引发任何"后果"。但是，在波函数有交叠的情况下对称性要求会导致明显"后果"。

例题 5.6 如果两个电子（或者任何两个同种粒子），其空间波函数没有交叠，如图 5.9 所示。此时，其波函数是否可以简单写成直积波函数 $\psi_1(x_1) \otimes \psi_2(x_2)$ 而不考虑状态对称性的要求？

解 是的。因为此时，空间波函数无论写成对称的、反对称的还是直积的，计算得到的物理结果都相同。具体地说，任何厄米算符 $\hat{A}$ 的期望值，在上述三种状态下都相同：

对称空间波函数： $\dfrac{\psi_1(x_1)\psi_2(x_2) + \psi_2(x_1)\psi_1(x_2)}{\sqrt{2}}$

反对称空间波函数：$\dfrac{\psi_1(x_1)\psi_2(x_2) - \psi_2(x_1)\psi_1(x_2)}{\sqrt{2}}$

直积形式空间波函数：$\psi_1(x_1)\psi_2(x_2)$

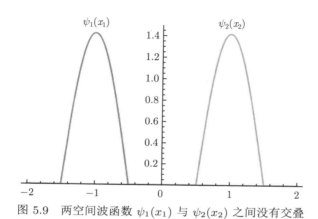

图 5.9　两空间波函数 $\psi_1(x_1)$ 与 $\psi_2(x_2)$ 之间没有交叠

我们以两个粒子距离的平方 $(x_1 - x_2)^2$ 为例，在波函数不交叠的情况下，分别对上述三种态计算期望值。根据式 (5.44)，我们实际需要计算 $|\langle x \rangle_{12}|^2$。

$$
\begin{aligned}
|\langle x \rangle_{12}|^2 &= \int x_1 \psi_1^*(x_1)\,\psi_2(x_1)\,\mathrm{d}x_1 \int x_2 \psi_2^*(x_2)\,\psi_1(x_2)\,\mathrm{d}x_2 \\
&= \int x \psi_1(x)^*\,\psi_2(x)\,\mathrm{d}x \int x \psi_2(x)^*\,\psi_1(x)\,\mathrm{d}x
\end{aligned}
\tag{5.45}
$$

由于 $\psi_1(x_1)$ 与 $\psi_2(x_2)$ 没有空间交叠，式 (5.45)积分结果为零，即

$$
\left\langle (\Delta x)^2 \right\rangle_{\pm} - \left\langle (\Delta x)^2 \right\rangle_{d} = \mp 2\left| \langle x \rangle_{12} \right|^2 = 0
\tag{5.46}
$$

式 (5.46) 表明，对于无交叠的两个空间波函数，无论将其写成对称的、反对称的还是直积的，计算得到的两粒子距离平方 $(x_1 - x_2)^2$ 的期望值都相同。

📝**笔记**

并不是说只要两个粒子长得一样（同种粒子），就一定得按全同粒子的对称性要求给定它们的状态。这里真正重要的是它们的不可区分性，即同种粒子且空间波函数有交叠。因为在空间波函数有交叠的情况下，波函数的对称性会影响物理结果（比如距离期望值）。即便是同种粒子，如果空间波函数没有交叠，我们就可以不考虑对称性要求而简单地使用直积形式的空间波函数。

5.4 氦原子

氦原子的原子核带有两个单位正电荷，核外有两个电子，描述电子运动的哈密顿量可以写为

$$
H = \left(-\frac{\hbar^2}{2m_e}\nabla_1^2 - \frac{1}{4\pi\varepsilon_0}\frac{2e^2}{r_1}\right) + \left(-\frac{\hbar^2}{2m_e}\nabla_2^2 - \frac{1}{4\pi\varepsilon_0}\frac{2e^2}{r_2}\right) + \frac{1}{4\pi\varepsilon_0}\frac{e^2}{|r_1 - r_2|}
$$

$$(5.47)$$

式 (5.47) 中的最后一项代表了两个电子之间的库伦相互作用。

若要完整地描述这两个电子的状态，则既要考虑这两个电子的位置空间状态又要考虑这两个电子的自旋空间状态，因为这两部分分属不同的子空间，所以总的状态为这两部分状态的直积。我们将这个两电子系统的整体状态记为 $|\Psi_{12}\rangle$，因为电子为费米子，显然应该有：

$$
|\Psi_{12}\rangle = -|\Psi_{21}\rangle \tag{5.48}
$$

考虑自旋空间状态并将其记为 $|\chi_\pm(1,2)\rangle$，有交换反对称的单态，也叫仲氦：

$$
|\chi_-(1,2)\rangle = \frac{1}{\sqrt{2}}(|\uparrow\rangle_1|\downarrow\rangle_2 - |\downarrow\rangle_1|\uparrow\rangle_2) \tag{5.49}
$$

和交换对称的三重态，也叫正氦：

$$
\begin{cases}
|\chi_+^1(1,2)\rangle = |\uparrow\rangle_1|\uparrow\rangle_2 \\
|\chi_+^2(1,2)\rangle = \frac{1}{\sqrt{2}}(|\uparrow\rangle_1|\downarrow\rangle_2 + |\downarrow\rangle_1|\uparrow\rangle_2) \\
|\chi_+^3(1,2)\rangle = |\downarrow\rangle_1|\downarrow\rangle_2
\end{cases} \tag{5.50}
$$

对同一电子组态而言，正氦的能级比仲氦的低。将位置空间波函数记为 $\psi_\pm(x_1, x_2)$，其中 $\psi_+(x_1, x_2)$ 关于交换对称，$\psi_+(x_1, x_2) = \psi_+(x_2, x_1)$；而 $\psi_-(x_1, x_2)$ 关于交换反对称，$\psi_-(x_1, x_2) = -\psi_-(x_2, x_1)$。全空间的状态 $|\Psi_{12}\rangle$ 必须反对称，所以考虑位置空间状态和自旋空间状态后，$|\Psi_{12}\rangle$ 可以是以下两种形式：

$$
\begin{cases}
|\Psi_{12}\rangle = \psi_+(x_1, x_2)|\chi_-(1,2)\rangle \\
|\Psi_{12}\rangle = \psi_-(x_1, x_2)|\chi_+(1,2)\rangle
\end{cases} \tag{5.51}
$$

关于单态的仲氦和三重态的正氦，存在下面两个事实：

1. 三重态能级低于相应单态能级。

2. 三重态的两个电子不能都处于 1s 态。

与 5.3 节的分析类似，若两个电子的空间波函数是对称的，则电子结合较紧密，相互作用能较大；若是反对称的，则电子平均间距较大，相互作用能较小。而反对称的空间波函数对应了对称的三重态，这就导致了三重态的能级较低。同样的，因为自旋三重态是对称的，要求空间波函数为反对称。而前面已经说明，反对称波函数要求两个电子不能处于相同的态上，否则空间波函数部分为 0，当然也就要求基态中它们不能都处于 1s 态。

问题 5.2　已知氢原子中电子的电势能为

$$U = -\frac{e^2}{4\pi\varepsilon_0 r}$$

能级为

$$E_n = -\frac{m_\text{e} e^4}{2\left(4\pi\varepsilon_0\right)^2 \hbar^2}\frac{1}{n^2}$$

其中 n 为主量子数。若忽略两个电子之间的库伦相互作用，求氦原子基态能量。

 笔记

事实上，实验观测得到的氦原子基态能量要高于问题 5.2 给出的结果，这说明氦原子核外两电子间的相互作用不可忽略。对核外电子处于相同组态（例如 1s2s）的三重态与单态而言，单态的电子间平均距离更小，电子间的相互作用更强，因此单态有比三重态更高的能级。

问题 5.3　三重态有没有可能处于 1s1s 组态？单态呢？

5.5　原子核外电子分布

原子核外电子空间部分的状态可以由一组量子数 $(n、l、m)$ 描述，n 为主量子数，l 为角 (轨道) 量子数，而 m 为磁量子数。同一个 n 组成一个壳层，用 (K、L、M、N、O、P、$\cdots$) 表示；相同 n、l 组成一个支壳层，用 (s、p、d、f、g、h、$\cdots$) 表示；同一支壳层内的电子可有 $(2l+1)\times 2$ 种量子态，所以主量子数为 n 的壳层内可容纳的电子数为

$$Z_n = \sum_{l=0}^{n-1} (2l + 1) \times 2 = 2n^2 \tag{5.52}$$

笔记

式中的"$\times 2$"来源于电子自旋。

第 6 章

固体中的电子

6.1 自由电子气模型

为简单起见，我们考虑自由电子气模型，即认为电子处于一个三维箱（无限深方势阱）中，该箱的长、宽、高均为 b，如图 6.1 所示。该自由电子气模型可以很好地描述固体的一些行为。若考虑单个电子的情况，它的能量本征值和本征态分别为

$$E = \frac{\pi^2 \hbar^2}{2m_e b^2}(n_x^2 + n_y^2 + n_z^2) \tag{6.1}$$

$$\varphi_{n_x, n_y, n_z}(x, y, z) = \left(\frac{2}{b}\right)^{3/2} \sin\left(n_x \frac{\pi x}{b}\right) \sin\left(n_y \frac{\pi y}{b}\right) \sin\left(n_z \frac{\pi z}{b}\right) \tag{6.2}$$

其中，n_x，n_y，$n_z = 1$，2，3，$\cdots$，且 $0 \leqslant x$，y，$z \leqslant b$。需要注意的是，该波函数只描述了电子波函数的空间部分，自旋部分并没有被考虑进去，因为在无限深势阱模型下，总的哈密顿量是与自旋无关的。

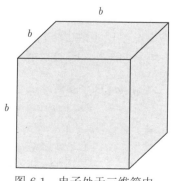

图 6.1　电子处于三维箱中

同时，这组基矢 $\{\varphi_{n_x,n_y,n_z}(x,y,z)\}$ 可以描述处于这个三维无限深势阱中电子的任意状态，即在势阱壁上波函数为 0 的态。我们可以通过增加势阱的宽度 b 来降低不同能级之间的能隙，当 b 足够大时，我们无法区分相邻能级之间的能隙，此时便得到了包含所有正的能量的连续谱。

6.1.1 费米能量

包含 N 个电子的系统的本征态可以通过反对称化各个不同电子的波函数来得到，而该系统的基态则要求所有电子在满足泡利不相容原理的前提下，尽可能地排布在低能级上。对于宏观的固体来说，其包含的电子数大概在 10^{23} 量级，根据泡利不相容原理去排布电子显然不是一个高效的方法。

考虑式 (6.1) 中的自由电子气的能量：

$$E = \frac{\pi^2\hbar^2}{2m_e b^2}(n_x^2 + n_y^2 + n_z^2)$$

在量子数空间，任何一组量子数 (n_x, n_y, n_z) 给出一个空间态。显然，每个空间态的"体积"为 1。若定义半径 R 为

$$R = \sqrt{n_x^2 + n_y^2 + n_z^2} = \sqrt{\frac{2m_e b^2}{\pi^2 \hbar^2}E} \tag{6.3}$$

那么能量小于 E 的所有态都位于半径为 R 的球内。但注意到，所有的量子数 n_x、n_y 和 n_z 都只取正数，所以能量小于 E 的态位于该球在第一象限的部分。同时，由于泡利不相容原理，考虑电子自旋，每个能级只能存在两个电子，我们可以计算出能量小于 E 的态的数量 $n(E)$ 为 2 倍的半径为 R 的 1/8 球的体积，即：

$$n(E) = 2 \times \frac{1}{8} \times \frac{4}{3}\pi \left(\frac{2m_e b^2}{\pi^2 \hbar^2}E\right)^{3/2} = \frac{b^3}{3\pi^2}\left(\frac{2m_e}{\hbar^2}E\right)^{3/2} \tag{6.4}$$

根据式 (6.4)，我们可以计算出在零温下由 N 个电子所组成的系统中，当此系统处于基态时，电子所能占据的最高能级，即费米能级 E_F。此时我们可以令

$$n(E_F) = N$$

可以得到 E_F 为

$$E_F = \frac{\hbar^2}{2m_e}\left(3\pi^2\frac{N}{b^3}\right)^{2/3} \tag{6.5}$$

费米能级与位置空间单位体积内的电子数 $\dfrac{N}{b^3}$ 成正比，在零温下，所有低于 $E_{\rm F}$ 的能级都被填充，而高于 $E_{\rm F}$ 的能级全是空着的。

我们也可以求得能态密度 $\rho(E)$，$\rho(E){\rm d}E$ 表示位于能量 E 和 $E+{\rm d}E$ 之间的态的数目：

$$\rho(E) = \frac{{\rm d}n(E)}{{\rm d}E} = \frac{b^3}{2\pi^2}\left(\frac{2m_{\rm e}}{\hbar^2}\right)^{3/2} E^{1/2} \tag{6.6}$$

$\rho(E)$ 与 $E^{\frac{1}{2}}$ 成正比。能态密度也可以用费米能级表示：

$$\rho(E) = \frac{3}{2}N\frac{E^{1/2}}{E_{\rm F}^{3/2}} \tag{6.7}$$

能态密度是固体物理中一个很重要的物理量，我们可以根据能态密度算出零温下自由电子气的基态能量 $E_{\rm g}$。能量为 E 的电子的数量为 ${\rm d}n(E)$ 个，对能量从 0 到 $E_{\rm F}$ 积分可得：

$$
\begin{aligned}
E_{\rm g} &= \int_0^{E_{\rm F}} {\rm d}n(E)E \\
&= \int_0^{E_{\rm F}} \rho(E)E{\rm d}E \\
&= \int_0^{E_{\rm F}} \frac{3}{2}N\frac{E^{1/2}}{E_{\rm F}^{3/2}}E{\rm d}E \\
&= \frac{3}{5}NE_{\rm F}
\end{aligned}
\tag{6.8}
$$

笔记

常温下金属中自由电子的能量分布与零温时几乎相同。常温下，电子与离子碰撞最多得到大约 0.03eV 的能量。这个能量远小于费米能级。零温时费米能级以下的态都被填满。由于泡利不相容原理，电子如果要改变状态，必须跃迁到费米能级以上。因此，温度只改变距费米能级 0.03eV 薄层内的电子态。

经典理论对金属热容的解释归结为离子振动。后来发现，按同样的理论，电子振动对热容的贡献应该是实验值的一半左右，但是实际上却没有。原因：大部分电子的能量远低于费米能级，状态都被"固定了"，它们不可能吸收热运动能量。只有在费米能级附近的薄层内的电子才对热容有贡献。在室温，下，这一贡献不到经典预计值的 1%。

6.1.2 玻恩-冯·卡门边界条件

在求解式 (6.2) 给出的本征态时，我们使用的是无限深势阱的边界条件，即势阱壁（边界）上的波函数为 0。但在求解自由电子问题时，一般采用的是一类周期性边界（玻恩-冯·卡门）条件，即：

$$\varphi(x + b, y, z) = \varphi(x, y, z) \tag{6.9}$$

该关系对 y 和 z 也同样成立，以及在此边界条件下的用平面波表示的本征态。在势阱内部，平面波和式 (6.2) 中的 $\varphi_{n_x, n_y, n_z}(x, y, z)$ 满足相同的薛定谔方程：

$$-\frac{\hbar^2}{2m_e}\nabla^2\varphi(x, y, z) = E\varphi(x, y, z)$$

很显然，我们采用的这种周期性边界条件的描述方式与原始的条件已经不一样了。然而，当体系足够大时，边界的存在与否对体内性质的影响通常可以忽略。因此可用玻恩-冯·卡门的周期性条件（忽略边界）描述这些体系内性质。有些情形下边界的影响不能被忽略，如拓扑材料的外场响应特性、轨道磁化等。

在新的周期性边界条件下，此时电子在势阱内部的本征态波函数可以用平面波的形式来表示：

$$\varphi'_{n'_x, n'_y, n'_z}(x, y, z) = \frac{1}{b^{3/2}}e^{i\frac{2\pi}{b}\left(n'_x x + n'_y y + n'_z z\right)} \tag{6.10}$$

其中 $\dfrac{1}{b^{3/2}}$ 为归一化因子。此时的本征态 $\{\varphi'_{n'_x, n'_y, n'_z}(x, y, z)\}$ 构成了傅里叶级数，任何势阱中的波函数都可以由其展开。而系统的能量本征值为

$$E_{n'_x, n'_y, n'_z} = \frac{\hbar^2}{2m_e}\frac{4\pi^2}{b^2}\left(n'^2_x + n'^2_y + n'^2_z\right) \tag{6.11}$$

此时的 n'_x、n'_y 和 n'_z 的取值可以为正数、负数和 0。

与前面的分析类似，我们可以定义半径 R' 为

$$R' = \sqrt{n'^2_x + n'^2_y + n'^2_z} = \sqrt{\frac{2m_e b^2}{\hbar^2}\frac{1}{4\pi^2}E} \tag{6.12}$$

能量低于 E 的态的数目可以由半径为 R' 的球来表示，与前面不同的是，由于 n'_x、n'_y、n'_z 可以取得正负值，所以这里考虑的是位于全部象限的球，而不是前述情况

中的 $\frac{1}{8}$ 球, 所以我们可以求得此时的 $n(E)$ 为

$$n(E) = 2 \times \frac{4}{3}\pi \left(\frac{2m_{e}b^2}{\hbar^2 4\pi^2} E \right)^{3/2} = \frac{b^3}{3\pi^2} \left(\frac{2m_{e}}{\hbar^2} E \right)^{3/2} \qquad (6.13)$$

同理, 此时的能态密度为

$$\rho(E) = \frac{\mathrm{d}n(E)}{\mathrm{d}E} = \frac{b^3}{2\pi^2} \left(\frac{2m_{e}}{\hbar^2} \right)^{3/2} E^{1/2} \qquad (6.14)$$

与式 (6.6) 给出的一致。由此可见, 尽管我们采用了与无限深势阱中边界条件不同的周期性边界条件来描述自由电子的行为, 但是在这种周期性边界条件的假定下, 原始系统中重要的物理性质并没有发生变化, 这意味着我们可以通过选取一类方便处理的边界条件来简化计算。

6.2　能带结构与导电性

自由电子气模型可以解释金属的比热容、热导率等性质, 但是对于其他诸如金属、半导体、绝缘体之间的区别等问题就无能为力了。此时需要考虑当 N 个原子有相互作用且构成一个体系时, 电子的能级该如何变化。

6.2.1　导电性

若有 N 个原子组成一体系, 根据泡利不相容原理, 原来的能级已经填满了, 不能再填充电子; 这就使得原来孤立原子的一个能级分裂成 N 条靠得很近的能级, 称为 "能带" (energy band)。孤立原子中的电子可处能量是一个个能级, 晶体中的电子可处能量则是一条条能带。

电子在晶体中按能级的排布需要满足泡利不相容原理和能量最小原理。按照泡利不相容原理, 对于孤立原子的一个能级 E_{nl} 最多能容纳 $2(2l+1)$ 个电子。那么对于晶体来说, 每一能级 "分裂" 成由 N 条能级组成的能带, 每条能带最多能容纳的电子数为 $2N(2l+1)$ 个。

按照能量最小原理, 电子排布时还得从最低的能级排起。孤立原子的内层电子能级一般都是填满的, 在形成晶体时, 其相应的能带也填满了电子。孤立原子的外层电子能级可能填满了电子, 也可能未填满电子。若原来填满电子的, 在形成晶体时, 其相应的能带也填满了电子。若原来未填满电子的, 在形成晶体时, 其

相应的能带也未填满电子。孤立原子中较高的电子能级上没有电子，在形成晶体时，其相应的能带上也没有电子。

我们定义如下几种特殊的能带。与价电子能级相应的能带称为的"价带"（即填满电子的能带中能量最高的带）；相邻的那条未排电子的能带称为"导带"；两条能带之间是"禁带"，不能排电子；排了电子但未排满的称为"未满带"；排满电子的称为"满带"。

我们可以分析能带对电导的贡献。导电即大量共有化电子在电场作用下做定向运动，如图 6.2 所示。电子受电场力作用，以一定速度漂移（$v \approx 10^{-2}\text{cm/s}$），电子得到附加的能量。得到附加能量的电子要到较高的能级上去，因此只有未满带中的电子才有可能，即满带对导电无贡献。故满带中的电子不能导电，只有未满带中的电子才能导电。

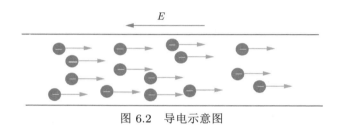

图 6.2　导电示意图

📝 笔记

简单地说，从未导电状态到导电状态，电子状态需要发生变化。因此宏观物体能够导电的前提是它需要拥有一些电子，且其状态能够发生改变，即价带是不满带。

导体的电阻率 $\rho < 10^{-8}\Omega \cdot \text{m}$，半导体的电阻率 $\rho \approx 10^{-4} \sim 10^{-7}\Omega \cdot \text{m}$，绝缘体的电阻率 $\rho \approx 10^{12} \sim 10^{20}\Omega \cdot \text{m}$。各种晶体都含有大量电子，为什么导电性能有很大的差别？这就可以用能带理论来解释。对导体来说，其价带是未满带。对绝缘体来说，价带是满带，能隙宽。根据泡利不相容原理，在外电场的作用下，电子很难接受外电场的能量，形不成电流。对于半导体来说，在 $T = 0\text{K}$ 时为绝缘体，但能隙较窄，温度升高时，一部分电子从价带跃迁到导带，形成未满带，具有一定的导电性，如图 6.3 和图 6.4 所示。

以上从泡利不相容原理和能量最小原理出发，简单分析了能带结构，我们可以通过计算简单的量子力学模型来进一步说明能带结构和能隙的产生。为此，稍微改变固体中的平均势场近似条件，考虑电子处于由 N_p 个周期排列的正离子所形成的周期性势场当中。这种周期性势场会使得固体产生能带结构，这种现象的出现与势场的周期性有关，而与其在某个具体周期内的函数形式无关。为了方便分析，我们考虑一维情况下周期性分布的 δ 势阱势场：

$$V(x) = -\alpha \sum_{j=0}^{N_p-1} \delta(x - ja_0) \tag{6.15}$$

该势场又被称为"狄拉克梳"。显然该势场具有如下平移对称性：

$$V(x + a_0) = V(x) \tag{6.16}$$

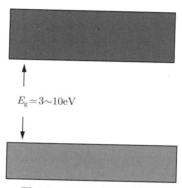

图 6.3　绝缘体能隙示意图

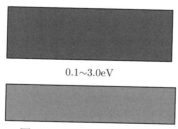

图 6.4　半导体能隙示意图

6.2.2　布洛赫定理

布洛赫定理指的是，在一般的满足 $\mathcal{V}(x + a_0) = \mathcal{V}(x)$ 的周期性势场 $\mathcal{V}$ 中，考虑某个粒子在此势场中所满足的定态薛定谔方程：

$$-\frac{\hbar^2}{2m}\frac{\mathrm{d}^2\psi}{\mathrm{d}x^2} + \mathcal{V}(x)\psi = E\psi \tag{6.17}$$

方程的解可以用满足如下关系的函数表示：

$$\psi(x + a_0) = \mathrm{e}^{\mathrm{i}Ka_0}\psi(x) \tag{6.18}$$

其中 K 为常数。

证明

定义平移算符 $\hat{D}$，满足：

$$\hat{D}f(x) = f(x + a_0)$$

显然，该平移算符与哈密顿量 $\hat{H} = -\dfrac{\hbar^2}{2m}\dfrac{\mathrm{d}^2}{\mathrm{d}x^2} + \mathcal{V}(x)$ 对易。那么 $\hat{H}$ 和 $\hat{D}$ 有一套完备的共同本征态，若将此时的本征值用 λ 表示，则有：

$$\hat{D}\psi(x) = \psi(x + a_0) = \lambda\psi(x)$$

若作用 n 次平移算符，则有：

$$\hat{D}^n\psi(x) = \psi(x + na_0) = \lambda^n\psi(x)$$

因此 $|\lambda| = 1$，我们可以选择 $\lambda = \mathrm{e}^{\mathrm{i}Ka_0}$ 来满足上述条件，其中 K 为常数。

考虑周期性边界条件，$\psi(x + N_p a_0) = \psi(x)$，那么应该有：

$$\mathrm{e}^{\mathrm{i}N_p Ka_0}\psi(x) = \psi(x) \tag{6.19}$$

这意味着 $\mathrm{e}^{\mathrm{i}N_p Ka_0} = 1$，或者说：

$$K = \frac{2\pi j}{N_p a_0}, \quad j = 0, \pm 1, \pm 2, \cdots \tag{6.20}$$

这也表明，处于周期性势场中的粒子的波函数的模平方是周期分布的：

$$|\psi(x + a_0)|^2 = |\psi(x)|^2 \tag{6.21}$$

6.2.3 能带结构

现在我们考虑处于式 (6.15) 势场中的电子。在位置空间 $0 < x < a_0, V(x) = 0$，此时电子所满足的薛定谔方程为

$$-\frac{\hbar^2}{2m_{\mathrm{e}}}\frac{\mathrm{d}^2\psi}{\mathrm{d}x^2} = E\psi$$

或者令 $k = \sqrt{2m_{\mathrm{e}}E}/\hbar$:

$$\frac{\mathrm{d}^2\psi}{\mathrm{d}x^2} = -k^2\psi \tag{6.22}$$

需要注意的是，我们在本节中只考虑能量值 E 大于 0 的情况。在能量值 E 小于 0 的情况下，需要做替换令 $k = \sqrt{-2m_{\mathrm{e}}E}/\hbar$，我们可以将下面结果中的 k 替换成 $\mathrm{i}k$ 来得到能量值小于 0 时的结果。

上述薛定谔方程具有通解形式：

$$\psi(x) = C_1 \sin(kx) + C_2 \cos(kx), \quad 0 < x < a_0 \tag{6.23}$$

应用布洛赫定理，我们可以得到在 $-a_0 < x < 0$ 区域的波函数：

$$\psi(x) = \mathrm{e}^{-\mathrm{i}Ka_0}[C_1 \sin k(x + a_0) + C_2 \cos k(x + a_0)], \quad -a_0 < x < 0 \tag{6.24}$$

波函数需要在 $x = 0$ 处连续，此时有：

$$C_2 = \mathrm{e}^{-\mathrm{i}Ka_0}[C_1 \sin(ka_0) + C_2 \cos(ka_0)] \tag{6.25}$$

考虑 $x = 0$ 附近的薛定谔方程：

$$\frac{\mathrm{d}^2\psi}{\mathrm{d}x^2} + \left[k^2 + \frac{2m_{\mathrm{e}}}{\hbar^2}\alpha\delta(x) \right]\psi = 0 \tag{6.26}$$

对式 (6.26) 在 $[-\epsilon, +\epsilon]$ 区间上积分，其中 ϵ 为满足 $\epsilon \to 0$ 的小量，可得：

$$\frac{\mathrm{d}}{\mathrm{d}x}\psi(0^+) - \frac{\mathrm{d}}{\mathrm{d}x}\psi(0^-) = -\frac{2m_{\mathrm{e}}}{\hbar^2}\alpha\psi(0) \tag{6.27}$$

此时可以求得：

$$kC_1 - \mathrm{e}^{-\mathrm{i}Ka_0}k[C_1 \cos(ka_0) - C_2 \sin(ka_0)] = -\frac{2m_{\mathrm{e}}\alpha}{\hbar^2}C_2 \tag{6.28}$$

从式 (6.25) 中解出 $C_1 \sin(ka_0)$ 并代入式 (6.28) 中可得：

$$\cos(Ka_0) = \cos(ka_0) - \frac{m_{\mathrm{e}}\alpha}{\hbar^2 k}\sin(ka_0) \tag{6.29}$$

式 (6.29) 限制了 k 的可能取值，只有使得式 (6.29)成立的动量 k 或者说能级 E 才有可能存在。因为 $|\cos(Ka_0)| \leqslant 1$，所以：

$$\left| \cos(ka_0) - \frac{m_{\mathrm{e}}\alpha}{\hbar^2 k}\sin(ka_0) \right| \leqslant 1 \tag{6.30}$$

满足式 (6.30) 且可以存在的能级构成了能带；不同能带之间存在着间隙，称为"带隙"。这些带隙是由不满足式 (6.30) 的能级组成的。当 N_p 足够大时，式 (6.20) 中的 j 可以取到任意整数，$\cos(Ka_0)$ 可以取到 $[-1, 1]$ 之间的任意数值，此时在一条能带内，基本上所有满足能带限制的能量值都可以存在。这里的能带模型对任意的周期性势场均适用。

第 7 章

密 度 矩 阵

　　混合态和密度矩阵属于量子物理的核心概念，也是教学中的难点内容，属于物理专业本科生量子力学的高级话题，多见诸高等量子力学课程的教学内容。但是，本书作者在多年的教学经验中，找到了一种简单易懂的教学方法。教学实践表明，采用这种方法，即便是非物理专业的初学者也大多能够透彻掌握。当然，在实际教学中，作者已预先向学生宣布这部分属于"必考内容"。我们希望本书的读者能够对本章内容耐心细读，认真思考，以"必考内容"要求自己，并把本章列举的所有题目都认真动笔计算。这样不但能透彻掌握本章内容，而且会真正享受学习过程的快乐；按作者说得去做，会发觉兴奋点接二连三。

　　对于初学者，"经典概率混合"这个概念是一个难点。正是由于我们一直在用线性叠加，以至于忽然间不知道什么叫"经典概率混合"。我们就从这个地方开始，看下面一个具体的例子：黑盒子光源，如图 7.1 所示。

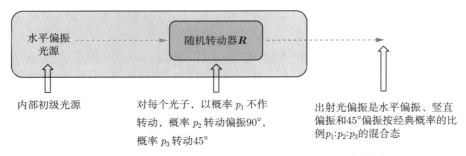

图 7.1　黑盒子光源：水平偏振光源发出的偏振光经过随机转动器 R

　　假设我们拥有一个黑盒子光源，可以拥有和操控它发出的所有光子。但是我们不能打开黑盒子。我们只知道，在黑盒子内部有一个初始光源，在每个时间窗口只发射一个水平偏振的光子。接下来，每个光子得经过一个随机转动器 R，在任何时间窗口，R 有 p_1 的概率对穿过的光子偏振不作转动，有 p_2 的概率将穿越的光子偏振转动 $90°$，有 p_3 的概率将穿越的光子偏振转动 $45°$。黑盒子内部的这些规则是公开的。但是在任何时间窗口，我们并不知道转动器 R 究竟是选择了何种操作,对于 R,我们只知道,对每个光子,它都以概率 p_1、p_2、p_3 从那三种不同的操作(转角)中选择一个。当我们说概率混合时,我们说的是粒子的状态是不确定的,例如这黑盒子光源,它发出的每个光子,我们无法用一个态矢量来表示,我们只有一个概率分布描述它有多大的概率被制备成了什么态矢量。

7.1 纯态与混合态

若可以用一个态矢量来表示粒子状态(例如处于 45° 线偏振态的光子),则为纯态(pure state);否则为混合态,即像图 7.1 所示的黑盒子光源中的每个光子那样,当光子以不同的概率被制备为不同的态,那就无法用一个态矢量来表示其状态。

例如,若某个光源发射的每个光子都是以 100% 的概率被制备为某一个态矢量表示的态,则这个光源发出的每个光子偏振态都是纯态;若对于每个光子,有一定的(大于零的)概率被制备为态 $|A\rangle$,一定的(大于零的)概率被制备为不同的态 $|B\rangle$,则为混合态。换个方式表述:若粒子以 p_i 的概率被制备为 $|\psi_i\rangle$,$\{|\psi_i\rangle\}$ 各不相同,若 $\{p_i\}$($p_i > 0$)中的元素至少有两个,则为混合态,若只有一个(即等于 1),则为纯态。

如本书之前章节所说的"粒子处于状态 $|\psi\rangle$",这样的粒子都是纯态,因为它可以用一个态矢量 $|\psi\rangle$ 表示,或者说,它是以 100% 的概率被制备为态矢量 $|\psi\rangle$ 所表示的态。

如图 7.1 所示,若黑盒子光源对每个光子以概率 p_1 不作转动、以概率 p_2 转动偏振态 90°、以概率 p_3 转动 45°,那么出射光偏振是水平偏振、竖直偏振和 45° 偏振按经典概率的比例 $p_1 : p_2 : p_3$ 的混合态。

例题 7.1 态 $\alpha|h\rangle + \beta|v\rangle$ 是纯态还是混合态?

解 纯态。态 $\alpha|h\rangle + \beta|v\rangle$ 是一个态矢量,线性叠加态。当我们说光子的偏振状态为 $\alpha|h\rangle + \beta|v\rangle$ 时,就是指它的状态可以用一个态矢量 $|\psi\rangle = \alpha|h\rangle + \beta|v\rangle$ 来表示,或者说,它是以 100% 的概率被制备在态矢量 $|\psi\rangle = \alpha|h\rangle + \beta|v\rangle$ 上。注意,它能写成 $|h\rangle$ 和 $|v\rangle$ 的线性叠加,但这个线性叠加态是一个态矢量 $|\psi\rangle$。任何时候,当你已经能将粒子状态写成一个态矢量,就已经表示它是纯态了,无论这个态矢量有何种线性叠加形式。比如说水平偏振状态 $|h\rangle$,它当然是纯态,尽管它能写成线性叠加形式:$|h\rangle = \dfrac{1}{\sqrt{2}}\left(\left|\dfrac{\pi}{4}\right\rangle + \left|\dfrac{3\pi}{4}\right\rangle\right)$。

📝**笔记**

混合与叠加是完全不同的概念！叠加意味着有明确相位关系。两个单一偏振状态的叠加依然是单一偏振。例如：水平偏振与竖直偏振的叠加，若它们的相位差为 0，则形成 45° 偏振，可以 100% 的概率穿透 45° 偏振片。但是，如果是混合则不同。例如，某光源有时发射水平光子，有时发射竖直光子，且概率均等。那么这个光源的光子偏振就是水平态与竖直态的混合，这些光子只有 50% 的概率通过 45° 偏振片。再例如图 7.1 所示的黑盒子光源，出射光偏振是水平偏振、竖直偏振和 45° 偏振按经典概率的比例 $p_1 : p_2 : p_3$ 的混合态，黑盒子光源发出的光子只有 $\frac{1}{2}(1 + p_3)$ 的概率通过 45° 偏振片。

📝**笔记**

一个系统，如果已知它是以 100% 的概率被制备在某一个态矢量（波函数）上，则为纯态；若以某个概率分布分别被制备在不同的态矢量上（每个态矢量的概率都大于 0），则为混合态。例如图 7.1 所述的黑盒子光源，出射的光子以 p_1、p_2、p_3 的概率被制备在水平偏振、竖直偏振、45° 偏振上，因此黑盒子光源发出的光子为混合态。

7.2　混合态的数学表示：密度矩阵

回顾 7.1 节中带有随机转动器 R 的光源，若其制备的出射光为以概率 p_1，p_2，$\cdots$，p_n 混合的线偏振光 $|\psi_1\rangle$，$|\psi_2\rangle$，$\cdots$，$|\psi_n\rangle$，则该光源的出射光透过透振态为 $|\varphi_1\rangle$ 的偏振片的概率应如何计算？

我们需要一种办法，抓住计算中最核心的部分。混合态中可能有无穷多的参数，但只要找到有关计算规则的核心内容，我们根本不需要这些无穷多的参数。这种自然出现的核心内容就是**密度矩阵**。

已知任意线偏光 $|\psi_i\rangle$，其透过透振态为 $|\varphi_1\rangle$ 的偏振片的概率通过内积的模平方 $|\langle\varphi_1|\psi_i\rangle|^2$ 计算。对光源发出的混态偏振光，透过概率通过各线偏光透过概率的加权平均获得，即

$$P = \sum_i p_i |\langle\varphi_1|\psi_i\rangle|^2$$

$$= p_1 \langle\varphi_1|\psi_1\rangle\langle\psi_1|\varphi_1\rangle + p_2 \langle\varphi_1|\psi_2\rangle\langle\psi_2|\varphi_1\rangle + \cdots +$$

$$p_n \langle\varphi_1|\psi_n\rangle\langle\psi_n|\varphi_1\rangle \tag{7.1}$$

既然 p_i 只是数字而 $|\psi_i\rangle\langle\psi_i|$ 是一个列矢量乘一个行矢量，即一个矩阵，可以定义：

$$\rho = p_1|\psi_1\rangle\langle\psi_1| + p_2|\psi_2\rangle\langle\psi_2| + \cdots + p_n|\psi_n\rangle\langle\psi_n| \tag{7.2}$$

结合式 (7.1) 与式 (7.2) 可发现上述混合态透过偏振片的概率为

$$\boxed{P_{\varphi_1|\rho} = \langle\varphi_1|\,\rho\,|\varphi_1\rangle} \tag{7.3}$$

我们称式 (7.2) 中定义的 ρ 为"密度矩阵"。密度矩阵是进行混合态运算时最核心的东西。

式 (7.3) 非常重要，它表明任意两个光源不论如何制备出射态，只要它们的密度矩阵相同，就会产生完全相同的观测结果，因此这两个光源制备的出射态没有区别。因此，我们有：

在最一般情况下，系统的状态可以用密度矩阵表示，密度矩阵代表系统的全部信息。两个系统，只要密度矩阵相同，则它们的状态相同，因为它们没有可观测的差异，无论它们的制备方法是否相同。

有了式 (7.3) 后，任何涉及混合态的计算都可通过密度矩阵完成。

> **笔记**
>
> 从式 (7.2) 显然可见，任何密度矩阵 ρ 一定是厄米的：$\rho = \rho^\dagger$，也一定是归一化的：$\mathrm{Tr}(\rho) = 1$（请读者自行证明这些"显然可见"的结论）。

有同学会认为我们只是进行了变量替换，没有解决实际问题。事实上并非如此，描述出射光所处的混合态我们仅需要一个 2×2 矩阵，也就是说仅需要四个参数就可以描述混合态；如果我们不使用密度矩阵，将可能需要无穷多个参数。这一点体现着密度矩阵的巨大威力。

有同学可能对这一点感到困惑，按照式 (7.2)，我们不是同样需要得到态制备信息 p_1，p_2，$\cdots$，p_n 和 $\{|\psi_i\rangle\}$ 才能求得密度矩阵？重要的事实是：尽管存在式 (7.2)，但我们并不必须要用这个公式来构建密度矩阵。即有了 $\{p_i\}$，$\{|\psi_i\rangle\}$ 等态制备信息当然可以用式 (7.2) 写出密度矩阵，但不掌握这些态制备信息，通过实验方法同样可以得到密度矩阵。毕竟，2×2 的密度矩阵一共只有四个矩阵元，未知数十分有限，我们可以用少数几个不同测量基对光源发出的光子进行测量，根据观测结果数据反推密度矩阵的矩阵元。稍后，在"密度矩阵的实验测定"中我们再对此作详细介绍。只要通过实验测得出射光的密度矩阵，那么这个光源如何制备每个光子便不再是我们关心的问题，因为我们已经能计算任何可观测结果的概率了。

📑 **笔记**

式 (7.3) 是比纯态的内积模平方公式更一般的计算偏振态透过率的公式，内积模平方公式是这一公式的特例。纯态线偏振态 $|\psi\rangle$ 的密度矩阵为 $|\psi\rangle\langle\psi|$。

例题 7.2　两个态 $|\psi\rangle$ 与 $e^{i\theta}|\psi\rangle$ 是否相同？

解　只要我们承认"两个态的密度矩阵相同，两个态就不会产生可观测的区别"这一点，就可以通过比较两态的密度矩阵来回答这个问题。态 $|\psi\rangle$ 的密度矩阵为 $\rho_1 = |\psi\rangle\langle\psi|$，态 $e^{i\theta}|\psi\rangle$ 的密度矩阵为 $\rho_2 = e^{i\theta}|\psi\rangle\langle\psi|e^{-i\theta} = |\psi\rangle\langle\psi|$。两个态的密度矩阵相同，任何物理测量都不能区分这两个态。

我们还可以从内积模平方的角度来理解。对所有的 $|\varphi_i\rangle$，有 $|\langle\varphi_i|\psi\rangle|^2 = |\langle\varphi_i|e^{i\theta}|\psi\rangle|^2$，所以 $|\psi\rangle$ 和 $e^{i\theta}|\psi\rangle$ 是同一个物理状态。注意，这里需要对所有的 $|\varphi_i\rangle$ 都满足，只对特定的 $|\varphi_i\rangle$ 满足不行。

📑 **笔记**

密度矩阵相同的任意光源制备出的偏振态完全等价！如果我们有方法 A 制备一个光源，也有方法 B 可以制备一个光源，只要它们的密度矩阵相同，没有任何办法区分两种光源。通过实验手段得到某个光源的密度矩阵并不能帮助我们反推这种光源采取了何种制备方法。

例题 7.3　按图 7.1 所示的黑盒子光源，从黑盒子中发出的每个光子的偏振密度矩阵是什么？

解　记水平偏振光为 $|h\rangle = \begin{pmatrix} 1 \\ 0 \end{pmatrix}$。随机转动器将水平偏振光偏振方向转动 $90°$ 为竖直偏振光 $|v\rangle = \begin{pmatrix} 0 \\ 1 \end{pmatrix}$。随机转动器将水平偏振光偏振方向转动 $45°$ 为偏振光 $\left|\dfrac{\pi}{4}\right\rangle = \begin{pmatrix} \dfrac{1}{\sqrt{2}} \\ \dfrac{1}{\sqrt{2}} \end{pmatrix}$。

根据式 (7.2) 可求得出射态的密度矩阵为

$$\rho = p_1|h\rangle\langle h| + p_2|v\rangle\langle v| + (1 - p_1 - p_2)\left|\frac{\pi}{4}\right\rangle\left\langle\frac{\pi}{4}\right|$$

$$= p_1 \begin{pmatrix} 1 \\ 0 \end{pmatrix}(1 \quad 0) + p_2 \begin{pmatrix} 0 \\ 1 \end{pmatrix}(0 \quad 1) + (1 - p_1 - p_2)\begin{pmatrix} \dfrac{1}{\sqrt{2}} \\ \dfrac{1}{\sqrt{2}} \end{pmatrix}\begin{pmatrix} \dfrac{1}{\sqrt{2}} & \dfrac{1}{\sqrt{2}} \end{pmatrix}$$

$$= p_1 \begin{pmatrix} 1 & 0 \\ 0 & 0 \end{pmatrix} + p_2 \begin{pmatrix} 0 & 0 \\ 0 & 1 \end{pmatrix} + (1 - p_1 - p_2) \begin{pmatrix} \dfrac{1}{2} & \dfrac{1}{2} \\ \dfrac{1}{2} & \dfrac{1}{2} \end{pmatrix}$$

$$= \begin{pmatrix} p_1 + \dfrac{1 - p_1 - p_2}{2} & \dfrac{1 - p_1 - p_2}{2} \\ \dfrac{1 - p_1 - p_2}{2} & p_2 + \dfrac{1 - p_1 - p_2}{2} \end{pmatrix} \tag{7.4}$$

问题 7.1　计算下列光源的密度矩阵：

（1）每个光子以 50:50 的概率被制备成 $|h\rangle$ 和 $|v\rangle$。

（2）每个光子以 50:50 的概率被制备成 $\left|\dfrac{\pi}{4}\right\rangle$ 和 $\left|\dfrac{3\pi}{4}\right\rangle$。

（3）每个光子以 50:50 的概率被制备成 $|\psi_+\rangle$ 和 $|\psi_-\rangle$。

（4）每个光子以 50:50 的概率被制备成任意偏振状态 $|\psi\rangle$ 和与其正交的偏振状态 $|\psi^\perp\rangle$。

可以发现，问题 7.1 中四种情况的密度矩阵都是 $\rho = \dfrac{I}{2}$。它们都是同一个物理状态。只需要证明 $|\psi\rangle\langle\psi| + |\psi^\perp\rangle\langle\psi^\perp| = I$，自然光对应的密度矩阵为 $\rho = \dfrac{I}{2}$。

自然光是各种偏振态的等概率混合，透过任何偏振片强度减半或概率为 50%。自然光是混合态。

问题 7.2　自然光能接连透过两个透振方向垂直的偏振片吗？

问题 7.3　自然光与圆偏振光等价吗？

问题 7.4　（1）用下列两种方法制备的偏振光源是否可区分？若能，给出具体检测方法，若不能，说明理由。

A：在 x-y 平面内，与 x 轴（水平轴）夹角正负 30° 的线偏振光按 50:50 混合；

B：在 x-y 平面内，竖直（y 轴）偏振光与水平偏振光按 25:75 混合。

（2）用下列两种方法制备的偏振光源是否可区分？若能，给出具体检测方法，若不能，说明理由。

A：自然光与 60° 线偏振光以 50:50 混合；

B：60° 线偏振光子、正旋圆偏振光子、负旋圆偏振光子各占 1/3 的混合。

例题 7.4　由两个自旋 $\dfrac{1}{2}$ 的原子构成的分子，其自旋量子态有概率 $p_1 = \dfrac{1}{4}$ 处于态 $|\psi_1\rangle = |\uparrow\rangle \otimes |\uparrow\rangle$，有概率 $p_2 = \dfrac{1}{4}$ 处于态 $|\psi_2\rangle = |\downarrow\rangle \otimes |\downarrow\rangle$，有概率 $1 - p_1 - p_2 = \dfrac{1}{2}$ 处于态 $|\psi_3\rangle = \dfrac{|\uparrow\rangle \otimes |\downarrow\rangle + |\downarrow\rangle \otimes |\uparrow\rangle}{\sqrt{2}}$。求这种双原子分子自旋量

子态的密度矩阵。

解 我们记 $|\uparrow\rangle = \begin{pmatrix} 1 \\ 0 \end{pmatrix}$, $|\downarrow\rangle = \begin{pmatrix} 0 \\ 1 \end{pmatrix}$。

根据式 (7.2) 可求得出射态的密度矩阵为

$$\rho = p_1(|\uparrow\rangle \otimes |\uparrow\rangle\langle\uparrow| \otimes \langle\uparrow|) + p_2(|\downarrow\rangle \otimes |\downarrow\rangle\langle\downarrow| \otimes \langle\downarrow|)+$$

$$(1 - p_1 - p_2)\frac{|\uparrow\rangle \otimes |\downarrow\rangle + |\downarrow\rangle \otimes |\uparrow\rangle}{\sqrt{2}}\frac{\langle\uparrow| \otimes \langle\downarrow| + \langle\downarrow| \otimes \langle\uparrow|}{\sqrt{2}}$$

$$= p_1\begin{pmatrix} 1 \\ 0 \\ 0 \\ 0 \end{pmatrix}(1 \quad 0 \quad 0 \quad 0) + p_2\begin{pmatrix} 0 \\ 0 \\ 0 \\ 1 \end{pmatrix}(0 \quad 0 \quad 0 \quad 1)+$$

$$(1 - p_1 - p_2)\frac{1}{\sqrt{2}}\left(\begin{pmatrix} 1 \\ 0 \end{pmatrix} \otimes \begin{pmatrix} 0 \\ 1 \end{pmatrix} + \begin{pmatrix} 0 \\ 1 \end{pmatrix} \otimes \begin{pmatrix} 1 \\ 0 \end{pmatrix}\right)\frac{1}{\sqrt{2}}((1 \quad 0) \otimes$$

$$(0 \quad 1) + (0 \quad 1) \otimes (1 \quad 0))$$

$$= p_1\begin{pmatrix} 1 & 0 & 0 & 0 \\ 0 & 0 & 0 & 0 \\ 0 & 0 & 0 & 0 \\ 0 & 0 & 0 & 0 \end{pmatrix} + p_2\begin{pmatrix} 0 & 0 & 0 & 0 \\ 0 & 0 & 0 & 0 \\ 0 & 0 & 0 & 0 \\ 0 & 0 & 0 & 1 \end{pmatrix} + (1 - p_1 - p_2)\begin{pmatrix} 0 & 0 & 0 & 0 \\ 0 & \frac{1}{2} & \frac{1}{2} & 0 \\ 0 & \frac{1}{2} & \frac{1}{2} & 0 \\ 0 & 0 & 0 & 0 \end{pmatrix}$$

$$= \begin{pmatrix} p_1 & 0 & 0 & 0 \\ 0 & \dfrac{1 - p_1 - p_2}{2} & \dfrac{1 - p_1 - p_2}{2} & 0 \\ 0 & \dfrac{1 - p_1 - p_2}{2} & \dfrac{1 - p_1 - p_2}{2} & 0 \\ 0 & 0 & 0 & p_2 \end{pmatrix} = \begin{pmatrix} \dfrac{1}{4} & 0 & 0 & 0 \\ 0 & \dfrac{1}{4} & \dfrac{1}{4} & 0 \\ 0 & \dfrac{1}{4} & \dfrac{1}{4} & 0 \\ 0 & 0 & 0 & \dfrac{1}{4} \end{pmatrix} \tag{7.5}$$

例题 7.5 自然光透过透振态为 $|\varphi'\rangle$ 的概率为多少？

解 自然光的密度矩阵为 $\rho = \sum\limits_{i=1}^{N}\frac{1}{N}(|\psi_i\rangle\langle\psi_i|) = \frac{1}{2N}\sum\limits_i(|\psi_i\rangle\langle\psi_i| + |\psi_i^\perp\rangle\langle\psi_i^\perp|)$

$= \dfrac{I}{2}$, 利用式 (7.3), 可得透过的概率为 $\langle\varphi'|\dfrac{I}{2}|\varphi'\rangle = \dfrac{1}{2}$。

混合态的混合：若粒子状态以 c_1 的概率被制备为密度矩阵 ρ_1，以 $c_2 = 1 - c_1$ 的概率被制备为密度矩阵 ρ_2，其密度矩阵为 $\rho = c_1\rho_1 + c_2\rho_2$。密度矩阵的混合这一概念在部分偏振光的运算中十分重要。

密度矩阵的分解与偏振度：部分偏振光的定义为自然光与单一偏振光的混合。部分偏振光总光强为

$$\mathcal{I} = \mathcal{I}_n + \mathcal{I}_p \tag{7.6}$$

其中 $\mathcal{I}_n$ 为自然光的光强，$\mathcal{I}_p$ 为单一偏振光的光强，其偏振度为

$$p = \frac{\mathcal{I}_p}{\mathcal{I}} = \frac{\mathcal{I}_p}{\mathcal{I}_n + \mathcal{I}_p} \tag{7.7}$$

如果我们知道在部分偏振光中自然光和单一偏振光所占的比例，则可以很方便地计算偏振度。但如果我们不掌握这些信息，通过密度矩阵这一方便的工具，同样可以轻松地定义任意部分偏振光的偏振度。数学上，我们可以将任意部分偏振态的密度矩阵拆分为自然光与某单一偏振态密度矩阵的混合：

$$\rho = c_1 \frac{1}{2} I + c_2 |\psi\rangle \langle\psi| \tag{7.8}$$

这个形式表示，根据混合态的混合规则，每个光子有概率 c_1 被制备为自然光，有概率 c_2 被制备为单一偏振态。对于大量这样的独立同分布光子，概率就是光强。因此，偏振度为 c_2：

$$p = c_2 \tag{7.9}$$

例题 7.6 某光源每个光子偏振态独立，30% 的概率被制备为水平偏振，70% 的概率被制备为竖直偏振，偏振度为多少？

解 根据式 (7.2) 可求得密度矩阵为

$$\rho = 0.3|h\rangle \langle h| + 0.7|v\rangle \langle v|$$

$$= 0.3 \begin{pmatrix} 1 \\ 0 \end{pmatrix} \begin{pmatrix} 1 & 0 \end{pmatrix} + 0.7 \begin{pmatrix} 0 \\ 1 \end{pmatrix} \begin{pmatrix} 0 & 1 \end{pmatrix}$$

$$= 0.3 \left(\begin{pmatrix} 1 \\ 0 \end{pmatrix} \begin{pmatrix} 1 & 0 \end{pmatrix} + \begin{pmatrix} 0 \\ 1 \end{pmatrix} \begin{pmatrix} 0 & 1 \end{pmatrix} \right) + 0.4 \begin{pmatrix} 0 \\ 1 \end{pmatrix} \begin{pmatrix} 0 & 1 \end{pmatrix}$$

$$= \frac{3}{5} \times \frac{I}{2} + \frac{2}{5} |v\rangle \langle v|$$

根据式 (7.8) 与式 (7.9) 得偏振度为 $\frac{2}{5}$。

笔记

对于任意 2×2 矩阵 ρ，总有非负本征值 λ_1、λ_2 $(\lambda_1 \leqslant \lambda_2)$，分别对应本征态 $|\psi_1\rangle$、$|\psi_2\rangle$。因此

$$\rho = \lambda_1 |\psi_1\rangle\langle\psi_1| + \lambda_2 |\psi_2\rangle\langle\psi_2|$$

$$= 2\lambda_1 \frac{I}{2} + (\lambda_2 - \lambda_1) |\psi_2\rangle\langle\psi_2| \tag{7.10}$$

$|\lambda_2 - \lambda_1|$ 即偏振度。上面的推导中我们用到了 $|\psi_1\rangle\langle\psi_1| + |\psi_2\rangle\langle\psi_2| = 1$。**一般地，密度矩阵为 ρ 的混合态的偏振度即为 ρ 的本征值之差 $|\lambda_2 - \lambda_1|$。**

例题 7.7　正旋圆偏振与 $30°$ 偏振按 $50:50$ 比例混合，密度矩阵是什么？偏振度是多少？这种光透过透振态为 $|\phi'\rangle = \frac{1}{2}|h\rangle - \frac{\sqrt{3}\mathrm{i}}{2}|v\rangle$ 的偏振片的概率是多少？

解　正旋圆偏振为

$$|\psi_+\rangle = \frac{|h\rangle + \mathrm{i}|v\rangle}{\sqrt{2}} = \frac{1}{\sqrt{2}}\begin{pmatrix} 1 \\ \mathrm{i} \end{pmatrix}$$

$30°$ 线偏振为

$$\left|\frac{\pi}{6}\right\rangle = \frac{\sqrt{3}}{2}|h\rangle + \frac{1}{2}|v\rangle = \begin{pmatrix} \dfrac{\sqrt{3}}{2} \\ \dfrac{1}{2} \end{pmatrix}$$

因此可求得该混合态密度矩阵为

$$\rho = \frac{1}{2}|\psi_+\rangle\langle\psi_+| + \frac{1}{2}\left|\frac{\pi}{6}\right\rangle\left\langle\frac{\pi}{6}\right|$$

$$= \begin{pmatrix} \dfrac{5}{8} & \dfrac{\sqrt{3} - 2\mathrm{i}}{8} \\ \dfrac{\sqrt{3} + 2\mathrm{i}}{8} & \dfrac{3}{8} \end{pmatrix}$$

可计算求得此混合态的密度矩阵 ρ 的本征值分别为 $\lambda_1 = \frac{1}{2} - \frac{\sqrt{2}}{4}$，$\lambda_2 = \frac{1}{2} + \frac{\sqrt{2}}{4}$。因此该混合态的密度矩阵可用本征值对应的本征态展开：

$$\rho = \frac{1}{2}|\psi_+\rangle\langle\psi_+| + \frac{1}{2}\left|\frac{\pi}{6}\right\rangle\left\langle\frac{\pi}{6}\right|$$

$$= \left(\frac{1}{2} - \frac{\sqrt{2}}{4}\right)|\psi\rangle\langle\psi| + \left(\frac{1}{2} + \frac{\sqrt{2}}{4}\right)|\psi^\perp\rangle\langle\psi^\perp|$$

$$= \left(\frac{1}{2} - \frac{\sqrt{2}}{4} \right) \left(|\psi\rangle\langle\psi| + |\psi^\perp\rangle\langle\psi^\perp| \right) + \frac{\sqrt{2}}{2} |\psi^\perp\rangle\langle\psi^\perp|$$

根据式 (7.10) 可知偏振度为 $\frac{\sqrt{2}}{2}$。透过透振态为 $|\phi'\rangle = \frac{1}{2}|h\rangle - \frac{\sqrt{3}\mathrm{i}}{2}|v\rangle$ 的偏振片的概率为

$$P(|\phi'\rangle|\rho) = \langle\phi'|\rho|\phi'\rangle$$

$$= \begin{pmatrix} \frac{1}{2} & \frac{\sqrt{3}}{2}\mathrm{i} \end{pmatrix} \begin{pmatrix} \frac{5}{8} & \frac{\sqrt{3}-2\mathrm{i}}{8} \\ \frac{\sqrt{3}+2\mathrm{i}}{8} & \frac{3}{8} \end{pmatrix} \begin{pmatrix} \frac{1}{2} \\ -\frac{\sqrt{3}}{2}\mathrm{i} \end{pmatrix}$$

$$= \frac{7}{16} - \frac{\sqrt{3}}{8}$$

问题 7.5 对于任意密度矩阵 ρ，证明：

（1）$\mathrm{Tr}(\rho) = 1$；

（2）ρ 一定是厄米的，且是非负定的；

（3）纯态的密度矩阵只有一个非 0 本征值。

7.2.1 密度矩阵的实验测定

如何获取密度矩阵 ρ? 对于一个光子，不可能做到；对于大量独立同分布的光子，可以做到。其中"同分布"指每个光子的密度矩阵都相同，"独立"指对任意光子的测量都不改变其他光子的密度矩阵。

我们使用基础态 $\left\{ |h\rangle = \begin{pmatrix} 1 \\ 0 \end{pmatrix}, |v\rangle = \begin{pmatrix} 0 \\ 1 \end{pmatrix} \right\}$ 来描述这些全同独立的光子。在这组基础态下，记每个光子的密度矩阵为

$$\rho = \begin{pmatrix} \rho_{11} & \rho_{12} \\ \rho_{21} & \rho_{22} \end{pmatrix} \tag{7.11}$$

通过计算可以发现

$$\begin{pmatrix} 1 & 0 \end{pmatrix} \cdot \begin{pmatrix} \rho_{11} & \rho_{12} \\ \rho_{21} & \rho_{22} \end{pmatrix} \cdot \begin{pmatrix} 1 \\ 0 \end{pmatrix} = \begin{pmatrix} \rho_{11} & \rho_{12} \end{pmatrix} \cdot \begin{pmatrix} 1 \\ 0 \end{pmatrix} = \rho_{11} \tag{7.12}$$

而已知 $\langle h| = (1 \quad 0)$，那么我们可以得到以下关系：

$$\rho_{11} = (1 \quad 0) \cdot \begin{pmatrix} \rho_{11} & \rho_{12} \\ \rho_{21} & \rho_{22} \end{pmatrix} \cdot \begin{pmatrix} 1 \\ 0 \end{pmatrix} = \langle h|\rho|h\rangle \tag{7.13}$$

根据式 (7.3) 可知，这正是密度矩阵为 ρ 的光子透过透振态为 $|h\rangle$ 的偏振片（水平偏振片）的概率 $P_h = P(h|\rho)$。我们只需要在实验上测定这种全同独立光子透过水平偏振片的透过率 P_h 就确定了密度矩阵元 ρ_{11}：

$$\rho_{11} = P_h \tag{7.14}$$

笔记

| 对实验测定偏振片透过率不熟悉的读者可回顾 2.1 节相关知识。

为了确定其他密度矩阵元，我们需要建立密度矩阵元与更多物理可观测量之间的联系，例如式 (7.15)：

$$\frac{1}{\sqrt{2}} (1 \quad 1) \cdot \begin{pmatrix} \rho_{11} & \rho_{12} \\ \rho_{21} & \rho_{22} \end{pmatrix} \cdot \frac{1}{\sqrt{2}} \begin{pmatrix} 1 \\ 1 \end{pmatrix}$$

$$= \frac{1}{2} (\rho_{11} + \rho_{21} \quad \rho_{12} + \rho_{22}) \cdot \begin{pmatrix} 1 \\ 1 \end{pmatrix} = \frac{1}{2} (\rho_{11} + \rho_{12} + \rho_{21} + \rho_{22}) \tag{7.15}$$

$45°$ 偏振片的透振态 $\left|\frac{\pi}{4}\right\rangle$ 的列向量形式为

$$\left|\frac{\pi}{4}\right\rangle = \frac{|h\rangle + |v\rangle}{\sqrt{2}} = \frac{1}{\sqrt{2}} \left(\begin{pmatrix} 1 \\ 0 \end{pmatrix} + \begin{pmatrix} 0 \\ 1 \end{pmatrix} \right) = \frac{1}{\sqrt{2}} \begin{pmatrix} 1 \\ 1 \end{pmatrix}$$

联系式 (7.3) 可知式 (7.15) 正是全同独立光子透过 $45°$ 偏振片的概率 $P_{\frac{\pi}{4}} = P\left(\frac{\pi}{4}\Big|\rho\right)$。根据式 (7.3) 与式 (7.15) 我们得到了密度矩阵元与 $45°$ 偏振片透过率之间的关系：

$$\left\langle \frac{\pi}{4}\Big|\rho\Big|\frac{\pi}{4}\right\rangle = \frac{\rho_{11} + \rho_{12} + \rho_{21} + \rho_{22}}{2} \tag{7.16}$$

任何密度矩阵 ρ 都是厄米的，即要求 $\rho = \rho^\dagger$，因此密度矩阵元满足

$$\begin{cases} \rho_{12}^* = \rho_{21} \\ \rho_{12} + \rho_{21} = 2\operatorname{Re}(\rho_{12}) \\ \rho_{12} - \rho_{21} = 2\mathrm{i}\operatorname{Im}(\rho_{12}) \end{cases} \tag{7.17}$$

密度矩阵所满足的另一项性质为 $\mathrm{Tr}(\rho)=1$，因此有

$$\rho_{11}+\rho_{22}=1 \tag{7.18}$$

将这两条性质代入式 (7.16) 中得到：

$$\left\langle\frac{\pi}{4}\left|\rho\right|\frac{\pi}{4}\right\rangle=\frac{1}{2}+\mathrm{Re}(\rho_{12}) \tag{7.19}$$

即只要通过实验测定这种全同独立光子对 45° 偏振片的透过率 $P_{\frac{\pi}{4}}$ 就确定了密度矩阵元 ρ_{12} 的实部

$$\mathrm{Re}(\rho_{12})=P_{\frac{\pi}{4}}-\frac{1}{2} \tag{7.20}$$

如何确定 $\mathrm{Im}(\rho_{12})$？我们需要用到式 (7.21)：

$$\left(\frac{1}{\sqrt{2}}\quad-\mathrm{i}\frac{1}{\sqrt{2}}\right)\left(\begin{array}{cc}\rho_{11} & \rho_{12} \\ \rho_{21} & \rho_{22}\end{array}\right)\left(\begin{array}{c}\dfrac{1}{\sqrt{2}} \\ \mathrm{i}\dfrac{1}{\sqrt{2}}\end{array}\right)$$

$$=\frac{1}{2}(\rho_{11}+\rho_{22}+\mathrm{i}(\rho_{12}-\rho_{21})) \tag{7.21}$$

我们知道，正旋圆偏振片的透振态正是

$$|\psi_+\rangle=\frac{1}{\sqrt{2}}(|h\rangle+\mathrm{i}|v\rangle)=\left(\begin{array}{c}\dfrac{1}{\sqrt{2}} \\ \mathrm{i}\dfrac{1}{\sqrt{2}}\end{array}\right)$$

仿照式 (7.16) 我们建立全同独立光子透过正旋圆偏振片的概率与密度矩阵元之间的关系：

$$\langle\psi_+|\rho|\psi_+\rangle=\frac{1}{2}(\rho_{11}+\rho_{22}+\mathrm{i}(\rho_{12}-\rho_{21})) \tag{7.22}$$

再次利用式 (7.17) 与式 (7.18) 得到：

$$\langle\psi_+|\rho|\psi_+\rangle=\frac{1}{2}+\mathrm{i}^2\,\mathrm{Im}(\rho_{12}) \tag{7.23}$$

此即 $\mathrm{Im}(\rho_{12})=\dfrac{1}{2}-\langle\psi_+|\rho|\psi_+\rangle$，只需通过实验测得光子通过正旋圆偏振片透过率 P_{ψ_+} 就确定了密度矩阵元 ρ_{12} 的虚部。

参考式 (7.15) 很容易想到密度矩阵元 ρ_{22} 可以通过实验测量光子透过竖直偏振片的透过率 $P(|v\rangle|\rho) = \langle v|\rho|v\rangle$ 来确定，但事实上不需要这么麻烦。利用式 (7.18) 可得：

$$\rho_{22} = 1 - \rho_{11} = 1 - P_h \tag{7.24}$$

只要在实验上测得这种全同独立光子透过水平偏振片、45° 偏振片和正旋圆偏振片的透过率 P_h、$P_{\frac{\pi}{4}}$ 和 P_{ψ_+}，利用式 (7.17) 与式 (7.18)，便得到了全部四个密度矩阵元：

$$\rho = \begin{pmatrix} P_h & \left(P_{\frac{\pi}{4}} - \dfrac{1}{2}\right) + \mathrm{i}\left(\dfrac{1}{2} - P_{\psi_+}\right) \\ \left(P_{\frac{\pi}{4}} - \dfrac{1}{2}\right) - \mathrm{i}\left(\dfrac{1}{2} - P_{\psi_+}\right) & 1 - P_h \end{pmatrix} \tag{7.25}$$

力学量的期望值：

力学量 a 对应的算符 $\hat{A}$，其不同本征态 $\{|\varphi_i\rangle\}$ 互相正交，分别对应本征值 a_i，以 $\{|\varphi_i\rangle\}$ 为测量基对密度矩阵为 ρ 的混合态粒子进行测量，测得本征值 a_i(测量后粒子处于本征态 $|\varphi_i\rangle$) 的概率为

$$P(\varphi_i|\rho) = \langle \varphi_i|\rho|\varphi_i \rangle$$

该力学量的测量期望值为

$$\langle a \rangle = \sum_i a_i P(\varphi_i|\rho) = \sum_i a_i \langle \varphi_i|\rho|\varphi_i \rangle \tag{7.26}$$

基于此，显然可证下列期望值公式：

$$\boxed{\langle a \rangle = \sum_i \langle \psi_i|\hat{A}\rho|\psi_i \rangle = \mathrm{Tr}(\hat{A}\rho)} \tag{7.27}$$

式 (7.27) 表明只要知道密度矩阵 ρ 就能计算力学量的期望值。

　　问题 7.6　从式 (7.26) 出发证明式 (7.27)。

　　问题 7.7　对于纯态，验证式 (7.27)。

　　密度矩阵的时间演化： 在 2.4.3 节中我们介绍了态矢量的时间演化算符 $\hat{U}(t)$。我们可以利用态矢量时间演化算符来求解密度矩阵如何随时间演化。

若系统在 $t = 0$ 时刻的初始态为纯态 $|\psi(0)\rangle$，则初始密度矩阵为 $\rho(0) = |\psi(0)\rangle\langle\psi(0)|$；任意时刻 t 的系统状态为 $|\psi(t)\rangle = \hat{U}(t)|\psi(0)\rangle$，相应密度矩阵为 $\rho(t) = \hat{U}(t)|\psi(0)\rangle\langle\psi(0)|\hat{U}^\dagger(t) = \hat{U}(t)\rho(0)\hat{U}^\dagger(t)$。相应地，若 $t = 0$ 时刻系统的初始态为混合态 $\rho = \sum_i p_i|\psi_i(0)\rangle\langle\psi_i(0)|$，任意时刻 t 的密度矩阵为

$$\rho(t) = \sum_i p_i \hat{U}(t)|\psi_i(0)\rangle\langle\psi_i(0)|\hat{U}^\dagger(t) = \hat{U}(t)\rho(0)\hat{U}^\dagger(t)$$

例题 7.8 若势阱宽度为 b 的无限深方势阱中有一个质量为 m 的粒子，在 $t = 0$ 时刻粒子的坐标表象波函数为 $\psi(x,0) = \dfrac{1}{\sqrt{b}}\sin\dfrac{\pi x}{b}\left(1 + 2\cos\dfrac{\pi x}{b}\right)$。（1）写出该粒子在任意时刻 t 的坐标表象波函数 $\psi(x,t)$；（2）写出粒子在任意时刻 t 的密度矩阵。

解 （1）我们使用三步法求解时间演化问题。首先求解无限深方势阱的本征波函数及对应的能量本征值为

$$\varphi_n = \sqrt{\frac{2}{b}}\sin\frac{n\pi x}{b}$$

$$E_n = \frac{n^2\pi^2\hbar^2}{2mb^2}$$

其次，我们将 $t = 0$ 时刻粒子的坐标表象波函数展开为本征波函数的线性叠加形式：

$$\psi(x,0) = \frac{1}{\sqrt{2}}\left(\sqrt{\frac{2}{b}}\sin\frac{\pi x}{b} + \sqrt{\frac{2}{b}}\sin\frac{2\pi x}{b}\right) = \frac{1}{\sqrt{2}}(\varphi_1(x) + \varphi_2(x))$$

最后，我们得到任意时刻 t 粒子的坐标表象波函数

$$\psi(x,t) = \frac{1}{\sqrt{2}}(\mathrm{e}^{-\mathrm{i}\frac{E_1 t}{\hbar}}\varphi_1(x) + \mathrm{e}^{-\mathrm{i}\frac{E_2 t}{\hbar}}\varphi_2(x))$$

（2）根据（1），我们直接给出任意时刻粒子的态矢量 $|\psi(t)\rangle = \dfrac{1}{\sqrt{2}}(\mathrm{e}^{-\mathrm{i}\frac{E_1 t}{\hbar}}|\varphi_1\rangle + \mathrm{e}^{-\mathrm{i}\frac{E_2 t}{\hbar}}|\varphi_2\rangle)$。粒子在任意时刻 t 的密度矩阵为

$$\rho(t) = |\psi(t)\rangle\langle\psi(t)| = \frac{1}{2}(\mathrm{e}^{-\mathrm{i}\frac{E_1 t}{\hbar}}|\varphi_1\rangle + \mathrm{e}^{-\mathrm{i}\frac{E_2 t}{\hbar}}|\varphi_2\rangle)(\mathrm{e}^{\mathrm{i}\frac{E_1 t}{\hbar}}\langle\varphi_1| + \mathrm{e}^{\mathrm{i}\frac{E_2 t}{\hbar}}\langle\varphi_2|)$$

$$= \frac{1}{2}(|\varphi_1\rangle\langle\varphi_1| + \mathrm{e}^{\mathrm{i}\frac{(E_2-E_1)t}{\hbar}}|\varphi_1\rangle\langle\varphi_2| + \mathrm{e}^{-\mathrm{i}\frac{(E_2-E_1)t}{\hbar}}|\varphi_2\rangle\langle\varphi_1| + |\varphi_2\rangle\langle\varphi_2|)$$

$$= \frac{1}{2}\begin{pmatrix} 1 & \mathrm{e}^{\mathrm{i}\frac{(E_2-E_1)t}{\hbar}} \\ \mathrm{e}^{-\mathrm{i}\frac{(E_2-E_1)t}{\hbar}} & 1 \end{pmatrix}$$

7.2.2　多粒子密度矩阵

当我们用一个光子的密度矩阵来表示整个光源所有光子的态时，实际上有一个前提条件：各光子的态是独立的，而且是独立同分布的，即每个光子都有相同的概率被制备成哪个态。此时没有必要去写整个光源的多粒子密度矩阵，因为其无非就是：

$$\Omega = \rho \otimes \rho \otimes \cdots \otimes \rho = \rho^{\otimes n} \tag{7.28}$$

即每个光子的密度矩阵都是 ρ，它们都是独立的，不论测得其他光子为何态，剩余每个光子的密度矩阵还是 ρ。

如果各光子偏振状态不独立，此时只有多粒子密度矩阵才能包含系统的全部信息。注意下列几条主要性质。

性质 1：密度矩阵的定义。系统有 p_i 的概率被制备为态 $|\psi_i\rangle$，则系统的密度矩阵为

$$\boxed{\sum_i p_i |\psi_i\rangle \langle\psi_i|} \tag{7.29}$$

这是基本定义，不论系统包含多少粒子，不论各粒子是否独立。

注意，$|\psi_i\rangle$ 是整个系统（多粒子）的一个可能态。若系统各粒子态不独立，一般的，系统密度矩阵 $\Omega \neq \rho_1 \otimes \rho_2 \otimes \cdots \otimes \rho_n$，其中，$\rho_k$ 是第 k 个粒子的密度矩阵，因此应使用多粒子密度矩阵来表示系统的状态。

例题 7.9　考虑下列两粒子系统：有 30% 的概率被制备为 $|++\rangle$，70% 的概率被制备为 $|--\rangle$。该两粒子系统的密度矩阵是什么？

解：

$$\Omega = 0.3|++\rangle\langle++| + 0.7|--\rangle\langle--|$$

$$= 0.3 \begin{pmatrix} 1 \\ 0 \\ 0 \\ 0 \end{pmatrix} \begin{pmatrix} 1 & 0 & 0 & 0 \end{pmatrix} + 0.7 \begin{pmatrix} 0 \\ 0 \\ 0 \\ 1 \end{pmatrix} \begin{pmatrix} 0 & 0 & 0 & 1 \end{pmatrix}$$

$$= \begin{pmatrix} 0.3 & 0 & 0 & 0 \\ 0 & 0 & 0 & 0 \\ 0 & 0 & 0 & 0 \\ 0 & 0 & 0 & 0.7 \end{pmatrix} \tag{7.30}$$

但是，如果只考虑粒子 A 或粒子 B，它有 30% 的概率被制备为 $|+\rangle$，70% 的

概率被制备为 $|-\rangle$。粒子 A 或粒子 B 的密度矩阵为

$$\rho_1 = \rho_2 = \begin{pmatrix} 0.3 & 0 \\ 0 & 0.7 \end{pmatrix}$$

$$\boxed{\rho_1 \otimes \rho_2 \neq \Omega}$$

由此可得性质 2。

性质 2：若系统各粒子不独立，即便我们掌握了**每个**粒子的单独密度矩阵，却并未掌握整个系统的密度矩阵！这就是说，分别掌握系统每一部分信息不代表掌握整个系统的信息，但是掌握整个系统的密度矩阵当然意味着掌握了任何一部分的密度矩阵。

✐ **笔记**

我们可以以贝尔态为例进行理解，若粒子 A 和粒子 B 的密度矩阵为 ρ_{AB}，则粒子 A 的密度矩阵为

$$\rho_A = \mathrm{Tr}_B(\rho_{AB}) \tag{7.31}$$

性质 3：同一密度矩阵可以有不同的制备方法，但是只要两个系统的密度矩阵相同，即便它们是以不同方法制备的，也不可能存在任何手段发现它们的区别。

✐ **笔记**

这是一个**绝对正确且永远正确**的结论。"任何手段"当然包括任何"集体测量"方法。若任何人宣称对此给出任何反例，一定是他的理解错误！

现在给出一个具体错例的分析与剖析：

有人宣称可以用下列"反例"否定**性质 3**：考虑两种方法制备的两光子系统，方法 1：有 50% 的概率制备为 $|h\rangle|v\rangle$，有 50% 的概率制备为 $|v\rangle|h\rangle$；方法 2：有 50% 的概率制备为 $\left|\frac{\pi}{4}\right\rangle\left|\frac{3\pi}{4}\right\rangle$，有 50% 的概率制备为 $\left|\frac{3\pi}{4}\right\rangle\left|\frac{\pi}{4}\right\rangle$。此时，两个系统每个光子的密度矩阵都是 $I/2$，但它们是可区分的：以水平偏振片测量每个光子，若两个光子都通过偏振片，或者都未通过偏振片，则一定是方法 2；以 45° 偏振片测量每个光子，若两个光子都通过偏振片，或者都未通过偏振片，则一定是方法 1。

这两种方法制备出的两粒子是可以区分，但是，密度矩阵却不一样！方法 1 的密度矩阵：

$$\Omega_1 = 0.5|hv\rangle\langle hv| + 0.5|vh\rangle\langle vh|$$

$$= 0.5 \begin{pmatrix} 0 \\ 1 \\ 0 \\ 0 \end{pmatrix} \begin{pmatrix} 0 & 1 & 0 & 0 \end{pmatrix} + 0.5 \begin{pmatrix} 0 \\ 0 \\ 1 \\ 0 \end{pmatrix} \begin{pmatrix} 0 & 0 & 1 & 0 \end{pmatrix}$$

$$= \begin{pmatrix} 0 & 0 & 0 & 0 \\ 0 & 0.5 & 0 & 0 \\ 0 & 0 & 0.5 & 0 \\ 0 & 0 & 0 & 0 \end{pmatrix} \tag{7.32}$$

方法 2 的密度矩阵：

$$\Omega_2 = 0.5 \left| \frac{\pi}{4} \frac{3\pi}{4} \right\rangle \left\langle \frac{\pi}{4} \frac{3\pi}{4} \right| + 0.5 \left| \frac{3\pi}{4} \frac{\pi}{4} \right\rangle \left\langle \frac{3\pi}{4} \frac{\pi}{4} \right|$$

$$= \frac{1}{8} \begin{pmatrix} 1 \\ -1 \\ 1 \\ -1 \end{pmatrix} \begin{pmatrix} 1 & -1 & 1 & -1 \end{pmatrix} + \frac{1}{8} \begin{pmatrix} 1 \\ 1 \\ -1 \\ -1 \end{pmatrix} \begin{pmatrix} 1 & 1 & -1 & -1 \end{pmatrix}$$

$$= \frac{1}{4} \begin{pmatrix} 1 & 0 & 0 & -1 \\ 0 & 1 & -1 & 0 \\ 0 & -1 & 1 & 0 \\ -1 & 0 & 0 & 1 \end{pmatrix} \tag{7.33}$$

显然

$$\boxed{\Omega_1 \neq \Omega_2} \tag{7.34}$$

由于这两种方法制备的系统密度矩阵并不相同，那它们可以区分并不违反**性质 3**。

笔记

两种方法制备的两粒子系统中单个粒子的密度矩阵确实相同，但是由于前文的检测方法需要检测两个光子，因此我们当然要以整个两光子系统的密度矩阵是否相等来判断"性质 3"。注意，性质 3 说的是整个系统的密度矩阵，而不是系统中一个粒子的密度矩阵。犯上述错误的根源在于误以为系统的密度矩阵指的就是系统中每个粒子单独的密度矩阵。这只对独立同分布多粒子系统成立！上述反例说的两种方法制备的两粒子是有关联的，而不是独立的。对有关联的多粒子系统，其密度矩阵不是一个粒子的单独密度矩阵，而是系统所有粒子的密度矩阵。对于独立同分布多粒子系统，也可采用所有粒子的密度矩阵表示，但是这并不必要，因为此时一个粒子的密度矩阵就包含了全系统的信息。

例题 7.10 运用密度矩阵分析，两粒子最大纠缠态能不能实现超光速信息传递？

解 考虑如下两粒子最大纠缠态：

$$|\phi^+\rangle = \frac{1}{\sqrt{2}}(|+\rangle|+\rangle + |-\rangle|-\rangle)$$

对于粒子 B 而言，其约化密度矩阵为 $I/2$；对粒子 A，无论做何种测量，只要没有把测量结果传到粒子 B 端，则粒子 B 的密度矩阵仍然为 $I/2$，没有发生任何可观测的变化！在没有经典通信的情况下，不可能利用任何事先共享的纠缠对实现信息传递：

1. 若事先共享最大纠缠对，对粒子 A 测量，坍缩到某个态上，粒子 B 立即坍缩，其结果完全关联。这个关联结果的获得不需要时间。但是获得关联结果并不是通信。

2. 要想只通过纠缠实现超光速通信，必须要求：① 不能有任何经典通信（否则就不能超光速）；② 对粒子 A 进行某些不同的操作，会导致对粒子 B 的观察出现不同结果。即，通过观察粒子 B，可以推断此前粒子 A 受到何种操作（否则就不能通信）。对粒子 A 进行任意局部操作 U（本地测量或本地幺正操作）使得两粒子态变为 $(U \otimes I)|\phi^+\rangle$，都不改变粒子 B 的约化密度矩阵：

$$\rho_{\mathrm{B}} = \mathrm{Tr}_{\mathrm{A}}((U \otimes I) \cdot \rho_{\mathrm{AB}} \cdot (U \otimes I)^\dagger) = \frac{I}{2} \tag{7.35}$$

也就是说对粒子 A 进行不同的局部操作并不影响对粒子 B 的观察结果，那么超光速通信必然不能实现。

7.3 子空间的密度矩阵

两粒子处于最大纠缠态 $|\phi^+\rangle$ 时，粒子 A 的密度矩阵是什么？

根据 7.2.1 节中的方法。如果用 $\{|0\rangle, |1\rangle\}$ 对粒子 A 进行测量，可得 $\rho_{11} = \langle 0|\rho_{\mathrm{A}}|0\rangle = \frac{1}{2}$，$\rho_{22} = \langle 1|\rho_{\mathrm{A}}|1\rangle = \frac{1}{2}$；如果用 $\left\{ \left|\frac{\pi}{4}\right\rangle = \frac{|0\rangle + |1\rangle}{\sqrt{2}}, \left|\frac{3\pi}{4}\right\rangle = \frac{|0\rangle - |1\rangle}{\sqrt{2}} \right\}$ 基进行测量，进一步可以验证 $\mathrm{Re}(\rho_{12}) = \mathrm{Re}(\rho_{21}) = 0$；如果用 $\left\{ |\psi_+\rangle = \frac{|0\rangle + \mathrm{i}|1\rangle}{\sqrt{2}}, \right.$

$\left.|\psi_-\rangle = \dfrac{|0\rangle - \mathrm{i}|1\rangle}{\sqrt{2}}\right\}$ 基进行测量，进一步可以验证 $\mathrm{Im}(\rho_{12}) = \mathrm{Im}(\rho_{21}) = 0$，因此

可得粒子 A 的密度矩阵为 $\rho_\mathrm{A} = \dfrac{I}{2}$。

$\rho_\mathrm{A} = \dfrac{I}{2}$ 可以说是最"混"的混合态了，这意味着粒子 A 像自然光那样，使用任意两个正交基去测量粒子 B 的状态，测得处于两个态的概率都是 $\dfrac{1}{2}$。如果我们考虑粒子 B，也会发现其密度矩阵为 $\rho_\mathrm{B} = \dfrac{I}{2}$。但需要注意，两粒子密度矩阵 $\rho_\mathrm{AB} \neq \rho_\mathrm{A} \otimes \rho_\mathrm{B}$，即两粒子共同量子态并非粒子 A 状态与粒子 B 状态的简单直积。此处两粒子量子态是纯态，然而其中的粒子 A 与粒子 B 的状态却是密度矩阵为 $\dfrac{I}{2}$ 的混合态，这种现象也是粒子 A 与粒子 B 处于纠缠态的一种特征。

一般地，若全系统 AB 的密度矩阵为 ρ_AB，子系统 A 的密度矩阵为

$$\rho_\mathrm{A} = \mathrm{Tr}_\mathrm{B}(\rho_\mathrm{AB}) \tag{7.36}$$

ρ_A 是子系统 A 的约化密度矩阵。式 (7.36) 中 Tr_B 是对子系统 B 的部分求迹。

✒️ **笔记**

式 (7.36) 与式 (7.31) 形式上相同，但需注意，子系统 A 或子系统 B 不限于一个粒子，可以是多个粒子。

✒️ **笔记**

或者：如果 $\{|b_i\rangle\}$ 是子系统 B 的一套基础态，那么

$$\mathrm{Tr}_\mathrm{B}(\rho_\mathrm{AB}) = \sum_i \langle b_i|\rho_\mathrm{AB}|b_i\rangle$$

我们将在例题 7.11 中展示这两种对子系统部分求迹的方法。

我们使用约化密度矩阵方法重新考虑最大纠缠态 $|\phi^+\rangle$，首先写出两粒子的密度矩阵：

$$\begin{aligned}
\rho_\mathrm{AB} = |\phi^+\rangle\langle\phi^+| &= \frac{|00\rangle\langle00| + |00\rangle\langle11| + |11\rangle\langle00| + |11\rangle\langle11|}{2} \\
&= \frac{|0\rangle\langle0| \otimes |0\rangle\langle0| + |0\rangle\langle1| \otimes |0\rangle\langle1| + |1\rangle\langle0| \otimes |1\rangle\langle0| + |1\rangle\langle1| \otimes |1\rangle\langle1|}{2}
\end{aligned} \tag{7.37}$$

利用式 (7.36) 得到粒子 A 的约化密度矩阵为

$$\rho_A = \mathrm{Tr}_B(\rho_{AB})$$

$$= \frac{1}{2}\left[\mathrm{Tr}_B(|0\rangle\langle0|\otimes|0\rangle\langle0|) + \mathrm{Tr}_B(|0\rangle\langle1|\otimes|0\rangle\langle1|) + \mathrm{Tr}_B(|1\rangle\langle0|\otimes|1\rangle\langle0|) + \right.$$

$$\left. \mathrm{Tr}_B(|1\rangle\langle1|\otimes|1\rangle\langle1|)\right]$$

$$= \frac{1}{2}\left[|0\rangle\langle0|\langle0|0\rangle + |0\rangle\langle1|\langle1|0\rangle + |1\rangle\langle0|\langle0|1\rangle + |1\rangle\langle1|\langle1|1\rangle\right]$$

$$= \frac{1}{2}\left[|0\rangle\langle0| + |1\rangle\langle1|\right] = \frac{I}{2} \tag{7.38}$$

计算中用到 $\mathrm{Tr}(|i\rangle\langle j|) = \langle j|i\rangle = \delta_{ij}$，同理可得粒子 B 的约化密度矩阵 $\rho_B = \dfrac{I}{2}$。粒子 A 与粒子 B 的约化密度矩阵满足 $\rho_{AB} \neq \rho_A \otimes \rho_B$。

> ✎ **笔记**
>
> 若粒子 A 与粒子 B 处于直积态 $|\psi\rangle = |i_A\rangle|i_B\rangle$，则 $\rho_{AB} = |i_A\rangle\langle i_A|\otimes|i_B\rangle\langle i_B|$，可以得到粒子 A 和粒子 B 的约化密度矩阵分别为
>
> $$\begin{cases} \rho_A = \mathrm{Tr}_B(|i_A\rangle\langle i_A|\otimes|i_B\rangle\langle i_B|) = |i_A\rangle\langle i_A|\langle i_B|i_B\rangle = |i_A\rangle\langle i_A| \\ \rho_B = \mathrm{Tr}_A(|i_A\rangle\langle i_A|\otimes|i_B\rangle\langle i_B|) = |i_B\rangle\langle i_B|\langle i_A|i_A\rangle = |i_B\rangle\langle i_B| \end{cases} \tag{7.39}$$
>
> 即对直积态有 $\rho_{AB} = \rho_A \otimes \rho_B$。
>
> 若粒子 A 与粒子 B 共同处于纯态纠缠态：
>
> $$|\psi\rangle = \sum_i \alpha_i|i_A\rangle|i_B\rangle \tag{7.40}$$
>
> 其中 $\{|i_A\rangle\}$ 与 $\{|i_B\rangle\}$ 为两组正交基（我们将在 7.4 节中证明任意纯态纠缠态必定可以写成式 (7.40) 的形式），则两粒子密度矩阵为
>
> $$\rho_{AB} = \sum_{i,j} \alpha_i\alpha_j^*|i_A\rangle\langle j_A|\otimes|i_B\rangle\langle j_B| \tag{7.41}$$
>
> 粒子 A 的约化密度矩阵为
>
> $$\rho_A = \mathrm{Tr}_B(\rho_{AB})$$
>
> $$= \mathrm{Tr}_B\left(\sum_{i,j}\alpha_i\alpha_j^*|i_A\rangle\langle j_A|\otimes|i_B\rangle\langle j_B|\right)$$

$$= \sum_{i,j} \alpha_i \alpha_j^* |i_{\mathrm{A}}\rangle\langle j_{\mathrm{A}}| \operatorname{Tr}(|i_{\mathrm{B}}\rangle\langle j_{\mathrm{B}}|)$$

$$= \sum_{i,j} \alpha_i \alpha_j^* \langle j_{\mathrm{B}}|i_{\mathrm{B}}\rangle |i_{\mathrm{A}}\rangle\langle j_{\mathrm{A}}|$$

$$= \sum_{i} |\alpha_i|^2 |i_{\mathrm{A}}\rangle\langle i_{\mathrm{A}}| \tag{7.42}$$

这一约化密度矩阵仅包含对角项，且对角项不止一项非零项，但所有非对角项均为零，只有当粒子 A 所处状态为混合态时密度矩阵具有这些数学特征，因此粒子 A 与粒子 B 共同处于纠缠纯态时粒子 A 处于混合态。

例题 7.11 若粒子 A 与粒子 B 处于最大纠缠态 $|\psi^+\rangle = \dfrac{|01\rangle + |10\rangle}{\sqrt{2}}$，求粒子 A 与粒子 B 各自的约化密度矩阵。

解 粒子 A 与粒子 B 的密度矩阵为

$$\rho_{\mathrm{AB}} = |\psi^+\rangle\langle\psi^+| = \frac{1}{2}\left[|0\rangle|1\rangle\langle0|\langle1| + |0\rangle|1\rangle\langle1|\langle0| + |1\rangle|0\rangle\langle0|\langle1| + |1\rangle|0\rangle\langle1|\langle0|\right]$$

粒子 A 的约化密度矩阵为

$$\rho_{\mathrm{A}} = \operatorname{Tr}_{\mathrm{B}}(\rho_{\mathrm{AB}})$$

$$= \frac{1}{2}\left[\operatorname{Tr}_{\mathrm{B}}(|0\rangle\langle0| \otimes |1\rangle\langle1|) + \operatorname{Tr}_{\mathrm{B}}(|0\rangle\langle1| \otimes |1\rangle\langle0|) + \right.$$

$$\left. \operatorname{Tr}_{\mathrm{B}}(|1\rangle\langle0| \otimes |0\rangle\langle1|) + \operatorname{Tr}_{\mathrm{B}}(|1\rangle\langle1| \otimes |0\rangle\langle0|)\right]$$

$$= \frac{1}{2}\left[|0\rangle\langle0| \operatorname{Tr}(|1\rangle\langle1|) + |0\rangle\langle1| \operatorname{Tr}(|1\rangle\langle0|) + |1\rangle\langle0| \operatorname{Tr}(|0\rangle\langle1|) + |1\rangle\langle1| \operatorname{Tr}(|0\rangle\langle0|)\right]$$

$$= \frac{I}{2}$$

粒子 B 的约化密度矩阵为

$$\rho_{\mathrm{B}} = \operatorname{Tr}_{\mathrm{A}}(\rho_{\mathrm{AB}})$$

$$= \frac{I}{2}$$

粒子 A 与粒子 B 的约化密度矩阵仍为像自然光一样最"混"的混合态密度矩阵。

📝 **笔记**

事实上，不止 $|\phi^+\rangle$ 或 $|\psi^+\rangle$，任意形如 $|\psi\rangle = \alpha|00\rangle + \beta|11\rangle$ 或 $|\psi\rangle = \alpha|01\rangle + \beta|10\rangle$ 且满足 $|\alpha| = |\beta| = \dfrac{1}{\sqrt{2}}$ 的最大纠缠态，其粒子 A 和粒子 B 的约化密度矩阵都是 $\dfrac{I}{2}$。

7.4 纠缠度量与判别

7.4.1 施密特分解

考虑子系统 A 和子系统 B 两个系统组成的复合系统，状态为纯态 $|\psi\rangle$。那么对子系统 A 与子系统 B 一定分别存在一组正交基 $\{|i_{\rm A}\rangle\}$ 和 $\{|i_{\rm B}\rangle\}$，使得该纯态 $|\psi\rangle$ 可以写成：

$$|\psi\rangle = \sum_i \lambda_i |i_{\rm A}\rangle |i_{\rm B}\rangle \tag{7.43}$$

其中，λ_i 为非负实数，满足 $\sum_i \lambda_i^2 = 1$。这种分解形式被称为"施密特分解"，λ_i 被称为"施密特系数"。

证明 施密特分解的详细证明请看《量子计算与量子信息》一书，我们只对 2×2 系统进行验证。

一般地，系统 AB 的任意状态 $|\psi\rangle$ 可以写作：

$$|\psi\rangle = \sum_{i,j=0,1} a_{ij}|i\rangle|j\rangle \tag{7.44}$$

其中 $\sum_{ij} |a_{ij}|^2 = 1$。对于此式，我们对子系统 B 以基础态 $\{|\varphi_b\rangle = \beta_0|0\rangle + \beta_1|1\rangle\rangle, |\varphi_b'\rangle = \beta_1^*|0\rangle - \beta_0^*|1\rangle\}$ 展开计算，观察子系统 A 相应的两个状态，若它们正交，则找到了施密特分解形式。例如，若系统 AB 处于态：

$$|\psi\rangle = \sqrt{\frac{1}{6}}|0\rangle|0\rangle + \sqrt{\frac{1}{6}}|0\rangle|1\rangle + \sqrt{\frac{1}{3}}|1\rangle|0\rangle - \sqrt{\frac{1}{3}}|1\rangle|1\rangle \tag{7.45}$$

可用 $\{|\varphi_b\rangle = \beta_0|0\rangle + \beta_1|1\rangle\rangle, |\varphi_b'\rangle = \beta_1^*|0\rangle - \beta_0^*|1\rangle\}$ 展开子系统 B，得到全空间态 $\gamma_1|\varphi_a\rangle|\varphi_b\rangle + \gamma_2|\varphi_a'\rangle|\varphi_b'\rangle$，子系统 A 相应的两个状态分别是：

$$\begin{cases} |\varphi_a\rangle = \langle\varphi_b|\psi\rangle = (\beta_0^* + \beta_1^*)\sqrt{\dfrac{1}{6}}|0\rangle + (\beta_0^* - \beta_1^*)\sqrt{\dfrac{1}{3}}|1\rangle \\[3mm] |\varphi_a'\rangle = \langle\varphi_b'|\psi\rangle = (\beta_1 - \beta_0)\sqrt{\dfrac{1}{6}}|0\rangle + (\beta_1 + \beta_0)\sqrt{\dfrac{1}{3}}|1\rangle \end{cases} \tag{7.46}$$

为使子系统 A 的两个状态 $|\varphi_a\rangle$ 与 $|\varphi_a'\rangle$ 相互正交，β_0 与 β_1 应满足：

$$\langle\varphi_a|\varphi_a'\rangle = \left((\beta_0 + \beta_1)\sqrt{\frac{1}{6}}\langle 0| + (\beta_0 - \beta_1)\sqrt{\frac{1}{3}}\langle 1|\right) \times$$

$$\left((\beta_1 - \beta_0)\sqrt{\frac{1}{6}}|0\rangle + (\beta_1 + \beta_0)\sqrt{\frac{1}{3}}|1\rangle\right) = \frac{\beta_0^2 - \beta_1^2}{6} = 0$$

即要求 $\beta_0 = \pm\beta_1$。已知 $|\beta_0|^2 + |\beta_1|^2 = 1$，不妨取 $\beta_0 = \beta_1 = \dfrac{1}{\sqrt{2}}$，即 $\left\{|\varphi_b\rangle = \dfrac{|0\rangle + |1\rangle}{\sqrt{2}}, |\varphi_b'\rangle = \dfrac{|0\rangle - |1\rangle}{\sqrt{2}}\right\}$；将 $\beta_0 = \beta_1 = \dfrac{1}{\sqrt{2}}$ 代入式 (7.46) 中得 $\{|\varphi_a\rangle = |0\rangle,$ $|\varphi_a'\rangle = |1\rangle\}$，满足正交性要求。因此，这个两粒子态可写成施密特分解形式：

$$|\psi\rangle = \sqrt{\frac{1}{3}}|\varphi_a\rangle|\varphi_b\rangle + \sqrt{\frac{2}{3}}|\varphi_a'\rangle|\varphi_b'\rangle \tag{7.47}$$

　　施密特系数也可以被用来描述复合体系的纠缠，纠缠熵的一种计算方式就是基于施密特分解的。感兴趣的读者可以自行查阅相关知识。

7.4.2　两体量子系统纠缠熵判别

　　如果对纠缠引入量化公式，该公式需满足一些基本条件：两粒子系统的直积态，其纠缠应该为零；而前述的最大纠缠态（贝尔态），其纠缠应该达到最大，我们把它计为 1。还有一类态，例如 $\sqrt{1-\epsilon}|00\rangle + \sqrt{\epsilon}|11\rangle$，它可以是纠缠态但是又非最大纠缠态。显然，对这类态，当 $|\epsilon|$ 取值为 0 时，它就是直积态 $|00\rangle$，纠缠为 0；当 $|\epsilon|$ 取值为 $\dfrac{1}{2}$ 时，它就是最大纠缠态 $\dfrac{|00\rangle + \mathrm{e}^{\mathrm{i}\theta}|11\rangle}{\sqrt{2}}$，纠缠为 1。当 $|\epsilon|$ 取值很小时，其纠缠应该很小，因为它很接近于直积态 $|00\rangle$；当 $|\epsilon|$ 与 $|1-\epsilon|$ 取值接近时，其纠缠应该增大了，因为它更接近最大纠缠态 $\dfrac{|00\rangle + \mathrm{e}^{\mathrm{i}\theta}|11\rangle}{\sqrt{2}}$。

　　对于这一类（纯）态，我们可以给出一个关于纠缠的量化度量公式，例如用 $\dfrac{|\epsilon|}{\sqrt{2}}$。当然，我们需要有更一般的结果，例如态 $|\psi\rangle = \alpha|\psi_{A,1}\rangle|\psi_{B,1}\rangle + \beta|\psi_{A,2}\rangle|\psi_{B,2}\rangle$ 的纠缠度。我们可以从另外一个角度看这个问题：在 7.3 节中我们已经证明，直

积态中粒子 1 的态是纯态，纠缠态中粒子 1 是混合态，是不是可以使用粒子 1 的混合态特征来量化两粒子系统的纠缠？答案是肯定的！

根据 7.3 节，最大纠缠态 $|\phi^+\rangle = \dfrac{|00\rangle + |11\rangle}{\sqrt{2}}$ 中的粒子 1 的密度矩阵为 $\dfrac{I}{2}$，是最"混"的混合态，因为这意味着粒子像自然光那样以相同概率被制备为任何一个态。而 $\sqrt{1-\epsilon}|00\rangle + \sqrt{\epsilon}|11\rangle$ 这样的态，粒子 1 的约化密度矩阵为 $\rho_1 = (|1-\epsilon|)|0\rangle\langle 0| + |\epsilon||1\rangle\langle 1|$，当 $|\epsilon|$ 取值较小时，纠缠度也较小，而此态中粒子 1 的密度矩阵是一个"不太混"的混合态：以较大的概率 $|1-\epsilon|$ 被制备为 $|0\rangle$；若 $\epsilon = 0$，它就是纯态 $|0\rangle$，而此时的两粒子态已不纠缠了。**用粒子 1 的"混"的程度，可以表征两粒子纯态的纠缠程度。**现在我们讨论如何量化粒子 1"混"的程度。其实有很多办法能给出自洽的量化表达式。所谓"自洽"是指要满足一些显然的条件，例如若粒子 1 为纯态，则"混"度为零；若其密度矩阵为 $\dfrac{I}{2}$，则"混度"最大，为 1；若是 $|\alpha|^2|0\rangle\langle 0| + |\beta|^2|1\rangle\langle 1|$ 且 $|\alpha| \neq |\beta|$，则"混"度大于 0 小于 1，且与 $\min(|\alpha|, |\beta|)$ 成正比。这样，对于任何混态 $c_1|\varphi_1\rangle\langle\varphi_1| + c_2|\varphi_2\rangle\langle\varphi_2|$ 且 $c_1 \geqslant c_2$，$|\varphi_1\rangle$ 与 $|\varphi_2\rangle$ 正交，则可用 $2c_2$ 来量化粒子 1 的混度。更一般地，粒子 1 不局限于两态粒子。一个多维空间的子系统的密度矩阵，总可以写成：

$$\rho = \sum_i |\lambda_i|^2 |\varphi_i\rangle\langle\varphi_i| \tag{7.48}$$

其中 $\{|\varphi_i\rangle\}$ 正交归一。我们可以用冯·诺依曼熵：

$$S(\rho) = -\sum_i |\lambda_i|^2 \log(|\lambda_i|^2) \tag{7.49}$$

来量化这个密度矩阵的混度。对同一个密度矩阵，式 (7.49) 与 $2c_2$ 在数值上并不总是相等，但它们都能自洽地量化纠缠度。

📝 笔记

上面的讨论中，用子系统的"混"度来量化两体系统的纠缠度，这只适用于两体复合系统处于**纯态**的情况。根据我们在 7.4.1 节中介绍的施密特分解技术，AB 两粒子组成的纯态 $|\psi\rangle = \sum_i \lambda_i |i_A\rangle |i_B\rangle$ 对应的密度矩阵为

$$\rho = |\psi\rangle\langle\psi| = \sum_{i,j} \lambda_i \lambda_j^* |i_A\rangle |i_B\rangle\langle j_A|\langle j_B| \tag{7.50}$$

子系统 s_A 和 s_B 的约化密度矩阵分别为

$$\begin{cases} \rho_\mathrm{A} = \displaystyle\sum_{i,j} \lambda_i \lambda_j^* |i_\mathrm{A}\rangle\langle j_\mathrm{A}| \, \mathrm{Tr}(|i_\mathrm{B}\rangle\langle j_\mathrm{B}|) \\[2mm] \quad\ = \displaystyle\sum_i |\lambda_i|^2 |i_\mathrm{A}\rangle\langle i_\mathrm{A}| \\[2mm] \rho_\mathrm{B} = \displaystyle\sum_{i,j} \lambda_i \lambda_j^* \, \mathrm{Tr}(|i_\mathrm{A}\rangle\langle j_\mathrm{A}|) |i_\mathrm{B}\rangle\langle j_\mathrm{B}| \\[2mm] \quad\ = \displaystyle\sum_i |\lambda_i|^2 |i_\mathrm{B}\rangle\langle i_\mathrm{B}| \end{cases} \tag{7.51}$$

故子系统密度矩阵总可以写成式 (7.48) 所示的形式。

📝 笔记

密度矩阵 ρ 的冯·诺依曼熵的原始定义为

$$S(\rho) \equiv -\,\mathrm{Tr}(\rho \log_2 \rho) \tag{7.52}$$

式 (7.49) 中的 $|\lambda_i|^2$ 是密度矩阵 ρ 的本征值。两式给出的计算结果完全一致。

问题 7.8 证明:对 d 维密度矩阵 I/d 有最大冯·诺依曼熵 $\log_2 d$。

纠缠熵判据:处于纯态的两体系统的子系统约化密度矩阵 ρ_A 或 ρ_B 的冯·诺依曼熵可衡量系统 s_A 和 s_B 之间的纠缠程度:

$$S(\rho_\mathrm{A}) = S(\rho_\mathrm{B}) = -\,\mathrm{Tr}(\rho_\mathrm{A} \log_2 \rho_\mathrm{A}) = -\,\mathrm{Tr}(\rho_\mathrm{B} \log_2 \rho_\mathrm{B})$$

纠缠熵越大代表系统纠缠程度越大,最大纠缠态有最大纠缠度 1,直积态有最小纠缠度 0。

📝 笔记

直积态 $|\psi\rangle$ 可以写为两个态的简单直乘,根据式 (7.49) 可得直积态的冯·诺依曼熵为零,即各粒子之间完全不纠缠。

例题 7.12 已知两粒子处于最大纠缠态 $|\phi^+\rangle = (|00\rangle + |11\rangle)/\sqrt{2}$。求两粒子之间的纠缠程度。

解 粒子 1 的约化密度矩阵为

$$\rho_1 = \frac{I}{2}$$

施密特系数满足：$|\lambda_1|^2 = |\lambda_2|^2 = \frac{1}{2}$，纠缠熵为

$$-\frac{1}{2}\log_2\left(\frac{1}{2}\right) - \frac{1}{2}\log_2\left(\frac{1}{2}\right) = 1$$

可见两粒子之间的最大纠缠熵为 1。

例题 7.13 证明任何 $U_A \otimes U_B|\phi^+\rangle$ 都是最大纠缠态（若 U_A、U_B 是幺正变换，$|\phi^+\rangle$ 满足式 (3.2)）。

解 使用基础态 $\{|+\rangle, |-\rangle\}$ 对 $|\phi^+\rangle$ 进行施密特分解：

$$|\phi^+\rangle = \frac{|0\rangle_A|0\rangle_B + |1\rangle_A|1\rangle_B}{\sqrt{2}}$$

将算符 $U_A \otimes U_B$ 作用在量子态 $|\phi^+\rangle$ 上得：

$$U_A \otimes U_B|\phi^+\rangle = \frac{(U_A \otimes U_B)|0\rangle_A|0\rangle_B + (U_A \otimes U_B)|1\rangle_A|1\rangle_B}{\sqrt{2}}$$

$$= \frac{(U_A|0\rangle_A)(U_B|0\rangle_B) + (U_A|1\rangle_A)(U_B|1\rangle_B)}{\sqrt{2}}$$

该式事实上是对 $U_A \otimes U_B|\phi^+\rangle$ 的施密特分解，但粒子 A 所选取的基础态变为 $\{|0'\rangle_A = U_A|0\rangle_A, |1'\rangle_A = U_A|1\rangle_A\}$，粒子 B 所选取的基础态变为 $\{|0'\rangle_B = U_B|0\rangle_B, |1'\rangle_B = U_B|1\rangle_B\}$。我们将利用算符 U_A 与 U_B 的幺正性(即 $(U_A)^\dagger U_A = I, (U_B)^\dagger U_B = I$) 来证明这两组基为正交基：

$$\begin{cases} (U_A|i\rangle)^\dagger(U_A|j\rangle) = \langle i|U_A^\dagger U_A|j\rangle = \langle i|j\rangle = \delta_{ij} \\ (U_B|i\rangle)^\dagger(U_B|j\rangle) = \langle i|U_B^\dagger U_B|j\rangle = \langle i|j\rangle = \delta_{ij} \end{cases}$$

重新整理 $U_A \otimes U_B|\phi^+\rangle$ 的施密特分解：

$$U_A \otimes U_B|\phi^+\rangle = \frac{|0'\rangle_A|0'\rangle_B + |1'\rangle_A|1'\rangle_B}{\sqrt{2}}$$

得到两个施密特系数 $\lambda_1 = \lambda_2 = \frac{1}{\sqrt{2}}$。代入式 (7.49) 得两粒子之间的纠缠熵为

$$S = -2 \cdot \left|\frac{1}{\sqrt{2}}\right|^2 \log_2\left(\left|\frac{1}{\sqrt{2}}\right|^2\right) = 1$$

根据纠缠熵判据，纠缠熵为 1 时两粒子处于最大纠缠态，因此任何 $U_A \otimes U_B|\phi^+\rangle$ 都是最大纠缠态（若 U_A、U_B 是幺正变换）。

📝 笔记

很显然，只要 $|\alpha| = \dfrac{1}{\sqrt{2}}$，任何 $\alpha|00\rangle + \beta|11\rangle$，或者 $\alpha|01\rangle + \beta|10\rangle$ 都是最大纠缠态，这正是例题 3.6 所用到的。在例题 3.6 中，只要 $|\alpha| = \left| \dfrac{e^{-iAt/\hbar}}{2}(1 + e^{4iAt/\hbar}) \right| = \dfrac{1}{\sqrt{2}}$，任何 $\alpha|01\rangle + \beta|10\rangle$ 都是最大纠缠态。

例题 7.14 已知两粒子量子态 $|\psi\rangle = \dfrac{(|0\rangle + |1\rangle)(|0\rangle + |1\rangle)}{2}$。求两粒子之间的纠缠程度。

解 两粒子的密度矩阵为

$$\rho_{AB} = |\psi\rangle\langle\psi| = \frac{(|0\rangle + |1\rangle)(|0\rangle + |1\rangle)(\langle 0| + \langle 1|)(\langle 0| + \langle 1|)}{4}$$

粒子 A 的约化密度矩阵为

$$\rho_A = \text{Tr}_B(\rho_{AB}) = \frac{1}{4}(2|0\rangle\langle 0| + 2|0\rangle\langle 1| + 2|1\rangle\langle 0| + 2|1\rangle\langle 1|)$$

$$= \frac{1}{2}\begin{pmatrix} 1 & 1 \\ 1 & 1 \end{pmatrix}$$

$$= \frac{|0\rangle + |1\rangle}{\sqrt{2}} \frac{\langle 0| + \langle 1|}{\sqrt{2}} = |+\rangle\langle +|$$

代入式 (7.49) 可得粒子 A 的约化密度矩阵的混度为

$$S(\rho) = 1 \log_2(1) = 0$$

两粒子之间纠缠度为零，不存在纠缠。事实上，上述两粒子态为直积态，每个粒子的态都是确定的，当然不存在纠缠。

7.5 量子统计 *

本节的讨论始终假定粒子间无相互作用。

对于单粒子系统，我们可以解得所有的能量本征态 $|s\rangle$，其能量本征值为 ϵ_s，所有的能量本征态 $\{|s\rangle\}$ 构成一套正交完备归一的基组。用 ϵ_l 表示单粒子系统的

一个能级，通常，有很多不同的能级 $\{\epsilon_l\}$。一个能级可以有多个状态，即简并。用符号 g_l 表示单粒子能级 ϵ_l 的状态数，即简并度。

问题 7.9 请举例说明，单粒子系统能量本征态 $\{|s\rangle\}$ 的数量和不同的能级 $\{\epsilon_k\}$ 数量是否一定相同？（提示：不一定。只有在无简并情况下才相同，有简并时能量本征态 $\{|s\rangle\}$ 的数量多于不同的能级 $\{\epsilon_k\}$ 数量。）

宏观系统的粒子数 N 很大。尽管无法对宏观系统每个粒子逐一计算，但我们依然可以了解其统计结果。基本出发点是等概率假设。

等概率假设：与外界达到热平衡的宏观系统以相同的概率处于满足其宏观物理条件的每个不同微观状态上。

> **笔记**
>
> "等概率"不是发生在所有微观状态上，其仅发生在满足宏观系统条件的那些微观状态上，例如总粒子数 N，总能量 E 等。既然说的是概率混合，处于热平衡的系统是混合态。"不同微观状态"应是独立的，若用多粒子能量本征态的话，它们是正交归一的。

问题 7.10 若有 Ω 个不同微观状态 $\{|w\rangle\}$ 满足系统宏观条件，该系统的密度矩阵是什么？（提示：$\rho = \sum_w |w\rangle\langle w|/\Omega$。）

我们感兴趣的对象是与外界达到热平衡的多粒子系统，比如 N 个粒子的系统。此时单粒子状态和能级依然在那里，我们想了解，例如占据单粒子状态 $|s\rangle$ 的粒子数 n_s 是多少？再例如占据单粒子各能级 $\{\epsilon_l\}$ 的粒子数 $\{a_l\}$ 各有多少？这看似不会有确定性结果，但可以有最概然结果，即在给定宏观量 N、V、E 的条件下，哪种分布 $\{a_l\}$ 对应的微观状态数最多，这样的对应于微观状态数最多的分布 $\{a_l\}$ 可以视为宏观系统在热平衡时的粒子数按能级的分布：因为当系统粒子数很大时，对最概然分布的极小偏离，将导致微观状态数因微小偏离值而急剧下降。由等概率假设，这意味着这类事件发生的概率急剧下降。或者说，宏观系统对最概然分布的极小偏离事件可能发生的概率极小。知道了占据单粒子各能级 $\{\epsilon_l\}$ 最概然分布 $\{a_l\}$，当然也就知道了对单粒子各能量本征态 $\{|s\rangle\}$ 的最概然分布：

$$a_l = g_l n_s \tag{7.53}$$

g_l 是单粒子能级中 ϵ_l 的简并度，n_s 是占据某一个能量本征值为 ϵ_l 的状态 $|s\rangle$ 的粒子数。

首先考虑可区分粒子系统。粒子数分布 $\{a_l\}$ 对应的微观状态数为

$$\frac{N!}{\prod_l a_l!}\left(\prod_l g_l^{a_l}\right) \tag{7.54}$$

用斯特林公式 $\ln(m!) = m\ln(m) - m$ 和拉格朗日乘数法可得最概然分布:

$$a_l = g_l e^{-\alpha - \beta \epsilon_l} \tag{7.55}$$

其中参量 α 和 β 由式(7.56)决定

$$\begin{cases} N = \sum_l a_l \\ E = \sum_l \epsilon_l a_l \end{cases} \tag{7.56}$$

进一步的分析发现, $\beta = \dfrac{1}{k_B T}$, k_B 为玻尔兹曼常数, T 为系统热平衡温度。数学

上有 $e^{\alpha} = \dfrac{\sum\limits_l g_l e^{-\beta \epsilon_l}}{N} = \dfrac{Z}{N}$, Z 是配分函数。

上述粒子数的对能级分布等价于下面的对状态分布:

$$\begin{cases} f_s = e^{-\alpha - \beta \epsilon_s} \\ N = \sum_s f_s = \sum_s e^{-\alpha - \beta \epsilon_s} \\ E = \sum_s \epsilon_s f_s = \sum_s \epsilon_s e^{-\alpha - \beta \epsilon_s} \end{cases} \tag{7.57}$$

这就是玻尔兹曼分布, 或称 "麦克斯韦-玻尔兹曼分布"。

若系统只有 1 个粒子, 分布 f_s 可解释为粒子占据状态 $|s\rangle$ 的概率。这就是说, 该粒子的密度矩阵为

$$\rho_1 = \sum_s f_s |s\rangle \langle s| = e^{-\alpha_1 - \beta \hat{H}_1} \tag{7.58}$$

此处 $\hat{H}_1$ 是单粒子哈密顿量, $e^{\alpha_1} = Z_1 = \sum_s e^{-\beta \epsilon_s}$ 是配分函数。式 (7.58) 中的密

度矩阵 ρ_1 是归一化的, 即 $\text{Tr}(\rho_1) = 1$。既然粒子间没有相互作用, 对 N 个粒子的情况:

$$\rho = \rho_1^{\otimes N} = \frac{e^{-\alpha}}{N} e^{-\beta \hat{H}} \tag{7.59}$$

$\hat{H} = \sum\limits_{k=1}^{N} \hat{H}_k$ 是 N 粒子哈密顿量, $e^{\alpha} = \dfrac{\sum\limits_w e^{-\beta E_w}}{N} = \dfrac{Z_1^N}{N}$, $Z = Z_1^N = \text{Tr}(e^{-\beta \hat{H}})$

是配分函数。将配分函数代入式 (7.59) 有

$$\rho = \frac{e^{-\beta \hat{H}}}{Z} \tag{7.60}$$

它是归一化的，即 $\mathrm{Tr}(\rho) = 1$。根据式(7.27)得任意力学量 a 的期望值为

$$\langle a \rangle = \mathrm{Tr}(\hat{A}\rho) \tag{7.61}$$

其中，$\hat{A}$ 是物理量 a 的算符。

例题 7.15 考虑磁场 B 中由可区分的自旋为 $\frac{1}{2}$ 的原子构成的刚性晶格。当外磁场强度较弱时，哈密顿量中的新增项使得自旋沿外磁场方向分量同向与反向的原子能量将分别改变 $-\mu B$ 与 μB，其中 μ 为原子磁矩。求磁场给每个原子带来的能量改变量期望值与自旋沿外磁场方向分量的期望值。

解 因磁矩与外磁场相互作用能独立于动能等其他空间的量，可将其单独处理。记原子在无外磁场时能量本征值为 E_0，有外磁场时能量本征态为 $|E_1\rangle$ 与 $|E_2\rangle$，满足定态薛定谔方程：

$$\hat{H}|E_1\rangle = (E_0 - \mu B)|E_1\rangle, \quad \hat{H}|E_2\rangle = (E_0 + \mu B)|E_2\rangle$$

同时 $|E_1\rangle$ 与 $|E_2\rangle$ 也是自旋算符本征态：

$$\hat{S}|E_1\rangle = \frac{\hbar}{2}|E_1\rangle, \quad \hat{S}|E_2\rangle = -\frac{\hbar}{2}|E_2\rangle$$

配分函数为

$$Z = \mathrm{e}^{-\beta(E_0 + \mu B)} + \mathrm{e}^{-\beta(E_0 - \mu B)} = \mathrm{e}^{-\beta E_0}(\mathrm{e}^{\beta\mu B} + \mathrm{e}^{-\beta\mu B})$$

相应地，密度矩阵为

$$\rho = \frac{1}{\mathrm{e}^{-\beta\mu B} + \mathrm{e}^{\beta\mu B}} \begin{pmatrix} \mathrm{e}^{\beta\mu B} & 0 \\ 0 & \mathrm{e}^{-\beta\mu B} \end{pmatrix} = \frac{\mathrm{e}^{\beta\mu B}|E_1\rangle\langle E_1|}{\mathrm{e}^{-\beta\mu B} + \mathrm{e}^{\beta\mu B}} + \frac{\mathrm{e}^{-\beta\mu B}|E_2\rangle\langle E_2|}{\mathrm{e}^{-\beta\mu B} + \mathrm{e}^{\beta\mu B}}$$

能量改变量期望值为

$$\langle \Delta E \rangle = \mathrm{Tr}(\rho\hat{H}) - E_0 = \frac{\langle E_1|\mathrm{e}^{\beta\mu B}\hat{H}|E_1\rangle}{\mathrm{e}^{-\beta\mu B} + \mathrm{e}^{\beta\mu B}} + \frac{\langle E_2|\mathrm{e}^{-\beta\mu B}\hat{H}|E_2\rangle}{\mathrm{e}^{-\beta\mu B} + \mathrm{e}^{\beta\mu B}} - E_0$$

$$= \frac{(E_0 - \mu B)\,\mathrm{e}^{\beta\mu B} + (E_0 + \mu B)\,\mathrm{e}^{-\beta\mu B}}{\mathrm{e}^{-\beta\mu B} + \mathrm{e}^{\beta\mu B}} - E_0 = -\mu B\frac{\mathrm{e}^{\beta\mu B} - \mathrm{e}^{-\beta\mu B}}{\mathrm{e}^{-\beta\mu B} + \mathrm{e}^{\beta\mu B}}$$

沿磁场方向自旋期望值为

$$\langle S \rangle = \mathrm{Tr}(\rho\hat{S}) = \frac{\langle E_1|\mathrm{e}^{\beta\mu B}\hat{S}|E_1\rangle}{\mathrm{e}^{-\beta\mu B} + \mathrm{e}^{\beta\mu B}} + \frac{\langle E_2|\mathrm{e}^{-\beta\mu B}\hat{S}|E_2\rangle}{\mathrm{e}^{-\beta\mu B} + \mathrm{e}^{\beta\mu B}}$$

$$= \frac{\left(\frac{\hbar}{2}\right)\mathrm{e}^{\beta\mu B} + \left(-\frac{\hbar}{2}\right)\mathrm{e}^{-\beta\mu B}}{\mathrm{e}^{-\beta\mu B} + \mathrm{e}^{\beta\mu B}} = \frac{\hbar(\mathrm{e}^{\beta\mu B} - \mathrm{e}^{-\beta\mu B})}{2(\mathrm{e}^{-\beta\mu B} + \mathrm{e}^{\beta\mu B})}$$

　　封闭系统中的平衡态条件与等概率假设要求理想系统服从玻尔兹曼分布，但玻尔兹曼分布并未考虑粒子的全同性，而我们已经在 5.3 节中学习过玻色子与费米子整体波函数分别是交换对称与交换反对称的，这一差别使得玻色子与费米子服从两种不同的统计分布：平衡态条件与等概率假设要求玻色子服从玻色-爱因斯坦统计分布（Bose-Einstein，B.E.），而费米子服从费米-狄拉克统计分布（Fermi-Dirac，F.D.）。

　　全同粒子的统计与可区分粒子统计（玻尔兹曼统计）会有这些差异：

　　1. 占据单粒子能级 ϵ_k 的平均粒子数 $a_k = \sum_m p_k(m)m$，m 为非负整数，$p_k(m)$ 为能级 ϵ_k 被 m 个粒子占据的概率，此概率不但与 $m\epsilon_k$ 有关，还与占据 ϵ_k 能级的 m 粒子状态数有关。假设 $|a\rangle$，$|b\rangle$ 为两个正交归一的单粒子态。当两个可区分粒子分别占据这两个态时，两粒子态的个数有两个：$|a\rangle_1|b\rangle_2$ 和 $|b\rangle_1|a\rangle_2$，即粒子 1 占据 $|a\rangle$ 态且粒子 2 占据 $|b\rangle$ 态和粒子 2 占据 $|a\rangle$ 态且粒子 1 占据 $|b\rangle$ 态；若是全同粒子，由于交换之后状态不变，无论是玻色子还是费米子，当两个粒子占据了 $|a\rangle$、$|b\rangle$ 两个态时，状态个数只有一个：若是玻色子，状态为 $\dfrac{|a\rangle_1|b\rangle_2 + |b\rangle_1|a\rangle_2}{\sqrt{2}}$，若是费米子，状态为 $\dfrac{|a\rangle_1|b\rangle_2 - |b\rangle_1|a\rangle_2}{\sqrt{2}}$。

　　2. 一个状态能容纳任意整数个玻色子，但至多只能容纳一个费米子。

　　综上所述，由于粒子自身属性不同，会导致它们在相同宏观条件下统计分布不同：占据同一个单粒子能级 ϵ_l 的平均粒子数 a_l 不同，当然，占据同一个单粒子能量本征态 $|s\rangle$（能量本征值 ϵ_l）的平均粒子数 $n_s = \dfrac{a_l}{g_l}$ 也不同（g_l 是单粒子能级 ϵ_l 的简并度）。

　　这样的统计差异导致了对可区分粒子、玻色子、费米子共有三种不同的统计分布，即玻尔兹曼分布、玻色-爱因斯坦分布、费米-狄拉克分布：

$$n_s = \frac{1}{e^{\alpha+\beta\epsilon_s} + a} \tag{7.62}$$

其中

$$a = \begin{cases} -1, & \text{玻色-爱因斯坦分布} \\ \ \ 0, & \text{玻尔兹曼分布} \\ +1, & \text{费米-狄拉克分布} \end{cases} \tag{7.63}$$

且

$$\begin{cases} \sum_s \dfrac{1}{\mathrm{e}^{\alpha+\beta\epsilon_s}+a} = N \\ \sum_s \dfrac{\epsilon_s}{\mathrm{e}^{\alpha+\beta\epsilon_s}+a} = E \end{cases} \tag{7.64}$$

有几点说明：

1. 费米-狄拉克统计中占据一个单粒子状态 $|s\rangle$ 的平均粒子数 n_s 总是小于 1，这由泡利不相容原理所决定；

2. 当玻色-爱因斯坦统计的单粒子基态能级 ϵ_0 满足 $\alpha+\beta\epsilon_0$ 趋于零时，基态平均粒子数会变得非常大，即"玻色-爱因斯坦凝聚"；

3. 当系统的热平衡温度较高时，$\mathrm{e}^{\alpha+\beta\epsilon_s} \gg 1$，三种统计的差别将消失，都可用玻尔兹曼统计来表示：

$$n_s = \mathrm{e}^{-\alpha-\beta\epsilon_s} \propto \mathrm{e}^{-\beta\epsilon_s}$$

这就是经典统计的结果，因而可以将玻尔兹曼统计看成是玻色-爱因斯坦统计及费米-狄拉克统计的经典极限。

例题 7.19 （1）解释玻尔兹曼统计、费米统计和玻色统计，特别是它们之间的差别。它们与全同粒子不可分辨性有什么联系？（2）为什么在高温极限下，上述三种类型的统计之间的差别变得不重要？其中包含了什么样的物理理解？

解 （1）玻尔兹曼统计：粒子是可分辨的，每一个单粒子量子态上所能容纳的粒子数不受限制。处于单粒子本征态 $|s\rangle$ 的粒子数为

$$n_s = \mathrm{e}^{-\alpha-\beta\epsilon_s}$$

费米统计：对于费米子组成的体系，粒子不可分辨，满足泡利不相容原理，处于单粒子本征态 $|s\rangle$ 的粒子数为

$$n_s = \frac{1}{\mathrm{e}^{\alpha+\beta\epsilon_s}+1}$$

玻色统计：对于玻色子组成的体系，粒子不可分辨，每一个单粒子量子态上所能容纳的粒子数不受限制，处于单粒子本征态 $|s\rangle$ 的粒子数为

$$n_s = \frac{1}{\mathrm{e}^{\alpha+\beta\epsilon_s}-1}$$

（2）由（1）的结果可知，当 $\mathrm{e}^{\alpha} \gg 1$，即 $\mathrm{e}^{-\alpha} \ll 1$ 时：

$$\frac{1}{\mathrm{e}^{\alpha+\beta\epsilon_s}\pm 1} \approx \mathrm{e}^{-\alpha-\beta\epsilon_s}$$

费米统计和玻色统计都过渡到玻尔兹曼统计，三者之间的差别消失。在物理上可做如下解释：在高温下，可供粒子占据的状态总数目相当大，远远超出粒子总数，两个粒子处于相同量子态的概率非常低，泡利不相容原理自动满足，使费米子与玻色子统计性质的差别消失。

第 8 章

量子计算简介

前面的章节中介绍了量子力学的原理与相应的计算规则。这些违反"经典"直觉的原理与计算规则可以用来高效地解决一些计算问题，其算力在理论上远超经典计算机，这被称为"量子计算"。彼得·舒尔于 1994 年提出了基于量子计算机的复杂性为多项式的质因数分解算法，即"舒尔算法"，并指出这种算法相比于经典计算机使用的大数质因数分解算法具有指数级的加速。

质因数分解问题是一种十分复杂的问题，对给定的大数 n，我们需要给出其质因数 p 和 q 满足 $n = pq$。在经典计算机上完成这种质因数分解所需要的时间被认为会随着 $\log(n)$ 的增大呈现指数级增长，因此在经典计算机上出现了基于大数质因数分解复杂性的 RSA 加密算法。但舒尔算法的时间复杂度仅为多项式，相比于经典算法有指数级的加速。且要解决的质因数分解问题越难，量子计算机的优势就越大。舒尔算法的出现无疑对基于 RSA 加密算法的加密体系带来了强烈的冲击，展现了量子计算的强大能力。

另一种相比于经典算法具有明显复杂度优势的量子算法是格罗夫尔提出的"格罗夫尔搜索算法"。经典算法对非结构化数据进行搜索所需的时间随数据量 N 线性增加，而格罗夫尔搜索算法呈现 $O(\sqrt{N})$ 的增长。尽管格罗夫尔搜索算法相较于经典算法仅有平方级加速，但在数据规模较大的情况下，该搜索算法仍然具有显著的优越性。例如，用格罗夫尔算法破解通用的 56 位加密标准（DES），只需要 $2^{28} \approx 2.68 \times 10^8$ 步，而经典算法平均需要 $2^{55} \approx 3.6 \times 10^{16}$ 步。若我们有一台每秒可以运算 10^8 步的量子计算机来执行格罗夫尔搜索算法，仅需要 3s 就可以完成计算，而运算速度相同的经典计算机执行经典算法需要 11 年的时间。目前已有多种量子算法已在理论上证明相比于经典算法具有复杂度优势，在处理复杂问题中能显著降低计算时间。

在本章中，我们将以多伊奇-约萨算法与格罗夫尔搜索算法为例，向读者展示如何利用量子力学的计算规则实现相比于经典算法有明显加速的量子算法。我们也将利用量子门与量子线路模型介绍如何对量子态进行操控，如何进行量子计算。

8.1　多伊奇-约萨问题

假如有函数 $f(x): \{0,1\} \longrightarrow \{0,1\}$，我们的任务是判定 $f(0)$ 是否恒等于 $f(1)$。如果要通过经典方法来确认这一点就必须进行两次计算（即 $x=0$ 和 $x=1$）才能获得解答，但使用一个代表两个"经典"态的叠加态，我们只需要一次计算就可解答。

我们现在有一个量子黑盒可以实现一个量子态的幺正变换 u：

$$u: \begin{cases} |0\rangle \rightarrow (-1)^{f(0)}|0\rangle \\ |1\rangle \rightarrow (-1)^{f(1)}|1\rangle \end{cases} \tag{8.1}$$

多伊奇-约萨算法（图 8.1）的具体流程如下：输入态为 $|x+\rangle = \dfrac{|0\rangle + |1\rangle}{\sqrt{2}}$，经过幺正变换 u 后其状态为

$$u|x+\rangle = \frac{u|0\rangle + u|1\rangle}{\sqrt{2}} = \frac{(-1)^{f(0)}|0\rangle + (-1)^{f(1)}|1\rangle}{\sqrt{2}} \tag{8.2}$$

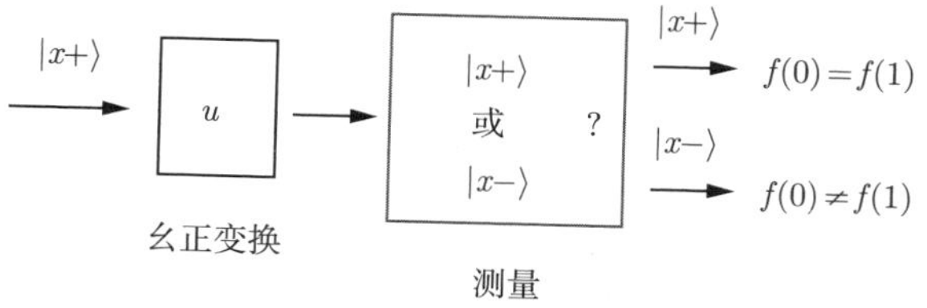

图 8.1　多伊奇-约萨算法

笔记

粒子经过量子黑盒 u 是一次计算，因为粒子只需经过量子黑盒 u 一次，而这一次操作，将任何输入态 $\alpha|0\rangle + \beta|1\rangle$ 变为 $\alpha(-1)^{f(0)}|0\rangle + \beta(-1)^{f(1)}|1\rangle$。

若 $f(0) = f(1)$ 则输出态为 $(-1)^{f(0)}\dfrac{|0\rangle + |1\rangle}{\sqrt{2}} = (-1)^{f(0)}|x+\rangle$；若 $f(0) \neq f(1)$ 则输出态为 $(-1)^{f(0)}\dfrac{|0\rangle - |1\rangle}{\sqrt{2}} = (-1)^{f(0)}|x-\rangle$。

如此，我们只需要以 $\{|x+\rangle, |x-\rangle\}$ 为测量基对该粒子的状态进行测量就能知道 $f(0)$ 与 $f(1)$ 是否相等。测量结果为 $|x+\rangle$ 代表 $f(0) = f(1)$，$|x-\rangle$ 代表 $f(0) \neq f(1)$。我们输入了 $|0\rangle$ 和 $|1\rangle$ 的叠加态，因此尽管只进行了一次运算，我们仍能知道 $f(0)$ 与 $f(1)$ 是否相等。这一算法体现出了量子计算的优势。

8.2 量子搜索 *

    一个电话簿上有 10000 个名字，名字都不重复，我们想要找到张三在哪一页哪一行。通常的方法是一行一行查，平均查了 $10000/2 = 5000$ 个名字会看到一次张三。然而在量子计算机上，使用格罗夫尔搜索算法，只需要大约 $\sqrt{10000} = 100$ 次就可以查到张三。相比于经典算法，格罗夫尔算法有明显的加速。下面我们来介绍格罗夫尔算法。

    假设搜索问题中总计有 $N = 2^n$ 个元素，其中有 M 个解（$1 \leqslant M \leqslant N$）。那么在 n 个量子比特的希尔伯特空间中总共有 N 个基矢，这些基矢与搜索问题的 N 个元素一一对应：$|x\rangle$，$(x = 0, 1, \cdots, N-1)$。定义判断函数 $f(x)$，如果 x 是搜索问题的一个解，那么 $f(x) = 1$，否则 $f(x) = 0$。这个判断函数 $f(x)$ 可以通过构造量子线路来实现，这一段量子线路被称为"oracle"，用一个算符 O 来表示，该算符具体的作用如下：

$$|x\rangle \xrightarrow{O} (-1)^{f(x)}|x\rangle \tag{8.3}$$

即如果 x 是解，那么反转其相位。oracle 不能直接告诉我们 $f(x) = 1$ 的解，但是它能判断某个 x 是不是解。这和本节开头的电话簿例子完全一样：我们不知道张三在哪里，但是我们能判断某页某行是不是张三，在该例子中，"我们"扮演了 oracle 这个角色。

    格罗夫尔算法的具体过程如下：

    1. 使用 n 个阿达马门制备初态

$$|\psi\rangle = H^{\otimes n}|0\rangle^{\otimes n} = \left(\frac{|0\rangle + |1\rangle}{\sqrt{2}}\right)^{\otimes n} = \frac{1}{\sqrt{N}}\sum_{x=0}^{N-1}|x\rangle \tag{8.4}$$

设置计数器 $k = 0$。

    2. 作用 oracle 算符 O。

    3. 作用 n 个阿达马门 $H^{\otimes n}$。

    4. 作用 $2|0\rangle\langle 0| - I$ 算符。它使得 $x \neq 0$ 的态都乘以因子 -1：

$$|x\rangle \to -(-1)^{\delta_{x0}}|x\rangle \tag{8.5}$$

    5. 作用 n 个阿达马门 $H^{\otimes n}$。计数器 $k = k + 1$。

    6. 定义 $\sin(\theta/2) = \sqrt{M/N}$ 和 $k_0 = \lfloor \pi/(2\theta) - 1/2 \rfloor$（$\lfloor \cdot \rfloor$ 表示取整）。如果 $k = k_0$，测量量子态。否则进行第 2 步。

步骤 3 ～ 步骤 5 合起来的形式是 $R = H^{\otimes n}(2|0\rangle\langle 0| - I)H^{\otimes n} = 2|\psi\rangle\langle\psi| - I$，称作 "反射算符"。再与步骤 2 结合得到 $G = RO$，称作 "格罗夫尔迭代算符"。步骤 1、步骤 3、步骤 5 中的阿达马变换由 $n = \log N$ 个操作实现，步骤 4 中的算符可以由 $O(P(\log N))$ 个量子门来实现。步骤 2 中的 oracle 算符 O 的开销是关于 n 的一个多项式 $O(P(\log N))$，具体是什么形式取决于具体的搜索问题。步骤 6 中当 N 很大时，$k_0 \to \lfloor (\pi\sqrt{N})/(4\sqrt{M}) - 1/2 \rfloor = O(\sqrt{N/M})$。所以整个格罗夫尔算法的开销是 $O(P(\log N)\sqrt{N/M})$，相对于经典算法的开销 $O(P(\log N)N/M)$ 拥有平方级加速的优势。

下面详细推导格罗夫尔算法是如何得到搜索问题的解。把所有的 N 个元素分成两类，$|\alpha\rangle$ 代表所有非解元素，$|\beta\rangle$ 代表所有解元素：

$$|\alpha\rangle = \frac{1}{\sqrt{N-M}} \sum_{x \notin \text{solutions}} |x\rangle \tag{8.6}$$

$$|\beta\rangle = \frac{1}{\sqrt{M}} \sum_{x \in \text{solutions}} |x\rangle \tag{8.7}$$

那么初始态 $|\psi\rangle$ 可以写在由 $|\alpha\rangle$ 和 $|\beta\rangle$ 组成的希尔伯特空间中：

$$|\psi\rangle = \sqrt{\frac{N-M}{N}}|\alpha\rangle + \sqrt{\frac{M}{N}}|\beta\rangle = \cos\frac{1}{2}\theta|\alpha\rangle + \sin\frac{1}{2}\theta|\beta\rangle \tag{8.8}$$

其中 θ 值由步骤 6 给出：$\sin(\theta/2) = \sqrt{M/N}$。反射算符 $R = 2|\psi\rangle\langle\psi| - I$ 也可以写在这个二维空间中：

$$R = 2\left(\cos\frac{1}{2}\theta|\alpha\rangle + \sin\frac{1}{2}\theta|\beta\rangle\right)\left(\cos\frac{1}{2}\theta\langle\alpha| + \sin\frac{1}{2}\theta\langle\beta|\right) - I \tag{8.9}$$

对于该二维空间中的任意一个态，作用 oracle 算符 $\hat{O}$ 可以得到：

$$\hat{O}(a|\alpha\rangle + b|\beta\rangle) = a|\alpha\rangle - b|\beta\rangle \tag{8.10}$$

因此 oracle 算符 $\hat{O}$ 可以写作：

$$\hat{O} = |\alpha\rangle\langle\alpha| - |\beta\rangle\langle\beta| \tag{8.11}$$

所以在 $|\alpha\rangle$ 与 $|\beta\rangle$ 组成的二维空间中，格罗夫尔算符 G 是如下形式：

$$G = RO = \cos\theta|\alpha\rangle\langle\alpha| + \cos\theta|\beta\rangle\langle\beta| - \sin\theta|\alpha\rangle\langle\beta| + \sin\theta|\beta\rangle\langle\alpha| \tag{8.12}$$

📝 笔记

> 若我们把 $|\alpha\rangle$ 看作 x 轴，把 $|\beta\rangle$ 看做 y 轴，那么格罗夫尔算符是一个"旋转矩阵"。它把 x-y 平面内的任意一个单位长度的向量逆时针旋转 θ 角。

初态在格罗夫尔算符的作用下变为

$$G|\psi\rangle = \cos\frac{3}{2}\theta|\alpha\rangle + \sin\frac{3}{2}\theta|\beta\rangle \tag{8.13}$$

连续作用 k 次格罗夫尔算符：

$$G^k|\psi\rangle = \cos\left(\frac{2k+1}{2}\theta\right)|\alpha\rangle + \sin\left(\frac{2k+1}{2}\theta\right)|\beta\rangle \tag{8.14}$$

得到搜索问题的解的条件是

$$\sin\left(\frac{2k+1}{2}\theta\right) = 1 \tag{8.15}$$

取整即可得到 $k_0 = \lfloor \pi/(2\theta) - 1/2 \rfloor$。

8.3 量子逻辑门 *

量子逻辑门是量子线路中的重要组成部分，作用是把一个量子态转变成另一个量子态。我们下面分别介绍单量子比特逻辑门和多量子比特逻辑门。

8.3.1 单量子比特逻辑门

单量子比特逻辑门是针对单个量子比特的逻辑门。我们首先介绍量子非门，它实现的是量子态 $|0\rangle$ 和 $|1\rangle$ 的交换，即有如下的作用：

$$\begin{cases} |0\rangle \to |1\rangle \\ |1\rangle \to |0\rangle \end{cases} \tag{8.16}$$

如果我们用 $\begin{pmatrix} 1 \\ 0 \end{pmatrix}$ 代表 $|0\rangle$，$\begin{pmatrix} 0 \\ 1 \end{pmatrix}$ 代表 $|1\rangle$，那么量子非门的矩阵形式为

$$\boldsymbol{X} = |0\rangle\langle 1| + |1\rangle\langle 0| = \begin{pmatrix} 0 & 1 \\ 1 & 0 \end{pmatrix} \tag{8.17}$$

对于叠加态 $\alpha\,|0\rangle + \beta\,|1\rangle$，量子非门会将其变成 $\alpha\,|1\rangle + \beta\,|0\rangle$，即

$$\boldsymbol{X} \begin{pmatrix} \alpha \\ \beta \end{pmatrix} = \begin{pmatrix} \beta \\ \alpha \end{pmatrix} \tag{8.18}$$

可以看出，单量子比特逻辑门可以由 2×2 的矩阵给出，描述单量子比特逻辑门的矩阵 $\boldsymbol{U}$ 需要满足幺正性，即 $\boldsymbol{U}^{\dagger}\boldsymbol{U} = \boldsymbol{I}$，其中 $\boldsymbol{U}^{\dagger}$ 是 $\boldsymbol{U}$ 的转置共轭，$\boldsymbol{I}$ 是 2×2 的单位矩阵。显然，量子非门的矩阵满足幺正性的要求，$\boldsymbol{X}^{\dagger}\boldsymbol{X} = \boldsymbol{I}$。需要强调的是，幺正性是对量子逻辑门的唯一限制。

除了量子非门，还有一些比较常用的单量子比特逻辑门，例如 Z 门，阿达马门，相位门（S 门），$\dfrac{\pi}{8}$ 门（T 门）以及绕 x 轴、y 轴、z 轴旋转 θ 角度的旋转门 $R_x(\theta)$、$R_y(\theta)$、$R_z(\theta)$。

Z 门的作用是保持量子态 $|0\rangle$ 不变，将量子态 $|1\rangle$ 变成 $-|1\rangle$，即

$$\begin{cases} |0\rangle \to |0\rangle \\ |1\rangle \to -\,|1\rangle \end{cases} \tag{8.19}$$

Z 门的矩阵形式为

$$\boldsymbol{Z} = \begin{pmatrix} 1 & 0 \\ 0 & -1 \end{pmatrix} \tag{8.20}$$

阿达马门的作用是将 $|0\rangle$ 变成 $(|0\rangle + |1\rangle)/\sqrt{2}$，将 $|1\rangle$ 变成 $(|0\rangle - |1\rangle)/\sqrt{2}$，即

$$\begin{cases} |0\rangle \to \dfrac{1}{\sqrt{2}}(|0\rangle + |1\rangle) \\ |1\rangle \to \dfrac{1}{\sqrt{2}}(|0\rangle - |1\rangle) \end{cases} \tag{8.21}$$

阿达马门的矩阵形式为

$$\boldsymbol{H} = \frac{1}{\sqrt{2}} \begin{pmatrix} 1 & 1 \\ 1 & -1 \end{pmatrix} \tag{8.22}$$

S 门和 T 门的矩阵形式分别为

$$\boldsymbol{S} = \begin{pmatrix} 1 & 0 \\ 0 & \mathrm{i} \end{pmatrix} \tag{8.23}$$

$$\boldsymbol{T} = \begin{pmatrix} 1 & 0 \\ 0 & e^{i\frac{\pi}{4}} \end{pmatrix} \tag{8.24}$$

$R_x(\theta)$、$R_y(\theta)$、$R_z(\theta)$ 门的矩阵形式分别为

$$\boldsymbol{R}_x(\theta) = \begin{pmatrix} \cos\left(\dfrac{\theta}{2}\right) & -i\sin\left(\dfrac{\theta}{2}\right) \\ -i\sin\left(\dfrac{\theta}{2}\right) & \cos\left(\dfrac{\theta}{2}\right) \end{pmatrix} \tag{8.25}$$

$$\boldsymbol{R}_y(\theta) = \begin{pmatrix} \cos\left(\dfrac{\theta}{2}\right) & -\sin\left(\dfrac{\theta}{2}\right) \\ \sin\left(\dfrac{\theta}{2}\right) & \cos\left(\dfrac{\theta}{2}\right) \end{pmatrix} \tag{8.26}$$

$$\boldsymbol{R}_z(\theta) = \begin{pmatrix} e^{-i\frac{\theta}{2}} & 0 \\ 0 & e^{i\frac{\theta}{2}} \end{pmatrix} \tag{8.27}$$

由于全局相位不发挥作用，所以 $R_z(\theta)$ 门的矩阵形式等价于

$$\begin{pmatrix} 1 & 0 \\ 0 & e^{i\theta} \end{pmatrix} \tag{8.28}$$

8.3.2 多量子比特逻辑门

多量子比特逻辑门是针对多个量子比特的逻辑门。其中受控非门（controlled-NOT，CNOT）是一类重要的多量子比特逻辑门。CNOT 门有两个输入量子比特，分别被称为"控制量子比特"和"目标量子比特"。CNOT 门的作用是：如果控制量子比特是 $|0\rangle$，那么目标量子比特保持不变；如果果控制量子比特是 $|1\rangle$，那么目标量子比特翻转，即

$$\begin{cases} |00\rangle \to |00\rangle \\ |01\rangle \to |01\rangle \\ |10\rangle \to |11\rangle \\ |11\rangle \to |10\rangle \end{cases} \tag{8.29}$$

CNOT 门也可以表示成 $|A, B\rangle \to |A, A \oplus B\rangle$，其中 $\oplus$ 为模 2 加，即控制量子比特和目标量子比特做异或运算，然后把结果存在目标量子比特中。

与对单量子比特逻辑门的矩阵的要求一样，对于多量子比特逻辑门的矩阵 $\boldsymbol{U}$ 同样要求幺正性，即要满足 $\boldsymbol{U}^{\dagger}\boldsymbol{U} = \boldsymbol{I}$。

例题 8.1　如果我们用 $\begin{pmatrix} 1 \\ 0 \end{pmatrix}$ 代表 $|0\rangle$，$\begin{pmatrix} 0 \\ 1 \end{pmatrix}$ 代表 $|1\rangle$，CNOT 门的矩阵形式是什么？

解　根据题设条件和直积的定义方式，即式 (3.8)，有

$$|0\rangle \otimes |0\rangle = \begin{pmatrix} 1 \\ 0 \end{pmatrix} \otimes \begin{pmatrix} 1 \\ 0 \end{pmatrix} = \begin{pmatrix} 1 \\ 0 \\ 0 \\ 0 \end{pmatrix} \tag{8.30}$$

$$|0\rangle \otimes |1\rangle = \begin{pmatrix} 1 \\ 0 \end{pmatrix} \otimes \begin{pmatrix} 0 \\ 1 \end{pmatrix} = \begin{pmatrix} 0 \\ 1 \\ 0 \\ 0 \end{pmatrix} \tag{8.31}$$

$$|1\rangle \otimes |0\rangle = \begin{pmatrix} 0 \\ 1 \end{pmatrix} \otimes \begin{pmatrix} 1 \\ 0 \end{pmatrix} = \begin{pmatrix} 0 \\ 0 \\ 1 \\ 0 \end{pmatrix} \tag{8.32}$$

$$|1\rangle \otimes |1\rangle = \begin{pmatrix} 0 \\ 1 \end{pmatrix} \otimes \begin{pmatrix} 0 \\ 1 \end{pmatrix} = \begin{pmatrix} 0 \\ 0 \\ 0 \\ 1 \end{pmatrix} \tag{8.33}$$

再根据 CNOT 门的作用，即式 (8.29)，可以得到：

$$U_{\mathrm{CN}} = |00\rangle\langle 00| + |11\rangle\langle 10| + |01\rangle\langle 01| + |10\rangle\langle 11| \tag{8.34}$$

因此，CNOT 门的矩阵形式为

$$\boldsymbol{U}_{\mathrm{CN}} = \begin{pmatrix} 1 & 0 & 0 & 0 \\ 0 & 1 & 0 & 0 \\ 0 & 0 & 0 & 1 \\ 0 & 0 & 1 & 0 \end{pmatrix} \tag{8.35}$$

可以发现, CNOT 门满足幺正性要求, 即 $U_{\mathrm{CN}}^{\dagger}U_{\mathrm{CN}} = I$。

例题 8.2 利用单比特门和 CNOT 门, 如何基于直积态制备最大纠缠态?

解 利用初始态 $|0\rangle \otimes |0\rangle$ 和图 8.2 所示的由阿达马门和 CNOT 门组成的量子线路, 就可以制备出最大纠缠态 $\frac{1}{\sqrt{2}}(|00\rangle + |11\rangle)$。

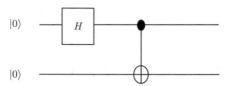

图 8.2 利用阿达马门和 CNOT 门构成的量子线路制备最大纠缠态

即上行的量子比特 $|0\rangle$ 经过阿达马门变成 $\frac{1}{\sqrt{2}}(|0\rangle + |1\rangle)$, 然后以该量子比特作为控制量子比特, 下行的量子比特作为目标量子比特, 经过 CNOT 门, 输出即为 $\frac{1}{\sqrt{2}}(|00\rangle + |11\rangle)$。

例题 8.3 若有一种可以控制开关的相互作用, 如何利用这种相互作用和单量子比特操作实现 CNOT 门?

解 存在这样的粒子 1 和粒子 2 双耦合体系, 哈密顿量可写成如下形式:

$$\hat{H} = aZ_1 + bZ_2 + cZ_1Z_2 \tag{8.36}$$

其中, a、b、c 为常数, Z_1 表示对粒子 1 进行 Z 操作, 对粒子 2 不操作, 即 $Z \otimes I$; Z_2 表示对粒子 2 进行 Z 操作, 对粒子 1 不操作, 即 $I \otimes Z$; Z_1Z_2 表示分别对粒子 1 和粒子 2 进行 Z 操作, 即 $Z \otimes Z$:

$$Z_1Z_2 = Z \otimes Z = \begin{pmatrix} 1 & 0 \\ 0 & -1 \end{pmatrix} \otimes \begin{pmatrix} 1 & 0 \\ 0 & -1 \end{pmatrix} = \begin{pmatrix} 1 & 0 & 0 & 0 \\ 0 & -1 & 0 & 0 \\ 0 & 0 & -1 & 0 \\ 0 & 0 & 0 & 1 \end{pmatrix} \tag{8.37}$$

时间演化算符 $U(t)$ 为

$$U(t) = \mathrm{e}^{-\mathrm{i}\frac{\hat{H}}{\hbar}t} = \mathrm{e}^{-\frac{\mathrm{i}}{\hbar}aZ_1t}\mathrm{e}^{-\frac{\mathrm{i}}{\hbar}bZ_2t}\mathrm{e}^{-\frac{\mathrm{i}}{\hbar}cZ_1Z_2t} \tag{8.38}$$

因为

$$\sqrt{i}e^{-i\frac{\pi}{4}Z_1}e^{-i\frac{\pi}{4}Z_2}e^{i\frac{\pi}{4}Z_1Z_2} = \boldsymbol{U}_{\mathrm{CZ}} = \begin{pmatrix} 1 & 0 & 0 & 0 \\ 0 & 1 & 0 & 0 \\ 0 & 0 & 1 & 0 \\ 0 & 0 & 0 & -1 \end{pmatrix} \qquad (8.39)$$

其中，$\boldsymbol{U}_{\mathrm{CZ}}$ 为受控 Z 门，它的作用是对于两个输入量子比特，若第一个量子比特是 $|0\rangle$，那么对第二个量子比特不做操作；若第一个量子比特是 $|1\rangle$，那么对第二个量子比特进行 Z 操作。

所以，当演化时间 t 满足以下关系：

$$t = \frac{\hbar\pi}{4c} \qquad (8.40)$$

并且 $a = b = -c$ 时，利用式 (8.36) 中的 $\hat{H}$ 就可以实现 $\boldsymbol{U}_{\mathrm{CZ}}$ 的演化。

除此之外，为了获得例 8.1 所述的 CNOT 门还需要对粒子 2 作阿达马变换，总过程为

$$I \otimes H \begin{pmatrix} 1 & 0 & 0 & 0 \\ 0 & 1 & 0 & 0 \\ 0 & 0 & 1 & 0 \\ 0 & 0 & 0 & -1 \end{pmatrix} I \otimes H$$

$$= \frac{1}{\sqrt{2}} \begin{pmatrix} 1 & 1 & 0 & 0 \\ 1 & -1 & 0 & 0 \\ 0 & 0 & 1 & 1 \\ 0 & 0 & 1 & -1 \end{pmatrix} \begin{pmatrix} 1 & 0 & 0 & 0 \\ 0 & 1 & 0 & 0 \\ 0 & 0 & 1 & 0 \\ 0 & 0 & 0 & -1 \end{pmatrix} \cdot$$

$$\frac{1}{\sqrt{2}} \begin{pmatrix} 1 & 1 & 0 & 0 \\ 1 & -1 & 0 & 0 \\ 0 & 0 & 1 & 1 \\ 0 & 0 & 1 & -1 \end{pmatrix} = \boldsymbol{U}_{\mathrm{CNOT}} \qquad (8.41)$$

因此，使用图 8.3 所示的量子线路，就可以实现式 (8.35) 所示的 CNOT 门。

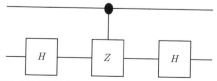

图 8.3　基于可控制开关的相互作用和单量子比特操作实现 CNOT 门

如果一组量子逻辑门组成的量子线路可以以任意精度近似任意的幺正运算，那么就称这组量子逻辑门对量子计算是"通用"的。一个重要的结论是：CNOT门、阿达马门、S 门和 T 门能以任意精度近似任意幺正运算。因此，CNOT 门、阿达马门、S 门和 T 门组成的集合对量子计算是通用的，基于通用量子门集合可以实现任意量子线路。

参 考 文 献

[1] 费恩曼, 莱顿, 桑兹. 费恩曼物理学讲义: 新千年版. 第 3 卷 [M]. 上海：上海科学技术出版社, 2013.

[2] GRIFFITHS D J, SCHROETER D F. Introduction to Quantum Mechanics[M]. 3rd ed. Cambridge: Cambridge University Press, 2018.

[3] SAKURAI J J. Modern Quantum Mechanics Revised Edition[M]. Massachusetts: Addison Wesley, 1994.

[4] COHEN-TANNOUDJI C, DIU B, LALOË F. Quantum Mechanics, Volume I: Basic Concepts, Tools, and Applications[M]. Weinheim: WILEY-VCH, 1973.

[5] DIRAC P A M. The Principles of Quantum Mechanics[M]. Oxford: Oxford University Press, 1930.

[6] NIELSEN M A, CHUANG I L. Quantum Computation and Quantum Information: 10th Anniversary Edition[M]. Cambridge: Cambridge University Press, 2011.

附录 A
量子力学的不同诠释

  量子力学计算结果的正确性在于它与实验事实相符合。我们可以把物理过程用"依照薛定谔方程的演化"和测量导致的"坍缩"来解释,这一解释符合我们对实际物理现象的观测。尽管如此,这样的"坍缩"解释在逻辑上仍存在问题:为什么要把物理过程分成"依照薛定谔方程演化"和"测量坍缩"两个不同的过程?它们都是相互作用产生的结果。20 世纪 60 年代,Everett 提出了多世界诠释可以避免"坍缩"假设,但是那会导致"世界不停地分裂"的惊人后果。迄今为止,这两种不同的诠释并不能给出不同的实际观测结果。量子力学的上述两种诠释及现有的其他诠释详细内容可参见 2022 年诺贝尔物理学奖科学背景报告。

附录 B

施特恩-格拉赫实验与电子自旋

我们在此介绍如何实现自旋分量测量。首先考虑带电粒子轨道角动量的经典图像。若该带电粒子带电量为 q，以速度 v 做半径为 r 的圆周运动，其在圆周运动中产生的电流大小为

$$I = \frac{qv}{2\pi r}$$

同时，该带电粒子具有轨道角动量：

$$J = mvr$$

那么在经典物理中，其磁矩 μ 为电流与围成圆周面积的乘积：

$$\mu = I \times \pi r^2 = \frac{q}{2m} J$$

 笔记

在量子物理中，磁矩与角动量的正比关系依然成立，但是角动量在空间任何方向的分量值是量子化的。

将电子电荷量 $q = -e$ 代入得其轨道角动量磁矩：

$$\hat{\mu}_L = -\frac{e}{2m_e}\hat{L} = -\frac{\mu_B \hat{L}}{\hbar}$$

其中，$\hat{L}$ 为其轨道角动量，$\mu_B = \dfrac{e\hbar}{2m_e}$ 为玻尔磁子。需要注意的是，轨道角动量 $\hat{L}$ 在任意方向投影的可能值都是分立的，在任一方向的投影值只能取：

$$l\hbar, (l-1)\hbar, \cdots, (-l+1)\hbar, -l\hbar$$

l 为轨道角动量量子数，是在所有方向的最大可能投影值。此结论可以直接解角动量分量算符本征方程而得，也在实验上被证实。对于轨道角动量在 z 方向的投

影（即其 z 分量）算符形式为

$$\hat{L}_z = \hat{x}\hat{p}_y - \hat{y}\hat{p}_x$$

其本征值是 $m\hbar$，m 被叫做"磁量子数"，取值为 l 到 $-l$ 之间的所有整数：

$$m = l, (l-1), (l-2), \cdots, -(l-2), -(l-1), -l$$

实验发现，电子除了轨道角动量之外，还有另一种角动量，它与电子的空间运动无关，是一种内禀（intrinsic）角动量，我们称之为"自旋角动量"。但是，它不同于经典自旋（例如地球自转）。进一步研究表明，不但电子存在自旋，中子、质子等所有微观粒子都存在自旋，只不过取值不同。自旋和静质量、电荷等物理量一样，也是描述微观粒子固有属性的物理量。

施特恩-格拉赫实验是量子物理发展史上的一个重要试验，如图 B.1 所示，粒子源为热炉中蒸发出的银原子。银原子核外有 47 个电子，其中内层 46 个可视为构成了一个球对称电子云，整体没有净角动量。同时，核自旋角动量忽略不计。总之：整个原子的磁矩由第 47 个电子的磁矩决定，它正比于电子的自旋值。磁矩 $\hat{\mu}$ 在非均匀磁场 $\vec{B}$ 中受力为

$$F = \nabla(\hat{\mu} \cdot \vec{B})$$

热炉中发射的银原子可以看作是包含各种方向角动量的混合态。可类比于自然光偏振，各种偏振都有。该实验装置可以测量角动量在任意方向的投影值（即分量值）。从经典的角度来分析，如图 B.1 所示，由于热炉可以提供任意角动量方向的银原子，那么测量其 z 方向的分量值应该服从一个连续的分布，但是真实的实验结果表明电子在 z 方向磁矩有且仅有两个值，为 $\pm\mu_B = \pm\dfrac{e\hbar}{2m_e}$，即说明自旋角动量 z 分量的观测值只能是 $\pm\dfrac{\hbar}{2}$。进一步的实验结果表明，自旋角动量在任意方向的测量值只能是 $\pm\dfrac{\hbar}{2}$。

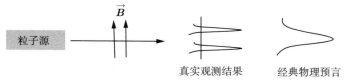

图 B.1　施特恩-格拉赫实验示意图及实验结果图

为解释此实验结果，乌伦贝克和古德施密特提出自旋角动量：

1. 电子具有自旋角动量 $\hat{S}$ ，量子数为 1/2。电子自旋在空间任何方向上的投影值（分量测量值）取两个值，例如 z 方向为 $\pm\dfrac{\hbar}{2}$ 。

2. 电子具有磁矩 $\hat{\mu}_S$ ，它和自旋角动量的关系是：

$$\hat{\mu}_S = -\frac{e}{m_e}\hat{S} = \gamma\hat{S}$$

其中 $\gamma = -e/m_e$ 称为 "回磁比"。为表述方便，今后描述电子自旋磁矩与自旋角动量关系，我们一般都用回磁比式。

如果我们假定，对任何角动量，在空间任何方向的可能的磁量子数都是从最大值到最小值依次减一，最大值与最小值绝对值相等，那么电子自旋角动量必须是 $\hbar/2$ ，才能满足任何方向分量值只有两个的条件。另外，在本书中我们要求自旋磁矩回磁比 $\hat{\mu}_S$ 为轨道磁矩 $\hat{\mu}_L$ 的 2 倍，以满足电子自旋每个分量的磁矩大小都是一个玻尔磁子。更精确的电子磁矩由量子电动力学给出，在本书中不做讨论，感兴趣的读者可以自行参阅相关教材。

继续考虑施特恩-格拉赫实验，如图 B.2 所示（这里磁场方向是测量基），处于 $|z+\rangle$ 的态，发现它是 $|z-\rangle$ 态的概率为 0，但是发现它是 $|x+\rangle$ 态或 $|x-\rangle$ 态的概率各是 1/2 。添加其他实验还可证明，处于 $|x+\rangle$ 的态，发现它处于 $|x-\rangle$ 态的概率为 0，但发现它是 $|y+\rangle$ 或者 $|y-\rangle$ 态的概率也各是 1/2 。这就是正文中实验事实的来源。

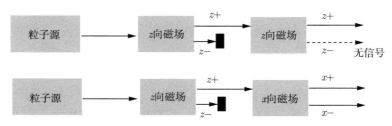

图 B.2　级联施特恩-格拉赫实验示意图及实验结果图

 笔记

对于自旋，我们的假设可以被严格证明。

附录 C

厄密特多项式

4.1 节给出了一维量子谐振子的哈密顿量，即 $\hat{H} = (-\mathrm{i}\hbar)^2 \dfrac{\partial^2}{\partial x^2} + \dfrac{m\omega^2 x^2}{2}$；一维量子谐振子的本征波函数 $\{\psi_n(x)\}$ 应满足定态薛定谔方程：

$$\frac{\hbar^2}{2m}\frac{\partial^2}{\partial x^2}\psi_n(x) + \left(E_n - \frac{m\omega^2 x^2}{2}\right)\psi_n(x) = 0 \tag{C.1}$$

这是一个变系数二级常微分方程。当 $|x| \to \infty$ 时，式 (C.1) 可写为

$$\frac{\hbar^2}{2m}\frac{\partial^2}{\partial x^2}\psi_n(x) - \frac{m\omega^2 x^2}{2}\psi_n(x) = 0 \tag{C.2}$$

其解为 $\psi_n(x) \sim \mathrm{e}^{\pm \frac{m\omega x^2}{2\hbar}}$。由于当 $|x| \to \infty$ 时 $\psi_n(x) \to 0$，仅可取 $\psi_n(x) \sim \mathrm{e}^{-\frac{m\omega x^2}{2\hbar}}$ 项。因此可将波函数 $\psi_n(x)$ 写做如下形式：

$$\psi_n(x) = \mathcal{N}_n \mathrm{e}^{-\frac{m\omega x^2}{2\hbar}} H_n\left(\sqrt{\frac{m\omega}{\hbar}}\,x\right) \tag{C.3}$$

其中 $\{H_n(x)\}$ 被称为"厄密特多项式"，不同的解 $H_n(x)$ 对应于不同的能量本征值 E_n；$\mathcal{N}_n$ 为归一化系数。式 (C.1) 的求解问题即转化为对厄密特多项式 $\{H_n(x)\}$ 的求解问题。将式 (C.3) 代入式 (C.1) 中得：

$$\frac{\hbar}{m\omega}\frac{\mathrm{d}^2}{\mathrm{d}x^2}H_n\left(\sqrt{\frac{m\omega}{\hbar}}\,x\right) - 2x\frac{\mathrm{d}}{\mathrm{d}x}H_n\left(\sqrt{\frac{m\omega}{\hbar}}\,x\right) + \left(\frac{2E_n}{\hbar\omega} - 1\right)H_n\left(\sqrt{\frac{m\omega}{\hbar}}\,x\right) = 0 \tag{C.4}$$

解得：

$$H_n(x) = (-1)^n \mathrm{e}^{x^2}\frac{\mathrm{d}^n}{\mathrm{d}x^n}\mathrm{e}^{-x^2} \tag{C.5}$$

下面列出前几项厄密特多项式:

$$
\begin{cases}
H_0(x) = 1 \\
H_1(x) = 2x \\
H_2(x) = 4x^2 - 2 \\
H_3(x) = 8x^3 - 12x \\
H_4(x) = 16x^4 - 48x^2 + 12 \\
H_5(x) = 32x^5 - 160x^3 + 120x \\
H_6(x) = 64x^6 - 480x^4 + 720x^2 - 120 \\
H_7(x) = 128x^7 - 1344x^5 + 3360x^3 - 1680x \\
H_8(x) = 256x^8 - 3584x^6 + 13440x^4 - 13440x^2 + 1680
\end{cases}
\tag{C.6}
$$

在求得 $\{H_n(x)\}$ 后对式 (C.3) 应用正交归一化条件可得对应于能量本征值 $E_n = \left(n + \dfrac{1}{2} \right) \hbar\omega$ 的波函数 $\psi_n(x)$ 为

$$
\begin{cases}
\psi_n(x) = \mathcal{N}_n \mathrm{e}^{-\frac{m\omega x^2}{2\hbar}} H_n\left(\sqrt{\dfrac{m\omega}{\hbar}}\, x \right) \\[4mm]
\mathcal{N}_n = \left(\dfrac{\sqrt{\dfrac{m\omega}{\hbar}}}{\pi^{\frac{1}{2}} 2^n n!} \right)^{\frac{1}{2}}
\end{cases}
\tag{C.7}
$$